纺织服装高等教育部委级规划教材

机织产品设计

JIZHI CHANPIN SHEJI

关立平　主编

东华大学出版社
·上海·

内容提要

　　本书对机织产品的设计进行了全面系统的介绍,分析了各类机织产品的基本特点,较详细地阐述了机织产品的规格设计与计算、纱线结构的设计、机织产品的配色设计、织前准备设计等内容,并简要说明了机织产品的上机工艺参数设计及整理工艺流程设计的内容,重点讲解了机织产品仿样设计的基本方法和手段。

　　本书系统全面并与生产实践相结合,具有较强的理论性和较高的实用参考价值,主要供高职高专院校现代纺织技术专业轻纺产品设计方向及家纺产品设计专业学生的专业课教材,也可供机织产品设计与开发人员在生产实践中参考。

图书在版编目(CIP)数据

机织产品设计/关立平主编. —上海:东华大学出版社,2008.8
ISBN 978-7-81111-402-7

Ⅰ.机... Ⅱ.关... Ⅲ.机织物—设计 Ⅳ.TS105.1

中国版本图书馆 CIP 数据核字(2008)第 114130 号

责任编辑: 张　静
封面设计: 魏依东

机织产品设计

关立平　主编

东华大学出版社出版　　　　　　　上海市延安西路 1882 号
新华书店上海发行所发行　　　　　苏州望电印刷有限公司印刷
开本:787×1092　1/16　印张:16.75　字数:418 千字
2008 年 8 月第 1 版　2021 年 2 月第 2 次印刷

ISBN 978-7-81111-402-7　定价:69.00 元

前　言

　　机织物是生产和使用历史最悠久、使用面最广的一类纺织品,在现代的生产、生活中起着重要的作用。随着纺织纤维材料及纱线结构、形态的进一步丰富,机织产品的外观特征及使用性能也进一步提高,其用途也在不断拓宽。

　　机织产品设计的内容非常繁杂,从纺织纤维的选用、纱线结构设计、织物的结构和规格设计、织物配色设计、生产工艺设计直至织物的染整工艺设计,包含了大量的工艺路线及工艺参数。本教材根据机织产品设计的基本原理及基本设计方法,汇集了国内外常用的设计理论,并结合当前企业的生产实践,完整系统地介绍了机织产品设计的方法和理论,以供高职高专相关专业学生的专业课学习使用。由于该教材在编写过程中融入了大量的生产实例,故也可供广大机织面料设计与开发人员参考。

　　本教材共分八个部分,采用项目化的编写方式。除绪论外,还包括机织产品品种的识别及其基本生产工艺流程的制订、机织物规格的设计与计算、原料和纱线设计、机织产品的色彩与图案设计、织造准备设计、织造工艺参数设计、机织产品的整理工艺设计共七个项目,分别对各部分的设计内容作了较为详细的介绍,详尽地讲解了各部分内容的设计方法和手段,并通过实例将各部分内容有机结合。

　　参加编写的人员和具体分工如下:关立平(绪论、项目二、项目三)、邵灵玲(项目一)、罗炳金和邵灵玲(项目四)、关立平和李丽君(项目五)、李丽君(项目六)、关立平和王华清(项目七)。

　　由于时间仓促和作者水平有限,本教材不当之处,敬请读者批评指正。

编者

目录

主要内容：

　　主要介绍了机织物设计的概念及其类别，简略地介绍了机织物设计的各项内容，分析了机织物设计的依据及具体的设计步骤，并根据织物的风格特点及生产使用情况，提出了机织物设计的基本原则及对织物品种、外观、风格等方面的影响因素。

具体章节：

- 机织物设计的分类
- 机织物设计的主要内容
- 机织物设计的依据及步骤
- 机织物设计的原则
- 影响机织物品种的因素

重点内容：

　　机织物设计的内容及设计基本步骤。

难点内容：

　　影响织物品种的因素。

学习目标：

- 知识目标：了解机织物设计的基本原则及影响因素，掌握机织物设计的内容及设计步骤。
- 技能目标：能完整系统地分析机织物，并制订机织物设计的主体内容及设计方法。

　　《机织产品设计》是关于机织面料设计的课程，是《纺织材料学》《织物组织与分析》、《机织工艺学》《纹织学》等专业基础课或专业知识综合应用的课程。它将纺织材料、纱线规格与结构、织物组织结构与规格、配色设计、织造准备工艺设计、上机工艺设计及染整工艺设计等方面的关键知识点有机整合，形成一套完整、系统的机织面料设计知识体系。机织产品设计简称织物设计，是讲述从纺织纤维的选择与应用到成品纺织面料的规格、生产工艺及性能等专业知识及应用方法的一门应用型课程。

　　《机织产品设计》是一门关于纺织产品风格、性能及生产工艺过程及工艺参数的设计的课程，具有很强的理论性。同时，《机织产品设计》又与织物的实际生产过程紧密结合，具有较强的实践性。因此，在该课程的学习中要坚持理论联系实际，以掌握织物的基本设计方法为目的，同时还要求通过该课程的学习，掌握纺织品设计理论在生产实践中的具体应用，初步掌握在企业生产过程中机织物设计的基本方法。

第一节　机织物设计的分类

　　机织物设计的分类方法随着不同的纺织材料、设计方式及纺织品的用途而不同，一般有以下几种分类方法。

一、按设计类型分类

　　各类机织物的设计，由于各种产品特点的不同，因而其内容和项目的需求可以不同，但它们的设计类型都可以归纳为仿样设计、改进设计和创新设计三种。

　　仿样设计是指在分析来样织物的基础上设计生产工艺的设计方法，即通过织物分析、工艺设计与计算来设计能够生产出与样品织物在各方面相同的织物。

　　改进设计是指对现有产品以及老产品进行改进设计的设计方法。它以现有或传统的织物设计工艺为基础，通过局部的原料、色泽或规格的变化，来设计生产与织物样品或传统品种相似但在局部略有差异的织物。

　　创新设计是指设计新原料、新工艺、新功能、新设备来生产织物的设计方法。通过采用新型纺织材料、新的纱线结构或规格、新的生产工艺、新型纺织设备进行设计，所生产出来的具有新型外观、新色彩、新结构、新性能及新风格等的织物，都可以称为创新产品的设计。

二、按生产原料分类

　　根据生产原料的种类，织物可分为棉型织物、毛型织物、麻织物、丝织物，因此，对应织物的设计就可分为棉型织物设计、毛型织物（包括粗纺和精纺）设计、麻织物设计和丝织物设计。

三、按纱线状况分类

　　织物织造时所采用的纱线有的是原色纱，有的是色纺纱，有的是经过漂染的纱线，以此为依据，织物设计可以分为白坯织物设计和色织物设计两类。白坯织物设计是以原色纱为原料的设计方法，色织物设计则是以色纺纱或漂染后的纱线为原料的设计方法。

四、按织物的用途分类

　　机织物按其用途的不同可以分为三大类，即服用织物、装饰织物和产业用织物。服用织物主要用作内衣、外衣、裙子、便服、礼服等,一般为平素、色织条格、小提花织物,也有部分大提花织物,既要实用美观,又要舒适卫生;装饰织物主要供日常装饰用,要求有装饰和日用两个功能;产业用织物主要有工业、农业、医疗卫生、科学技术、交通、军工国防、航空航天等用途,一般重点考虑功能作用。故设计时,三类面料设计的主要内容有所不同。因此,机织物设计又可分为服用织物设计、装饰织物设计和产业用织物设计三类。

第二节　机织物设计的内容

完整的机织物设计应包括以下内容:

(1)织物的用途与对象:织物的用途和使用对象不同,织物的风格及其所应具有的性能特点会完全不同。织物的不同用途在上述织物设计分类中已经介绍过了。而织物的使用对象可分为男女老幼、城市乡村、文化程度、生活经济状况、民族风俗以及有具体使用的场合等。针对不同用途和不同使用对象的织物所采用的原料及生产的工艺过程可能会有较大的差异。

(2)织物的风格与性能:织物的风格包括织物的颜色、花纹、光泽、与人体皮肤接触的感觉等,是织物触觉、视觉和听觉等风格的综合反应。而织物风格又与织物性能密切相关。

织物的性能通过织物的颜色、花型、纹路、光泽、手感、硬挺度或柔软度以及使用的舒适性、耐久性等表现出来,它包括织物的强伸性、弯曲性能及回复性能、耐磨性、透气透湿性、保暖性等方面的内容。

(3)织物分析:来样加工是目前国内企业中最流行的生产模式,如何从有限的样品织物中得到更多的信息至关重要,因此,织物分析在纺织品设计中起着非常重要的作用。

织物分析除了在《织物组织与分析》中学习的织物组织分析之外,还包括经纬原料、经纬纱种类及细度、经纬纱捻度及捻向、经纬密度、不同纱线的排列组合、花型图案及配色等方面的分析,这些内容对织物上机工艺的设计起着重要的指导作用。

(4)织物的规格设计:织物的规格主要包括织物的经纬纱种类、经纬纱线密度、织物经纬密、织物的幅宽、匹长、重量以及织物的总经根数、各类纱线的根数、边纱根数等。织物的规格常表达为:经纱种类及细度×纬纱种类及细度×经密×纬密×匹长×幅宽。其中,经纬纱的细度常用线密度或支数表示,经纬密的单位常用根/10cm 或根/英寸,而织物幅宽的标准单位是厘米(cm)或英寸,匹长用米(m)或码作为基本单位,重量单位常用面密度(g/m²)或每米长织物的重量克数(g/m)。

例如:C9tex×2×T40tex×116×84×30×120,表示织物成品经纱采用 9tex 双股纯棉纱,纬纱采用 40tex 涤纶长丝,织物的经纬密分别是 116 根/英寸和 84 根/英寸,匹长是30m,织物幅宽是 120cm。

(5)织物的造型与艺术设计:织物的造型与艺术设计指织物的花纹图案及其配色设计。

(6)用纱量计算:生产该批织物需要使用多少纱线,需要多少纱线筒子,直接关系到生产原料的采购,同时也直接影响织物的生产成本和产品的报价,也对织造准备的工艺流程起着一定的指导作用。用纱量计算包括经纱用量、纬纱用量、不同种类不同颜色纱线的用量、总用纱量等的计算。

(7)纺、织、染整工艺流程设计:织物所用的原料不同,产品的类别及风格不同,所采用的纺纱、织造、染整的工艺流程不同。因此,在准备生产前,必须明确织物的所有生产工艺过程,设计者应根据企业的生产条件制定最合理、最经济的有效生产工艺流程,以获取最简洁的生产方式从而谋取最大的利润。

(8)织造准备、上机工艺及参数的设计与计算:织造准备过程包括整经工艺、浆纱工艺、穿综工艺(综框、综丝)、穿筘工艺(穿入数、筘号)、边纱数及穿法等,这些都对产品的生产质量起着决定性的作用,必须事先经过比较精确的设计和计算。

织物的上机工艺包括上机经纬密、下机经纬密、上机幅宽、下机幅宽、上机匹长、下机匹长、选纬器设置、打纬方式、上机张力、纬密控制、投纬顺序等具体工艺过程的设计及参数的计算。

第三节　机织物设计的依据与步骤

机织物的设计从何着手,这不但因品种、生产厂类型、设计者习惯等不同而不同,还因设计要求及目的的不同而不同。

一、仿样设计

仿样设计是最简单也是最常见的一种设计方式。有时企业根据收集来的布样进行仿制;有时企业收到的订单附有样品织物,从而需要根据样品进行模仿生产;有时是模仿传统品种的生产工艺设计。一般来说,仿样设计需要经过样品织物分析、工艺设计及相关参数计算、小样试织等设计工序,最后确定工艺后填写工艺单进行生产。

(1)样品织物分析:样品织物的分析内容主要包括原料种类、织物种类、纱线的种类(包括纱线细度、捻度、捻向)、经纬密、不同纱线的排列方式、织物的组织及花型图案分析等。这些内容的分析在《纺织材料学》及《织物组织分析与设计》等教材中有着较详细的介绍,这里就不再讲解。

但在企业的产品设计中,常碰到样品织物面积较小而在分析时可能存在样品不够的现象。为了从较小的样品织物中获取更多有利于生产的信息,企业往往按如下步骤进行分析:

区分织物经纬方向→测织物经纬密→分析样品织物中不同纱线的排列方式→分析织物组织→称重法测纱线的细度→分析纱线的种类及结构→分析纱线的捻度与捻向→分析织物中各种纱线的纤维原料。

(2)工艺计算及设计:主要内容有织物规格、总经根数、纱线用量、布边设计、穿综工艺、穿筘工艺、整经工艺、浆纱工艺、上机工艺、染整工艺等。

(3)小样试织:通过试织小样与布样的对比,适当调整相应的工艺参数,使所生产出的织物与样品织物相同。

(4)填写工艺单:把设计好的工艺参数填入相应的工艺单,并将其分发给各相应的生产部门,以供产品生产。

二、改进设计

改进设计一般是在样布分析的基础上,对所用原料、纱线结构或规格、织物组织或花型、色泽、价格等方面作相应的变化,使生产的产品在总体风格或性能外观上与样布或传统

产品相近,但在局部又作了改进,使之更适应市场的需求或满足客户的要求。改进设计的方法与步骤如下:

(1)样布分析;

(2)根据客户要求或市场需求确定织物的风格特征、性能、外观特点;

(3)根据织物的风格特征、性能、外观特点与原样品织物的区别选择适当的原料和搭配方式;

(4)确定织物组织、花纹图案及配色之间的配合方式;

(5)确定经纬密的配合;

(6)根据织物外观风格特征确定经纬纱线密度的配合方式;

(7)根据织物的外观特点及光泽要求,确定纱线捻度与捻向的配合方式;

(8)工艺设计与工艺参数的计算;

(9)由于所生产的织物与样品织物存在局部的差异,因此,根据设计进行小样试织就显得比仿样织造更重要;

(10)工艺调整:适当调整相应的工艺参数,使所生产的织物能够与设计目的吻合;

(11)填写工艺单。

三、创新设计

创新设计往往在设计过程中采用新原料、新工艺、新功能、新设备,这要求设计者具有丰富的面料设计知识和经验,要充分了解各类织物的风格特点、不同原料纤维的性能、纱线组合的外观特性、经纬密对织物外观及手感的影响等,同时还要掌握各种不同的新工艺、新设备对织物风格、性能及功能的影响。创新设计要注意原料的选择与配合,经纬纱细度、捻度、捻向等的选择与配合,组织与纱线及色彩的配合等。创新设计首先要明确设计的出发点,故创新设计可以分为以下几种。

(1)根据织物的用途、使用对象进行设计,其设计步骤为:① 根据织物的用途、使用对象来总体构思所设计织物的风格、性能;② 选用原料、纱线及相关的组合;③ 织物规格、结构的设计;④ 织物艺术造型与配色等的设计;⑤ 工艺流程的设计;⑥ 相关工艺参数的计算与设计;⑦ 试织小样,根据小样织物与设计构想的比较进行适当调整,确定具体的生产工艺及工艺参数。

(2)根据原料的特点进行设计:在织物设计过程中,有时原料的选择有较大的局限性,因此在设计时要充分了解该原料的性能,再构想织物的用途及使用对象,然后再按(1)的步骤进行。

(3)根据纱线结构和性能进行设计:如果设计要采用某种新型纱线,就必须充分研究该类纱线的结构与性能,再设计如何合理地使用这种纱线,然后进行相应的设计。

(4)根据花纹图案进行设计:以花纹图案为基础,从原料的选用、纱线线密度的组合、经纬纱色彩的配合、组织结构、企业生产条件等入手进行设计。

第四节　机织物设计的原则

1. 畅销

纺织企业生产的织物是否能够以合理的价格出售,直接关系到企业的生存。因此,所设计的织物要以畅销为首要原则,最大限度地减少企业的库存。故织物设计人员要进行广泛深入的市场调研,要使设计的产品符合消费者的心理,最大程度地满足消费者的需要。

2. 经济、美观、实用相结合

经济是要求设计人员要研究不同消费者的经济条件,以消费者可以接受的价格开发产品;同时还要研究产品的经济效益,以期企业能够获得较高的利润。

实用是指产品的实用价值,设计人员在开发产品时首先应明确产品的使用目的、用途、性能要求、流行色及流行花型等问题。

美观对衣用面料及装饰织物来说是一个非常重要的指标,但对产业用织物来说却是一个较次要的指标。

3. 适应企业的生产条件

不同的企业有不同的生产特点,而且拥有不同的生产技术能力和生产设备。因此,织物设计要考虑企业自身的生产条件,这样才能保证所生产的织物保质保量。

4. 创新与规范相结合

新产品设计要具有异想天开的开拓型思维,使产品不断发展、不断创新。但同时也要考虑到原料、纺织染工艺及产品的规范化、系列化。如果原料规格、纱线线密度、织物规格等规范化和系列化,就可以使产品丰富的同时,又能方便生产。

5. 设计、生产、供销相结合

织物设计要求设计的产品适销对路,原料供应要有足够的保障,工厂的生产也要方便。因此,设计者要对产、供、销市场进行全面的调查,不能闭门造车。

第五节　影响机织物品种的因素

影响织物的外观、手感、使用性能的因素很多,主要表现在以下几个方面。

1. 纤维原料

每一种原料都具有其独特的性能,使用一种新的原料,就可构成一只新的品种。可见,原料是制织新品种的主要条件之一。

关于纤维原料的系统知识在《纺织材料学》等课程中有详细的讲解,对织物产生影响的主要有纤维的结构、外观、形状等;同时,纤维的物理性能及化学性能也对织物的手感及使用性能有着直接的影响,如纤维的软硬程度、纤维的长短、纤维的粗细、纤维的吸湿性、纤维的机械性能等。

随着纺丝技术的快速发展,新型化纤的种类也越来越多,如牛奶纤维、大豆纤维、竹纤维、芳纶纤维、金属纤维等。这些纤维的性能也有着明显的差异,在设计过程中,必须熟练掌握所用纤维的具体性能及特征。同时,天然纤维的改进也在不断进行,如彩棉的开发、麻纤维的开发、拉细羊毛的使用等。

2. 纱线

不同的纱线种类、结构与色彩等对机织产品也有较大的影响。

(1)纱:纱有各种原料的纯纺纱、混纺纱,同样成分的纱不仅有捻度、捻向的差别,同时还有短纤纱和长丝的区别,这对织物的手感、光泽等都有直接影响。

(2)线:线的结构种类也较多,有双股线、三股线及多股线,还有多次合股的线,组成股线的单纱还有粗细、颜色、捻度及捻向等的不同。

（3）花式线：随着纺纱技术的发展，花式线也得到了空前的发展，不仅种类多，而且纱线的结构变化也更加丰富，如双色股线、结子线、竹节纱、雪尼尔纱、彩点纱、毛羽纱、轧染纱、印线等。

3. 经纬组合、交织

混纺是最普通的纱线加工方法之一，如二合一、三合一等都能形成新的纱线品种，如包缠纱、包芯纱、色覆纺纱、不同原料合并成线、短纤纱与长丝合并成线等，都能使织物产生不同的外观、手感和性能。

两种或两种以上不同原料、不同色泽或不同性能的原料共同应用，或采取一定的排列方式交织，也可形成新的织物品种。

4. 织物组织

组织是影响织物外观和性能的重要因素，这在《织物组织分析与设计》中有详细介绍，这里不再复述。

5. 经纬密度

织物经纬密度的变化范围超过某一定值时会引起织物外观、手感等的较大变化，如常规品种中的华达呢、哗叽、卡其等。

6. 织造加工技术

织造加工技术指形成织物的主要加工工序。影响织物品种的主要是工艺参数，且不同的织物品种往往需要不同的织造设备。如引纬方式影响品种变换色纬的位置，利用花筘穿法可以使织物具有特殊风格，双轴织造可以生产泡泡纱、毛巾等风格的织物，等等。

7. 织物的机械后整理

织物的机械整理对织物的外观风格、手感及性能也起着非常重要的影响。如大部分的粗纺毛织物，其外表的风格特征主要是由织物后整理如缩呢、起毛等工序形成的，灯芯绒的绒条也是由割绒工序制成的。同时，织物的机械预缩整理、光泽整理等还会使织物尺寸稳定并具有特殊的光泽。

8. 织物的化学后整理

除了熟悉的练漂、丝光、印染等加工外，织物的化学后整理还包括织物的烂花整理、涂层整理、树脂整理、功能性整理等，这些后整理工序往往会使织物的外观、性能及风格等发生变化，同时还可以赋予织物特定的功能。

练　习

1. 按设计类型分类，机织物设计有哪些种类？试分述各种设计类型的特点。
2. 完整的机织物设计包括哪些内容？
3. 机织物的规格设计应包括哪些内容？
4. 分析一块小样品织物，填充下表。

织物分析表

纤维原料	经纱			织物组织		贴布样	
	纬纱						
织物密度	经密(根/10cm)						
	纬密(根/10cm)						
纱线结构	内容	捻度(捻/10cm)	捻向	纱线细度		纱线排列方式	
	经纱						
	纬纱						
织物面密度(g/m^2)							

5. 机织物设计时应掌握哪些基本原则？

6. 以某一品种的机织物为例,说明影响该织物的因素有哪些？如何影响？

项目

机织物品种的识别及
其基本生产工艺流程的制订

主要内容：

　　系统介绍了棉型、毛型、丝型及麻型机织物的品种及其基本生产工艺流程。从各类织物的编号、织物的原料及结构特点、织物的风格特征等方面，讨论了不同品种织物的独特品质，并简要介绍了各大类织物的基本生产工艺以及各工艺过程的作用。

具体章节：

- 棉型织物
- 毛型织物
- 丝型织物
- 麻型织物
- 氨纶弹性织物

重点内容：

　　几种常见机织物品种的结构特点及外观风格。

难点内容：

　　机织物生产工艺流程的制订。

学习目标：

- 知识目标：了解不同品种机织物的结构特点及风格特征，熟练掌握几种机织物常规品种的结构特点及风格特征，学会辨别织物品种的方法，并根据不同品种机织物的特点制订相应工艺流程。

- 技能目标：能根据机织物的结构特点及风格特征，快速准确地鉴别织物的品种并制订相应的基本生产工艺流程。

第一章　棉型织物

棉织物又称棉布，是以棉纱为原料的机织物。棉织物以优良的服用性能成为最常用的面料之一，广泛用于服装面料、装饰织物和产业用织物。随着纺织印染加工的深入发展，棉织物品种日益丰富，外观和性能及档次也不断提高。由于化学纤维的发展，出现了棉型化纤，其长度（一般为 38mm 左右）、线密度（一般在 1.5D 左右）等物理性状符合棉纺工艺要求，在棉纺设备上纯纺或与棉纤维混纺而成，这类纤维的织物以及棉织物统称为棉型织物。

第一节　棉型织物的主要特性

棉型织物价格低廉，适用面广，是较好的内衣、婴儿装及夏季面料，也是大众化春秋外衣面料。棉织物的主要特性主要表现为：(1)具有良好的吸湿性和透气性，穿着舒适；(2)手感柔软，光泽柔和、质朴；(3)保暖性较好，服用性能优良；(4)染色性好，色泽鲜艳，色谱齐全，但色牢度不够好；(5)耐碱不耐酸，浓碱处理可使织物中纤维截面变圆，从而提高织物的光泽，即丝光作用；(6)耐光性较好，但长时间曝晒会引起褪色和强力下降；(7)弹性较差，易产生皱褶且折痕不易回复；(8)纯棉织物易发霉、变质，但抗虫蛀。

第二节　棉型织物的分类

棉型织物的分类方法很多，一般按织物的花色、组织结构、销售习惯、生产过程等的不同而采用不同的分类方法。

1. 按色相分类

即根据棉织物印染加工及外观色相进行分类。纺织商品业务和商业上通常以此分类法为依据。

(1)本色棉织物：也称原色布，是指用原色棉纱线织成而未经染整加工的棉织物。供印染加工用的称为坯布，直接供应市场销售的称为白布。采用具有天然色彩的彩棉纺纱并织造而成的织物也应归于此类。本色棉织物又可分为市布、细布、粗布、斜纹布、包皮布等。

(2)染色棉织物：又称单色布、杂色布、色布，是由各种本色坯布经漂白或染色加工而成的棉型织物。

(3)印花棉织物：是由各种坯布经过前处理及印花加工而得到的具有各种图案和色彩的棉型织物。

(4)色织棉织物：是指先将纱线经过练漂或染色后再织成的织物。

2. 按织物组织分类

按织物的组织进行分类，一般分为平纹布、斜纹布、缎纹布三大类，这是织物分类的一种基本方法。

3. 按销售习惯分类

可根据销售季节的变化,分为夏令品种和冬令品种。主要根据棉型织物色泽的深浅和布身的厚薄来划分,一般纱线较细,质地轻薄,色泽浅淡,适合夏令季节使用的,如府绸、麻纱、泡泡纱等,叫夏令品种;纱线较粗或线制品,质地坚实,布身厚实,色泽较深,如色粗布、灯芯绒、线呢、绒布等,叫冬令品种。

4. 按纺纱加工分类

可分为精梳织物和普梳织物。

5. 按纱线粗细分类

可分为粗布(19^s 以下)、市布($20^s \sim 30^s$)和细布(32^s 以上)。

6. 按经纬向用纱或线分类

经纬向均用单纱织制的称为单纱织物,如纱卡其;经纬向均为股线织制的织物称线织物,如线呢、线府绸等;若经向用股线而纬向用单纱,则其织物称为半线织物,如半线府绸。

7. 按织物的商品名分类

按织物的商品名可分为九大类:平布、府绸、斜纹布、哗叽、华达呢、卡其、直贡/横贡、麻纱、绒布坯。另外,还有大量没归类的品种:纱罗、灯芯绒、平绒、麦尔纱、巴里纱、起绒织物、羽绒布等。

第三节　棉型织物的规格及编号

1. 棉型织物的规格

棉型织物的规格因品种而异,但品种名称相同,规格也会有所不同。因此,每一种织物都具有其自身所具有的具体的技术指标,用以表示织物具体技术指标的文字和数字,都称为织物的规格。

织物的规格包括织物名称、纤维种类、经纬纱特(支)数、经纬密、匹长、幅宽等。例如:府绸 JC80×T/C(65/35)60×472×274.5×30×120,表示一种纱府绸,其经纱是 80^s 精梳棉纱;纬纱是 60^s 涤/棉混纺纱,其中涤 65%,棉 35%;织物经纬密分别是 472 根/10cm 和 274.5 根/10cm;织物匹长 30m;幅宽为 120cm。

2. 棉型织物的编号

棉织物编号用以表示织物所属的品种类别。

(1)本色棉织物:本色棉织物的编号由三位数字组成,第一位表示品种类别(表1-1),第二、三位表示顺序号(GB)。

表 1-1　本色棉织物编号中第一位数字的意义

项目	第一位数字(表示品种类别)								
	1	2	3	4	5	6	7	8	9
意义	平布	府绸	斜纹布	哗叽	华达呢	卡其	直贡、横贡	麻纱	绒布坯

例如棉布编号为"431",第一位数字"4"表示该织物为哗叽类织物,第二、三位数字"31"表示哗叽的顺序号,代表经纬纱分别为 14tex×2,28tex,经、纬密为 318.5 根/10cm×

250 根/10cm,幅宽为 86.5cm 的半线哔叽。

(2)印染棉织物:印染棉型织物的编号由四位数字组成。第一位表示印染加工类别(表 1-2),后三位数字与本色棉织物相同。

表 1-2 印染棉织物编号中第一位数字的意义

项目	第一位数字(表示加工类别)								
	1	2	3	4	5	6	7	8	9
意义	漂白布	卷染布	轧染布	精元染色布	硫化元染色布	印花布	精元底色印花布	精元花印花布	本光漂色布

例如,"3536"的第一位数字"3"代表织物为轧染染色布,第二位数字"5"表示织物为华达呢,后两位数字"36"表示织物顺序号,代表经纬纱分别是 14tex×2、28tex,经纬密为 514 根/10cm×227 根/10cm,幅宽为 76cm。

(3)本色涤棉(T/C)混纺织物:编号及类别与本色棉织物相同。

例如"T/C308",表示顺序号为 8 的涤/棉斜纹布。

第四节　棉型织物的主要品种及特点

一、平布

平布就是指平纹布。一般所用经纬纱相同或差异不大,经纬密也很接近,正反面也没有很明显的差异。因此,平布的经纬向强力较均衡,且由于交织频繁,故结实耐用,布面平整,但光泽较差,缺乏弹性。根据纱线粗细可分为中平布、粗平布和细平布。

1. 中平布

中平布又叫市布,其经纬纱一般采用 $19^s \sim 28^s(30 \sim 21tex)$ 的中线密度纱织成。它又分为标准中平布和普通中平布两种。常见的有 $32^s \times 21^s(18tex \times 28tex)$ 标准中平布和 $20^s \times 20^s(29tex \times 29tex)$、$21^s \times 21^s(28tex \times 28tex)$ 的普通中平布。中平布除用来加工成各种色布外,还可用作衬衫、衬里或被单等。

2. 粗平布

粗平布一般称为粗布,一般采用 $18^s(32tex)$ 以下的粗线密度纱织成。常见的有 $14^s \times 14^s(42tex \times 42tex)$、$12^s \times 12^s(48.6tex \times 48.6tex)$ 等品种。织物较粗糙,棉结杂质较多,但手感厚实,耐摩擦,强度较高。

3. 细平布

又称细布,采用 $29^s \sim 55^s(20 \sim 10.6tex)$ 的细线密度纱作为经纬纱织成,经纬以 18tex(32^s)纱的织物较多,也有 $30^s \times 30^s(19.4tex \times 19.4tex)$ 和 $40^s \times 40^s(14.6tex \times 14.6tex)$ 的织物。由于所采用的纱支较细,故织物布身细洁柔软,布面棉结杂质少,质地轻薄,可用作衬衣、被单等。

平纹布是棉型织物中四季畅销的主要品种之一,除部分以原色布供应市场外,大部分经染色、印花等加工成各种染色布和印花布。市销的白布虽不洁白,质地也不纯净,但经过多次洗涤后,布面上的浆料逐渐褪尽,杂质逐渐减少,白度逐步增加,有越洗越白的优点。

二、细纺

细纺是采用 $60^s \sim 100^s$（9.7～5.8tex）的特细精梳棉纱或涤/棉混纺纱织制而成的平纹织物，因质地细薄，与丝绸中的纺类织物相似，故而得名。细纺织物的品种有漂白、染色、印花和色织布四种，布面细洁平整，轻薄似绸，但较丝绸坚牢。细纺织物手感柔软，结构紧密，经丝光整理后，光泽特别柔和，手感光滑，吸湿透气，穿着舒适。织造时可采用稀密筘（花筘），并利用不同粗细的纱线搭配以获得花式外观。细纺织物的主要品种如下。

1. 彩格彩条细纺

是外销的传统产品之一，有精梳和非精梳两类。精梳产品的布面均匀、光洁。涤棉产品轻薄、柔滑、挺爽的风格更为突出，组织以平纹为主，少量采用联合组织。产品的花式主要在格形、条形和色彩上起变化，配色要求总体是彩度较高，图案形式主要有：

（1）不规则排列的不对称格：造型活泼自然，经向可超过四个色带，纬向色谱可取其中的四色或采用异色。

（2）对称格或套格：配色选用优雅大方，明度较低，深浅不等，呈现出端庄稳重、柔和高雅的风格。

2. 涤棉空筘细纺

在平纹组织的基础上，采用间隔不等或相等的空筘方法，使织物表面疏密相间，增加织物的透明度，产生一定的装饰效果。

空筘细纺的设计手法：空筘分布以均匀为宜，分散而不均匀的空筘排列会造成布面不匀整，透孔条形不清晰；且必须采用空筘穿法，若采用花筘穿法，则不能保证孔路明显。

3. 色纺纱细纺

指应用纤维经过染色后纺制的纱线所织成的布。色纺纱主要用于纬纱，配以漂白后的经纱，并可镶嵌适量的粗线密度纱或采用并经及原组织提花或点缀少量提花等方法。所制成的织物似有云雾自然流动的风姿。

4. 断丝细纺

在浅色地或白地的细纺织物上点缀少量断丝花式线，不但装饰性强，而且织物显得高雅。织物组织不宜太复杂，除平纹变化组织外，还可采用少量透孔组织，有利于突出细纺织物的薄和透的特色。

5. 朝阳格

又称色白格和色白条细纺，是一只量大面广的传统产品。它由白色和彩色纱线形成格子或条子，两者用量以平均为多。织物具有轻薄、舒适、凉爽的特性。

6. 仿麻细纺

是细纺中的特色产品。它运用组织技巧，采用浮点纵横交错的绉类组织（又称乱麻组织）或在平纹变化组织上运用经纬重平不规则排列，有时还点缀少量竹节纱或疙瘩纱，使织物表面具有麻的风格。

7. 提花剪花细纺

在平素或彩格细纺上，用经起花组织构成明显的花型图案，有较强的装饰性。

部分细纺类织物的规格见表 1-3。

表 1-3 部分细纺类产品的规格

产品名称	经纬纱支数（英支）	经纬密（根/英寸）	产品名称	经纬纱支数（英支）	经纬密（根/英寸）
全棉彩格细纺	40×40	80×70	涤棉空筘细纺	45×45+45/60	80×70
全棉细纺	40×40	92×70	粗细支纱细纺	45/2+45×45/2+45	70×70
涤棉彩格细纺	45×45	80×70	粗细支纱细纺	45/2+45/60×45/2+45/60	80×66
涤棉色纺细纺	45/2+45×42	80×70	涤棉断丝细纺	45×45+45/42+120d/45	92×66

细纺产品在设计时应注意：(1)原纱条干均匀度要好；(2)织造时对综、筘的质量要求高，要防止筘路；(3)要防止纬向稀密路，注意边撑疵；(4)要保证开口清晰，可采用反织法（底片翻转法）；(5)后整理过程中要注意防止纬斜的产生。

三、府绸

府绸是棉型织物中的高档产品，经纬用纱质量较优，其中高级府绸的经纬纱都经过精梳和精梳烧毛处理。

府绸是一种细特、高密度的平纹或提花织物，具有丝绸风格。其最大特点是织物密度高，且经密约是纬密的两倍，正面有明显均匀的颗粒状，纹路清晰，且经纱露出的面积比纬纱大得多。纬纱捻度大于经纱的捻度，故布身滑爽，质地细密，富有光泽。因此，与相同纱支的平布相比，府绸织物的质地更好。由于府绸经密大于纬密，故织物的经向强度比纬向强度高，容易出现纵向裂口。

府绸织物品种较多，有纱府绸、半线府绸和全线府绸；可根据纺纱工艺的不同分为普梳、半精梳和全精梳府绸；还可分为普通、条子、提花府绸；根据织物染整工艺可分为漂白、印花和色织府绸；根据其功能可分为防缩、防雨和树脂整理府绸等。为了扩大府绸织物的花色品种，也有在平纹组织中夹有提花组织或缎纹组织，外观比较美观。

府绸织物的基础组织为平纹，一般 E_j（经向紧度）＝70％～75％，E_w（纬向紧度）＝40％～50％，成品幅宽一般为 88～91cm。

府绸织物穿着舒适，是理想的衬衫、内衣、睡衣、夏装和童装面料，也可用于手帕、床单、被褥等。经特殊整理的精梳府绸可成为高档衬衫面料，具有柔软挺括且不易变形的特点。

府绸织物在设计时应注意：原纱条干均匀度好；要防止筘痕的产生；要防止纬向稀密路和边撑疵；幅缩率大于细纺类织物，要防止产生纬斜；要根据织物用途确定织物规格及组织结构、色彩配合。

四、斜纹布

斜纹布一般都采用 $\frac{2}{1}$ 斜纹组织，在布面上，正面斜纹纹路明显，斜纹一般都是左斜纹，纹路倾角为 45°，反面不明显，似平纹状，故一般称为单面斜纹。

斜纹布按采用纱线种类的不同，可分为全线、半线及纱斜纹布，按纱的粗细又可分为粗斜纹布(30tex 单纱以上)和细斜纹布(30tex 单纱以下)两种。

斜纹布品种繁多,是棉型织物的主要品种之一。细斜纹布一般经过印染加工,主要用作被里、褥单等。常用的规格如表 1-4。

表 1-4　常见斜纹布的规格

名　称	幅　宽 (cm)	线密度 (tex)		密　度 (根/10cm)		名　称	幅　宽 (cm)	线密度 (tex)		密　度 (根/10cm)	
		经纱	纬纱	经密	纬密			经纱	纬纱	经密	纬密
纱斜纹	91.4	40	40	320	188.5	纱斜纹	96.5	30	30	362	252
纱斜纹	91.4	32	32	346	236	纱斜纹	84.2	30	30	369	212.5
纱斜纹	86.3	30	36	314.5	255.5	纱斜纹	97.2	28	28	324.5	211
纱斜纹	86.3	30	30	325	204.5	纱斜纹	86.3	26	28	360.5	228
纱斜纹	86.3	30	30	357	212.5	伞　布	114.3	18	28	303	303

五、哔叽

哔叽的名称来源于英文 Beige,意思是"天然羊毛的颜色",有毛织物和棉织物两种。哔叽采用 $\frac{2}{2}$ 斜纹组织,结构较松,经纬纱细度接近,经纬向紧度相近,纹路倾角为 $45°$,正反两面的纹路方向相反,纹路较平坦且间距较宽,交织点明显。

根据织物所采用的纱线可分为纱哔叽和线哔叽。纱哔叽柔软松薄,布面稍毛,左斜纹,其大花型的染色和印花织物主要用于被面和装饰织物,小花型织物用于妇女和儿童服装。线哔叽质地结实,布面光洁,右斜纹,一般加工成染色布,以元色、藏青、灰色为主,常用作夹衣面料和外衣面料,藏青色产品是我国部分少数民族喜欢的传统产品。常见的几种哔叽品种的规格如表 1-5。

表 1-5　常见棉型哔叽的规格

名　称	幅　宽 (cm)	线密度 (tex)		密　度 (根/10cm)		名　称	幅　宽 (cm)	线密度 (tex)		密　度 (根/10cm)	
		经纱	纬纱	经密	纬密			经纱	纬纱	经密	纬密
纱哔叽	86.3	32	32	310	220	纱哔叽	86.3	28	28	325.5	240
纱哔叽	86.3	30	30	314.5	251.5	纱哔叽	86.3	28	28	334.5	236
纱哔叽	86.3	28	28	283	248	半线哔叽	86.3	14×2	28	318.5	250

六、华达呢

华达呢又称轧别丁,根据织物组织可分为单面华达呢($\frac{2}{1}$右斜纹)、双面华达呢($\frac{2}{2}$右斜纹)和缎背华达呢(加强缎纹),在棉型织物中常见的是 $\frac{2}{2}$ 右斜纹。华达呢的特点是经纬密度差异较大,斜纹倾角约 $60°$,布面组织点不是十分明显,纹路的间距较小,斜纹突起且细致。华达呢布身柔软适宜,曲折处磨损折裂现象较线卡其少,织物表面光洁平整,纹路清晰,密度较高,经密约是纬密的两倍。

华达呢主要供染色加工,适宜用作各种男女外衣及裤料。华达呢的常见品种以半线织物居多,全线产品次之,纱华达呢较少。常见品种见表1-6。

表1-6　常见棉型华达呢的组织规格

名　称	幅宽（cm）	线密度（tex）		密　度（根/10cm）		名　称	幅宽（cm）	线密度（tex）		密　度（根/10cm）	
		经纱	纬纱	经密	纬密			经纱	纬纱	经密	纬密
纱华达呢	86.3	32	32	378	236	半线华达呢	81.2	16×2	32	436	225
纱华达呢	86.3	32	32	425	228	半线华达呢	81.2	14×2	28	456.5	251.5
纱华达呢	86.3	28	28	457	236	半线华达呢	81.2	14×2	28	484	236
半线华达呢	81.2	16×2	32	426	236	—	—	—	—	—	—

七、卡其

卡其是高紧密度的斜纹织物,有纱卡其和线卡其之分,品种较多。纱卡其一般采用 $\frac{3}{1}$ 左斜纹组织,正面有清晰的斜线纹路,纹路比斜纹布粗壮,反面似平纹,故又称单面卡其。同时,纱卡其密度比斜纹布大,布身厚实紧密,比斜纹布坚牢耐用。

线卡其中,经纬纱均采用股线的称全线卡其,经纱用股线而纬纱用单纱的称半线卡其。线卡其一般采用 $\frac{2}{2}$ 右斜纹组织,正反面纹路都很清楚,故又称双面卡其;也有部分线卡其采用 $\frac{3}{1}$ 右斜纹组织,正面纹路显得粗而突出,反面有隐约的斜纹,故又称为单面线卡其。

线卡其的特点是密度大,斜纹明显,布身坚牢厚实,不易起毛,经丝光后布面富有光泽,但由于经纬纱过于紧密,使得布身挺硬,不够柔软,使用时曲折的地方易磨损或折断,染色时染液不易渗透,因此容易产生布面磨白现象。

卡其布主要染成色布,也有部分纱卡其用于印花。织物多用于制服、运动裤、外衣,极细线密度纱卡其可用作衬衫布,高密度双面卡其经防水整理可用作风衣及雨衣的面料。卡其还可用作沙发套等装饰织物。表1-7是几种常见卡其品种的规格。

表1-7　常见卡其布的规格

名　称	幅宽（cm）	线密度（tex）		密　度（根/10cm）		名　称	幅宽（cm）	线密度（tex）		密　度（根/10cm）	
		经纱	纬纱	经密	纬密			经纱	纬纱	经密	纬密
纱卡其	97.7	48	60	314.5	181	纱卡其	86.3	28	28	422.5	244
纱卡其	86.3	36	36	377.5	204.5	半线卡其	81.2	16×2	40	446.5	236
纱卡其	88.9	32	36	415.5	220	半线卡其	91.4	14×2	28	487	272
纱卡其	91.4	32	36	425	228	半线卡其	81.2	14×2	28	511.5	275.5
纱卡其	91.4	30	40	425	228	全线卡其	96.5	J10×2	J10×2	614	299
纱卡其	99.0	28	28	409	263	全线卡其	81.2	J7×2	J7×2	678	354

哔叽、斜纹布、华达呢和卡其均采用斜纹组织,布面上有清晰的斜线纹路,主要的区别在于织物的经纬密不同,斜线纹路的方向及倾角有所差异。几种织物的特征比较见表1-8。

表 1-8　几种斜纹组织棉型织物的特征比较

品　名		组织	斜纹方向	斜纹倾角	纹路特点	密　度	手　感
斜纹布（全纱）		$\frac{2}{1}$	左	45°	纹路较细	较小	松软，较薄
哔　叽	纱	$\frac{2}{2}$	左	45°	纹路宽而平坦，间距较宽	较小	松软，较薄
	半线		右				
华达呢	半线	$\frac{2}{2}$	右	63°	纹路较细，间距适中	中等	较硬，厚薄适中
	全线						
卡　其	纱	$\frac{3}{1}$	左	65°～78°	纹路粗壮、饱满，间距较小	最大	厚实，硬挺
	半线	$\frac{2}{2}$	右	45°～65°			
	线	$\frac{2}{2}$	右	65°～73°			

八、贡缎

贡缎是缎纹织物，分直贡和横贡两种，又称直贡呢和横贡呢。织物表面光滑，手感柔软，富有光泽和弹性，质地紧密细腻。经轧光和树脂整理后，厚实者富有毛型感，轻薄者有丝绸感，但由于织物浮长较长，容易擦伤起毛。

直贡采用五枚二飞或五枚三飞经面缎纹组织，交织点少且被覆盖，故布面似乎全由经纱组成；横贡采用五枚二飞或五枚三飞纬面缎纹组织，布面似乎全由纬纱组成。横贡用纱比直贡细，采用精梳纱，布面光洁度优于直贡，更富丝绸感。

直贡以纱直贡为主，线密度常采用 28tex×28tex，也有部分半线产品，主要品种有印花纱直贡和染色半线直贡，前者主要用于被面及妇女、儿童的上衣，后者常用作外衣面料和鞋面。

横贡多为印花产品，又名花贡缎，具有套色多、花型新、色彩鲜艳的特点，经耐久性电光整理后不易起毛，是高档衣料，用于衬衫、裙子和童装，也可做羽绒被面料和室内装饰用布。

九、麻纱

麻纱采用变化平纹组织，经纱有一部分是双纱，有一部分是单纱，相互间隔排列，密度较低，所用纱线捻度较高。织物外观和手感与麻织物相似，表面呈现宽窄不同的纵向细条纹，因而布面出现高低不平的凸条纹，还有明显的纱孔，故织物挺括凉爽，轻薄透气，无贴身感，是理想的夏季衣料。

麻纱大多为纯棉织品，也有棉麻、棉涤、涤麻等混纺产品。按组织结构分，有普通麻纱和花式麻纱；按外观分，有凸条、柳条和提花麻纱。麻纱有漂白、印花、染色和色织产品，除用作夏季服装面料外，还可以做手帕和装饰用布。

十、平绒

平绒是以经纱或纬纱在表面形成短密平整的绒毛的织物，它采用复杂组织中的经起绒或纬起绒组织，故有经平绒和纬平绒之分，一般常见的以经平绒为多。经平绒由两组经纱与一组纬纱交织而成，绒经和地经与地纬交织成双层织物，经割绒后成为两副单层平绒，并在织物表面形成短密的耸立绒毛，一般采用双轴织造。纬平绒较少见，由绒纬和地纬与地经交织，再经割绒而成。

平绒织物布面平整，绒毛平坦整齐，手感柔软，富有弹性，不易起皱，布身厚实，保暖性强。织物光泽较好，经丝光处理后光泽效果更好，所以又叫丝光平绒。但有脱毛现象。

平绒织物的色泽以青色为多，还有少量的墨绿、绛紫、藏青等染色平绒。经平绒的主要规格是 18tex×2＋14tex×2×18tex。平绒织物适宜做妇女秋冬夹衣、外套，还可用于鞋料、帽料及装饰幕布等。

十一、灯芯绒

灯芯绒又称条绒，布面呈现耸立绒毛，排列成纵条状，外观圆润，似灯芯草。1750 年首次在法国里昂出现，作为高贵的丝绸代用品，在上层人士的服饰中大为流行。

灯芯绒采用复杂组织中的纬起绒组织。在织制时，地纬和地经交织成固结绒毛的地组织，绒纬与经纱交织成有规律的浮纬，经割绒、刷毛和染整，即成为耸立的灯芯状的绒条。

灯芯绒手感柔软、丰厚，纹条清晰饱满，保暖性好，适于制作春、秋、冬三季的外衣、鞋帽，特细条绒还可做衬衫、裙装。另外，灯芯绒也可用于室内装饰、手工艺品及玩具等。灯芯绒的规格主要用绒条的粗细和单位宽度内的绒条数来表示，据此可将灯芯绒分为特细条、细条、中条、粗条、宽条、特宽条和间隔条等，还有提花、拷花和弹力灯芯绒。灯芯绒主要以染色布为主。目前，色织灯芯绒也逐渐被开发出来。

灯芯绒洗涤时不宜热水强搓，洗后不易熨烫，以免倒毛和脱毛。

十二、绒布

绒布是由一般捻度的经纱与较低捻度的纬纱交织而成的坯布，经拉绒后，表面呈现蓬松细软的绒毛。由于拉绒面的不同，绒布可分为单面和双面绒布，还可分为正面、反面绒布。按织物组织分类，绒布可分为平纹、斜纹、哔叽、提花和凹凸绒布。按染色情况可分为漂白、染色和印花绒布。

绒布手感柔软，保暖性强，吸湿透气性好，穿着舒适，一般用作冬季衬衫、内衣、睡衣、童装等。印花绒布可做外衣面料。

十三、纱罗

纱罗又称绞经织物，俗称网眼布，是由纱罗组织形成的表面具有明显空隙（即纱孔）的织物。它由地经与绞经一起同一组纬纱交织制成。纱罗一般采用细线密度纱，密度较低。织物透气性良好，比较轻薄，适宜做夏季衣料、窗帘、披肩、蚊帐、面罩纱等。

十四、牛津纺

又称牛津布，以粗梳细线密度纱线作双经并与较粗的纬纱交织成纬重平或方平组织，源于 19 世纪后期的英国。

牛津纺有漂白、素色、色经白纬、色经色纬、中浅色条形花纹等品种。织物表面具有针点和色织效应，经纬组织点凸起，颗粒饱满，质地柔中有挺，弹性较好，穿着吸湿透气，是较好的衬衣面料。

十五、牛仔布

牛仔布又名劳动布或坚固呢，是一种较粗厚的色织产品，经纱用靛蓝或硫化染料染成蓝色或黑色，纬纱采用漂白纱或原色纱，多采用平纹、斜纹、破斜纹、复合斜纹、缎纹或小提花组织织成。牛仔布纱线粗，密度高，手感厚实，织纹清晰，坚牢耐磨，经预缩、烧毛、退浆、水洗、砂洗等整理，使织物既柔软又挺括，缩水减小，并产生出不同种类的风格特征。牛仔布的主要产品系列见表1-9，其幅宽大多为114～152cm。

表1-9　牛仔布主要产品系列

序　号	线密度 （tex）	密　度 （根/10cm）	面密度 （g/m²）	织物紧度（%）			斜纹 倾角
				经向	纬向	总紧度	
1	84×97	283.6×196.5	508.6	95.56	71.61	98.74	55°16′
2	84×97	275.5×196.5	500.1	92.87	71.61	97.98	54°30′
3	84×97	271.5×192.5	491.6	91.52	70.15	97.47	54°40′
4	84×84	283.5×173	474.7	95.56	58.32	98.15	58°36′
5	84×84	275.5×181	457.7	92.87	61.01	97.22	56°42′
6	58×84	307×181	398.4	86.51	61.01	94.74	59°30′
7	58×58	307×220	356	86.51	61.99	94.87	54°23′
8	58×58	307×196.5	339.1	86.51	55.37	93.98	57°24′
9	48×48	307×181	271.2	79.11	46.64	88.85	59°30′
10	36×36	308×196.5	203.4	68.15	43.62	82.04	57°24′

随着近代纺织原材料的增多，牛仔布的品种也在不断增加，除常规品种外，花色牛仔布不断出现。根据原料、工艺、后整理的不同，花色牛仔布大致有以下几种。

1. 采用不同原料结构的花色牛仔布

（1）采用小比例氨纶丝作芯纱的包芯弹力纱制成的弹力牛仔布；

（2）用低比例涤纶与棉混纺纱织成坯布后染色而产生留白效应的雪花牛仔布；

（3）用棉/麻、棉/毛混纺纱制织的高级牛仔布；

（4）真丝、人造丝牛仔布等。

2. 采用不同加工工艺的花色牛仔布

（1）采用高捻纬纱制织的树皮绉牛仔布；

（2）在靛蓝色的经纱中规律地嵌入彩色经纱的彩条牛仔布；

（3）双色或闪光牛仔布（纬纱颜色不同于经纱的靛蓝色）；

（4）印花牛仔布；

（5）单面涂层牛仔布等。

3. 采用物理、化学方法进行处理的花色牛仔布

如石磨蓝牛仔布、剥色牛仔布、砂洗牛仔布、水洗牛仔布等。

牛仔布一般具有以下特性：

（1）一般，牛仔布经纬纱均用纯棉，具有吸湿性强、透气性好、对人体皮肤无刺激等优点；

（2）绝大部分牛仔布是由粗线密度经纬纱交织的斜纹织物，织物的纹路清晰，质地厚实，经过高级防缩整理工艺处理，有防皱、防缩、防变形等优点；

（3）经纱采用靛蓝染料染色；

（4）水洗后织物会褪色，但随着颜色变淡，其鲜艳度会不断提高，故有越洗越鲜艳、越旧越漂亮之说。

十六、水洗布

水洗布是近代流行的一种服装面料，它是从石磨水洗牛仔布所开发的。早期的水洗布由棉布经过特定的水洗加工而成，现在已发展到加酶水洗，且织物的原料已发展到了各种纤维，再加上物理起毛加工，以致产品与砂洗织物相似。水洗布具有如下特点：

(1)表面有自然的风貌，如皱纹、短毛等；

(2)具有良好的尺寸稳定性，缩水率很小；

(3)手感柔软，穿着舒适。

典型的水洗布应用纯棉纱制织而成，一般为平纹织物。它色泽柔和，透气性好，有较好的洗可穿性。

另外一种常见的水洗布是涤/棉水洗布，利用高温高压松式染色时涤纶收缩同时棉纤维膨胀而形成织物的不规则皱纹，外观效果要比纯棉水洗布好。

十七、巴里纱

又写作"巴厘纱"，又称"玻璃纱"，是用细线密度强捻精梳纱织制的稀薄平纹织物，具有丝绸织物中绡的风格。纱线线密度一般在 60^s 以上，捻系数大，单纱号数制捻系数为 333～352，股线捻系数为单纱的 1.4～2 倍。织物紧密度小，经向紧度约为 40%，纬向紧度约为33%；线巴里纱的经向紧度约为 23%，纬向紧度约为 21%。坯布经加工处理后，布面光洁、透明，布孔清晰，手感挺爽且吸汗透气。因而巴里纱具有"稀、薄、爽"的风格，在热带和亚热带国家极为畅销，可制作纱笼、头巾，还适用于夏装、童装、睡衣、内衣，也可做装饰或抽纱织物。

巴里纱的产品有漂白布、染色布、印花布和色织布，还有单纱巴里纱和股线巴里纱之分，近年来流行涤棉和纯涤纶长丝巴里纱，具有抗皱、免烫的特点，光泽较好。巴里纱的幅宽一般为 88～91cm。巴里纱的设计要点如下：

(1)巴里纱的的风格既要挺爽，又要有透视感。织物设计中的色彩运用要以淡雅、明朗为主，不宜对比太强烈，要求和谐协调，以显示出织物的清丽飘逸。

(2)在花色纱线的运用上，要用得少、用得好、用得巧。利用花式纱线、金银丝、彩色丝等纱线的配合和装饰，相互衬托，形成稀密对比、粗细相间，使平整的平纹织物富有层次感和立体感。

(3)织纹设计上，运用双经、双纬，在地纹上形成条子或格子；或在地纹上稀疏地点缀提花或剪花，能增加织物的装饰效果；或在平纹地上镶嵌缎条缎格，稀密相间，能增加织物的立体感，使织物显示薄、透、爽的高档感。缎条缎格巴里纱的纵向缎条采用四枚或五枚经面缎，横向缎条一般采用四枚或六枚变则缎纹，设计时应注意在两种组织交界处尽可能做到组织点相切，以免产生纱线移位，影响织物外观。

(4)由于织物幅缩率较大，织物的坯幅要较宽。

(5)织物的布边要加宽，边纱密度要增大，否则由于强捻纬纱的缩率较大，会影响布边的平整。

(6)对原纱条干均匀度要求较高。

十八、麦尔纱

麦尔纱的风格特征与巴里纱相似，也是一种轻薄的平纹织物，但麦尔纱常用普梳纱，纱支在 40ˢ～60ˢ 之间。麦尔纱与巴里纱相比,布身要稍软一些,耐磨牢度和透气性能则略差。

十九、烂花布

烂花布又称凸花布,是利用两种混纺纤维不同的耐化学药品性能,纺出的包芯纱或普通加捻纱作经纬纱交织成坯布,再经过印染烂花加工处理,最后形成具有透明、凹凸花纹的织物。包芯纱一般采用涤纶长丝作芯纱,表面包覆棉纤维。在印染加工过程中,根据花型设计的要求,使布面某一部位的经、纬纱中的一种纤维部分或全部被化学药品腐蚀掉,而另一种纤维被完整地保存下来,呈现透明的网状外观,而在没有腐蚀的部分则保持原状态,使布面呈现凸起或下凹的花纹。

烂花布具有透明、凹凸的花纹,烂花部分近似筛网,具有轮廓清晰、手感滑爽的特点。一般用作装饰品,如台布、窗帘、床罩、枕套、手帕等,也可用作夏季服装的面料。

烂花布根据包芯纱所采用的纤维种类和性质不同可以分为涤棉烂花布、涤粘烂花布等,根据纱线结构的不同可分为包芯纱烂花织物、普梳涤/棉混纺纱烂花织物、低比例涤/棉混纺纱烂花织物、半包芯纱烂花织物、色织烂花织物等。

1. 包芯纱烂花织物

经纬纱均采用包芯纱,经烂花工艺后,花、地厚薄差异明显,立体感强,烂花的比例可大些。

2. 普梳涤/棉混纺纱烂花织物

经纬均用普梳涤/棉混纺纱,经烂花工艺后,织物花、地厚薄差异不太明显,透明度较差,层次不太分明,但纱线的结构变得疏松,织物比较柔软,宜做衣用织物。

3. 低比例涤/棉混纺纱烂花织物

用 T35/C65 或 T45/C55 的低比例的涤棉混纺纱作经、纬纱,经烂花工艺后,织物花、地厚薄差异比较明显,装饰性强。

4. 半包芯纱烂花织物

经纱用包芯纱,纬纱用涤棉混纺纱,或反之。烂花后其厚薄差异介于包芯纱烂花织物与涤棉纱烂花织物之间。

5. 色织烂花织物

色织烂花织物采用经漂染的包芯纱或涤棉混纺纱织制而成,既具有烂花织物的特点,又显示出色织物的风格,因而比白织烂花织物更富有艺术吸引力。一般可以通过以下主要手法来达到:

(1)点缀适量花式线,如结子线、印节纱、金银丝、异形丝等;

(2)棉纱与包芯纱或涤棉混纺纱按一定规律相间排列,烂花后薄纱部分形成稀密条或格;

(3)用含棉比例不同的经纬纱相间排列,烂花后可形成透明、半透明、不透明等多层次;

(4)运用色彩配合及粗细纱结合等方法,可以使织物外观丰富多彩。

在组织结构方面,烂花织物可采用多种不同的地组织,使织物具有不同的外观效应。例如,以各种变化组织制织的烂花布,采用较深的地色,富有绒感;而以树皮皱或绉组织制织的烂花布,显得丰满厚实,花型立体感强,在适当的色彩配合下,有类似植绒织物的风格;以缎条组织制织的烂花织物,既有组织疏密的对比,又有花型凹凸的对比,使织物具有丝织物绸的风格。

烂花织物一般属于薄型织物，用纱较细，且密度不宜太大，但织物又要比较紧密细洁，因此多采用平纹组织。织物的规格设计要兼顾烂花后的薄纱部分和紧密部分的经纬向紧度不可太稀。过稀会在烂花后造成排丝，过密又使花型凹凸感减弱。大部分烂花织物的经向紧度在 50% 左右，纬向紧度在 45% 左右，经纬向紧度比较接近。

烂花部分与不烂花部分的面积比例，根据织物用途的不同而有所不同，服用面料不烂花部分宜为 30%～40%，以减少透明度；装饰面料约为 50%～70%，以增强透视感及装饰性。主要色织烂花织物的规格见表 1-10。

表 1-10 主要色织烂花绸的规格

品　名	经纬纱支数（英支）	经纬密（根/10cm）	组　织	特　征
T50/C50 涤棉色织烂花绸	38×38	334.5×291.25	平纹	薄，底色为彩色
T50/C50 涤棉色织烂花绸	38×38	334.5×291.25	斜纹变化组织	底色浓艳
色织涤棉烂花绸	38×38	334.5×291.25	缎条	—
低比例色织涤棉烂花绸	40×40	370×334.5	—	—

二十、泡泡纱

泡泡纱是表面全部或部分呈现泡泡的织物。泡泡纱的制造方法有三种，一种是用印花的方法，将浓碱溶液以一定的形状印于织物上，印有碱液处发生收缩，未印上碱液处不收缩，从而在布面形成泡泡，这种泡泡纱耐久性差，易平展、松散，一般称为泡泡纱；第二种是采用机械方法轧出花纹泡泡，一般称为轧纹布或凹凸布，是将已经印花或染色的布用机械轧出凹凸，再经树脂处理，使花纹定形不变，其花纹线条明显；第三种是织造的泡泡纱，称织条绉布，一般采用双经轴，地经张力正常且纱较细，泡经张力小且纱较粗，由于送经量的不同，使得布面上产生松紧不一的条状泡泡，这类泡泡纱凹凸明显，耐久性较好，主要指色织泡泡纱。

泡泡纱外观独特，立体感强，且舒适不贴身，无需熨烫。素色、印花、色织泡泡纱均适宜做夏季妇女、儿童服装及睡衣裤、床上用品、台布等。为保持泡泡耐久不变形，洗涤时水温不宜太热，轻洗轻揉，洗后不熨烫。

泡泡纱是平纹组织的细布，密度稍稀，布幅较窄，常采用线密度为 18tex×18tex、密度为 291 根/10cm×236 根/10cm、幅宽为 81.3cm 的细布作坯布，经过印碱加工而成。

色织泡泡纱的泡泡棱次分明，立体感强，不易变形，是一种传统的花色品种。

1. 色织泡泡纱的设计要点

（1）泡条的宽度：泡条的宽度对织物外观影响很大。为了使泡泡屈曲波的峰谷突出、泡泡均匀，除在织造中控制好张力之外，更重要的是设计时要考虑适当的泡条宽度，若泡条太窄，虽然泡经送出量大，但因纬纱自由长度小，织物被纬纱牵制，泡峰与泡谷就不明显；若泡条太宽，则由于纬纱自由长度太大，泡泡不易受到控制，因而会造成泡泡的均匀度不好。根据经验，泡条宽度在 0.4～1.5cm 之间。

（2）泡地经的比例：在整幅织物中，泡经所占的比例不能太大，一般泡经占总经根数的 25%～40% 为宜。因为在整理过程中，织物的张力主要由地经来承受，当泡经的比例超过一定范围时,地经比例就小,单根地经所受张力就大,从而地经伸长大,会使得泡地经的长度差异减小,影响起泡效果。

(3)各泡条宽度的差异不宜太大:同一块织物中,各泡条宽度可以不同,使布面显得活泼而不单调,但各泡条宽度差异不宜太大,因为宽条泡泡纱和窄条泡泡纱所要求的泡地经送经比不同。送经比一般可设计如下:泡条宽且泡经比例大,约为1:1.27;泡条窄但泡经比例大,约为1:1.26;泡条窄且泡经比例小,约为1:1.25。

(4)地部在整个循环中应有一定的宽度,以便劈花后泡泡不至于太靠近布边。

(5)原料的选择:泡经宜选用弹性较好、刚度较大的纱线;纬向可采用高收缩涤纶(POY)或氨纶弹力丝包芯纱和涤棉纱交替使用,工艺简单,不需要双轴织造,且起泡效果好。

(6)组织的选择及纱支和密度:色织泡泡纱以平纹为主,一般泡条及地部均用平纹。采用三叶异形丝作纬纱时,为了增加织物的观赏性,可以在地部点缀稀疏的纬浮点的小花纹,也可加少许粗纱提花;一般泡经比地经粗一倍左右,地部和泡条部分可以采用相同的密度。

(7)配色:泡泡纱的配色应根据其用途及销售地区而定。因泡条不宜太宽或太窄,为了使织物花型活泼,一个泡条中可以配以两种或三种不同色彩,对条形起到分割作用。色织纬长丝泡泡纱以素色为主,地部呈现闪烁的光泽,还可配合剪花,增加织物的艺术性。

2. 泡泡纱织物工艺设计中的注意事项

泡经纱线粗,张力小,局部综丝密集,为保证开口清晰,综片的安排一般以泡经穿前综,地经穿后综;由于在综框动程相同的条件下,泡经开口高度大,为使泡经开口清晰,泡经一般采用跳穿法,以减小综丝的密度。

采用高收缩涤纶丝制作泡泡纱时,与之相配合的纱线的收缩性要尽可能小,使两种纱线在织物中形成显著的长度差异而产生泡泡。若高收缩涤纶丝用于纬向,其收缩性能对织物成品密度及幅宽的影响较大,因此要根据整理幅缩率合理设计坯布织物。由于织物组织及纱线排列比对高收缩涤纶丝泡泡纱织物的外观效应起着主导作用,因此,在设计织物时应根据织物的不同外观和风格要求,合理应用。高收缩涤纶丝泡泡纱的色彩多以冷色调的浅色为主。

3. 色织泡泡纱的主要品种规格

当前生产的色织泡泡纱产品的原料主要有纯棉和涤棉两种,以涤棉产品为多。具体品种有全棉泡泡纱、全棉精梳泡泡纱、涤棉泡泡纱、涤棉纬长丝泡泡纱以及它们的提花、剪花等花色品种,其主要规格见表1-11。

表1-11 部分泡泡纱的规格

品 名	经纬纱线密度 (tex)	经纬密度 (根/10cm)	成品幅宽 (cm)	坯布幅宽 (cm)	总经根数 (根)
全棉清梳泡泡纱	J14.5+27.7×J14.5	315×299	91.44	94.53	2900
全棉精梳泡泡纱	J14.5+27.7×J14.5	346.75×299	91.44	96.52	3180
全棉泡泡纱	18.2×2×36.4	315×236.4	91.4	95.89	3882
涤棉泡泡纱	13+13×2×13	315×275.8	91.4	96.52	3040
涤棉泡泡纱	21+27.7×27.7	315×197	91.4	94.74	2984

注:表中系指平纹组织,如地部有剪花、提花,坯布幅宽应加大。

二十一、绉纱

绉纱是棉型织物中的一个重要品种，也是近年来国际市场上流行的主要品种之一。该织物富有弹性，手感柔软、爽、滑，绉纹自然，质地轻薄，穿着舒适，不沾身，是一种服用性能良好的轻薄织物，适宜制作内衣、睡衣、童装和装饰织物。

使织物表面产生绉纹的方法较多，有利用化学或物理方法对坯布进行印染而起绉的，有利用不同捻向或捻度的经纬纱进行交织而起绉的，有利用两种不同经纱张力的织轴进行织造而获得起绉的，有利用织物组织中经纬纱的浮长不同而形成起绉效果的。

绉纱是根据丝绸品种中的"绉"的原理移植而来的。绉纱织物绉经整理加工后，有的呈现规律性的柳条状，有的呈自然散纹绉。该类织物在染整加工时应采取松式加工工艺，以使织物产生纬向收缩。绉纱织物绉效应的好坏，除与染整加工有关外，还与坯布的经纬纱线密度、密度的配置、纬纱捻系数的选择等因素有关。

绉纱织物按组织分有普通绉纱和提花绉纱两种，普通绉纱全部是平纹组织，提花绉纱在平纹上有部分变化组织，但以平纹组织为主，因为平纹组织结构紧密，布面平整，易于形成绉纹效应。绉纱织物经纬纱线密度的配置，对绉纱的起绉效应有一定的影响，一般以经纱细、纬纱稍粗的配置较为适宜，因为纬纱粗，易收缩，而经纱细，易于弯曲，一般纬纱线密度较经纱偏大 $30\%\sim50\%$ 为最好。经纬密度配置的是否合理，对绉纹效应也有很大的影响，经向紧度过大不利于收缩，过小会导致织物过于稀薄，一般以经向紧度 $25\%\sim35\%$、纬向紧度 $23\%\sim30\%$ 为宜，经纬向紧度比在 1.1 左右。

绉纱织物的设计思路：

(1)纬向用强捻纱，经纱用普通捻度的纱线，经整理加工后，纬向自然收缩，形成波浪形的皱纹。

(2)纬向用强捻纱，经纱采用空筘方式，产生柳条状的绉纹。

(3)用两种捻向相反的强捻纬纱交替织造，可以加大绉纹。

(4)用强捻纬纱和较细的常捻纬纱交替织入，强捻纬纱采用纬起花组织，可以形成较大幅度的绉纹。

(5)利用花式线配合提花、剪花等工艺，增加花纹层次。

(6)经向自然地嵌入印线，使绉纱有自然的彩色花纹。

常见的色织绉纱织物规格见表 1-12。

表 1-12　常用色织绉纱织物的规格

原　料	组　织	经纬纱线密度(tex)	经纬密(根/10cm)
全　棉	平　纹	14.5×14.5	220.5×196.7
全　棉	纬起花(胡桃绉)	$9.7\times9.7+14.5$	299.25×236.25
全　棉	平纹(胡桃绉)	$14.5\times14.5(s)+14.5(z)$	220.5×196.75
全　棉	平　纹	9.7×14.5	299.25×189
全　棉	平　纹	14.5×19.4	236.25×181
涤　棉	纬剪花	$9.3+13$ 印$\times13$ 强捻$+75d$ nylon	275.5×220.5
全　棉	纬起花	$9.7+14.5\times9.7+13.8$ 强捻	299.25×236.25

二十二、羽绒布

羽绒织物与府绸相似，但纬密比府绸高，是一种高密、细号的平纹织物，一般有薄型和厚型两种。织物的特点是：纱细，密度高，紧度大，透气性适宜，撕破强力高，耐磨性能好，组织简单，质地坚牢，布面光洁匀整，手感柔滑，服用性能优良，防寒、质轻、旅行携带方便，同时还具有防水、防缩、防起毛起球等性能。

羽绒织物根据所用原料的不同可分为纯棉羽绒布和涤棉混纺羽绒布，纯棉羽绒布又可分为精梳羽绒布和半精梳羽绒布两种。根据其加工要求的不同，羽绒布又可分为漂白羽绒布、印花羽绒布、染色印花羽绒布三种。

二十三、克罗丁

克罗丁又叫缎纹卡其、国光呢、如意呢、青年呢，采用急斜纹组织，其主要品种的经纬纱为(14tex×2)×28tex。

克罗丁的外观与卡其相似，但斜纹纹路较粗，斜纹倾角大，纹路明显突出，布身厚实、光洁，光泽比卡其强，交织点少，经浮线长，但布身不耐磨，易起毛。克罗丁的经密要比纬密大一倍以上，经纬强力不平衡，纬向易先断，使用不如卡其结实。

克罗丁的色泽以青色为主，也有部分咖啡、深棕、驼灰、豆灰等颜色。由于在染色时染料不易渗入布芯，故穿后易磨白。克罗丁主要用于制作帽子、单装及外衣。

第五节　棉型织物的基本织造生产工艺

产品设计方案的确定应根据人们生活的需要、生产技术的发展、生产供应及原料来源等情况加以选定，而工艺设计包括织物工艺流程的制定、设备的配置、设备的种类等内容，织物生产工艺流程的制定就是指在生产某织物时需要经过的基本生产工序的制定，它直接影响织物设计的具体工艺参数和织物的风格特征。因此，从事织物设计必须熟悉各类织物的基本生产工艺过程，了解各生产工序对织物性能及其手感、外观等的影响。本节简要介绍棉型织物的基本生产工艺过程及其选择的方法，并对个别工艺过程进行了相应的说明。

一、生产工艺流程的选择

1. 选择依据

根据纤维、纱线的性能、织物的风格特征及用途，并考虑设备和技术条件，不同的织物往往需要选择不同的工艺流程。织造工艺流程的选择，应结合织造工艺理论和生产实践经验，着重考虑以下因素：

（1）稳定捻度：织造过程中，纬纱承受较小的张力，在退绕过程中，由于纱线松弛，往往会产生回捻而形成纬缩疵点，尤其是高捻纱。含合成纤维的纬纱比纯棉纱产生的纬缩更显著。通常，纯棉纱一般通过喷雾给湿来稳定捻度，而含合成纤维的纬纱一般通过热定形处理来达到热塑定形。

（2）上浆：通常单纱表面毛羽多，且强力较低，往往通过上浆来改善经纱的毛羽状况，而且能在一定程度范围内提高纱线的强力。股线一般不上浆，但有时可通过过水来改善纱线的外观，增加经纱的光滑程度。

（3）卷装形式：不同的纱线卷装形式，也使工艺流程有所差异。一般本色织物所采用的纱线，可以用管纱直接进行络筒；而色织物所采用的纱线，则需通过漂练和染色工艺。纱线不仅可以采取绞纱染色和漂练，还可以采用筒子染色的方式。因此，应根据这些具体的工艺过程中纱线所采取的加工方式来确定其卷装形式。

（4）纬纱的种类：纬纱可以分为直接纬纱和间接纬纱。直接纬纱是指从细纱机下来的管纱直接用于有梭织机的织造，由于工艺流程短，纬纱中经常保留着原纱中存在的某些疵点，多用于低中级织物或印花织物的织造；但随着有梭织机逐步被无梭织机取代，在当前的实践生产中已很少使用。无梭织机都采用筒子纱作纬纱，通过络筒工序生产的纬纱一般称为间接纬纱。细纱机生产的管纱通过络筒工序形成筒子形式的卷装，消除了纱线中的部分疵点，提高了纱线质量，同时由于筒子卷装大，可以适应无梭织机高速织造的要求。

（5）捻度与捻向：在成品织物中，有时为了显示其具有某些光学效应，常常对经纬纱的捻度和捻向具有特定的要求。因此，有些纱线在织造前需要经过并线、倍捻、二次加捻等工序。

（6）后加工：在织部后加工过程中的工艺流程，一般可以根据织物的用途及织物的外观、手感等特点进行选择。

2. 选择原则

通常，在选择工艺流程时，应注意以下原则：

（1）根据纺织工艺原理及企业生产经验、设备配置条件等，尽量采用能适应新工艺、新技术、高效能生产的机台，力争最高的生产效率；

（2）在保证织物产品风格及不影响织物质量的前提下，尽量缩短工艺流程，以减少设备的数量，节约投资，降低生产成本；

（3）工艺流程的选择有一定的灵活性和适应性，要求能适应不同产品的加工要求；

（4）应能改善劳动条件，减轻劳动强度，加大卷装容量，提高生产的自动化程度。

二、棉型织物的基本生产工艺流程

1. 本色纯棉织物的基本生产工艺流程

图 1-1 是纯棉织物的基本生产工艺流程，而具体的工艺流程应根据实际情况确定。如西北地区较干燥，不需要烘布；而南方地区比较潮湿，为了防止产品在贮存及流通过程中发生霉变，一般都需要烘布。在黄梅季节，气候比较潮湿，纬纱一般不需要给湿；而在秋季，由于气候干燥，要使织造快速顺利，纬纱一般都需要给湿，使织造时能够顺利退纬，并减少飞花。如果织物直接用来销售，往往可以通过刷布来提高织物的布面质量。

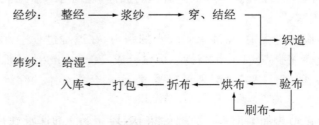

图 1-1　本色纯棉织物的基本生产工艺流程图

2. 棉/化纤混纺或交织织物的基本生产工艺流程

棉/化纤混纺或交织织物的生产工艺流程（图 1-2）与本色棉织物大致相同，只是经纬纱在进入织造准备前需要经过蒸纱工序，通过化纤的热塑性使纱线定形。有些经纱在织造准备前还需要经过并线、捻线等工序。如果是色织物，有些还需要经过染纱工序，以达到所需纱线的要求。

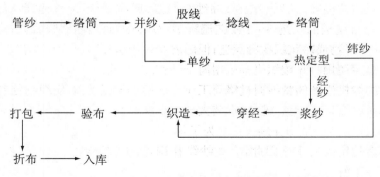

图 1-2　棉/化纤混纺或交织织物的基本生产工艺流程图

第二章　毛型织物

　　毛型纤维是纤维的主体长度、细度及外观风格与羊毛相近的纤维的统称。以羊毛或特种动物毛为原料以及羊毛与其他纤维混纺或交织的制品,统称为毛织物,也叫呢绒面料;而以毛型纤维为原料的织物(包括纯化纤仿毛织物)称为毛型织物。

　　毛织物属中高档衣料,具有许多天然的优良特性。毛型织物经过纺、织、染、整理加工后,可以获得质地坚韧、经久耐用、色泽美观、光泽自然、手感柔软、弹性优良、平整挺括的效果。

第一节　毛型织物的主要特性

1. 坚牢耐磨

　　羊毛纤维表面有一层鳞片的保护,使得织物具有较好的耐磨性能,如洗涤、保管得当,织物久用如新,使用寿命比棉织物要高好几倍,比丝绸织物的耐用性也好。

2. 质轻、保暖性好

　　羊毛的密度比棉小,因此,同样面积、厚度的毛织物比棉织物要轻一些。在天然纤维中,羊毛的导热性小,有天然卷曲,织物蓬松、柔软,具有很好的保暖性,特别是经缩绒整理的粗纺毛织物,表面耸立着平整的绒毛,能抵御外界寒冷空气的侵袭,并使人体产生的热量不易散发出去。

3. 弹性、抗皱性好

　　羊毛具有天然的卷曲,弹性回复率高,抗皱褶能力强,挺括平整,易于成型,可塑性好。织物经熨烫定形后,能够较长时间地保持呢面平整且挺括美观。

4. 吸湿性强,穿着舒适

毛织物的吸湿性很强,且无潮湿感。一般棉织物吸湿量为 10％时,即有潮湿感,而羊毛织物吸湿量达自重的 20％～30％时,潮湿感尚不明显,而且能够吸收人体排除的湿气,因而很适合湿冷环境下的穿着,干爽舒适。

5. 染色优良,不易褪色

羊毛纤维的染色性能优良,染料能够渗入到纤维的内层,从而使织物能够较长时间地保持鲜艳的色泽。而且,羊毛纤维的色谱齐全,色牢度好。

6. 不耐晒

阳光中的紫外线对羊毛纤维的结构有破坏作用,故不宜曝晒。

7. 洗可穿性不好

8. 对碱不稳定

在 5％的氢氧化钠溶液中,煮几分钟就可使其溶解,因此不宜使用碱性的洗涤剂。

9. 易虫蛀,易霉烂

第二节　毛型织物的原料

1. 绵羊毛

羊毛织物一般特指绵羊毛织物。绵羊毛是较早被人类使用的天然纺织纤维,是毛纺工业的主要原料,因此,通常所说的毛织物一般指绵羊毛织物。绵羊毛服用性能优良,适合织制春、秋、冬装的衣料,经改性处理还可制成光洁滑爽的夏装及内衣面料。绵羊毛还用于织制地毯、挂毯、壁毯等装饰品以及用作工业用呢、呢毡、衬垫等。

2. 山羊绒

山羊绒通称羊绒,是从绒山羊身体上抓取下来的细绒毛,属特种动物毛,因产量有限,故价格非常昂贵。

山羊绒质地轻盈又十分保暖,手感柔软滑糯,富有弹性,因而有"纤维之冠"、"纤维宝石"之称。羊绒纤维比羊毛还细,吸湿性与羊毛相当,耐磨性较好。山羊绒主要为纯纺或与细羊毛混纺,用于生产高档粗纺大衣呢、粗纺和精纺高级呢料,织制羊绒衫、围巾、手套、毛毯等,美观高雅,舒适性和装饰性都很强,但山羊绒对碱比绵羊毛更敏感,故在穿着和洗涤中更应注意。

3. 兔毛

兔毛是家兔毛和野兔毛的总称。兔毛比重小,且为中空纤维,故保暖性好,富有弹性,是高档的机织和针织原料,具有长、轻、松、软、净、暖、美的特点,但产量低。

由于兔毛表面光滑,卷曲少,纤维间抱合力差,强力较低,易脱毛,故常与细羊毛、山羊绒或其他纤维混纺,目前已可纺制兔毛含量高达 80％以上的兔毛纱。兔毛纱常用于织制高级兔羊毛花呢、大衣呢、兔毛衫、围巾、手套等,也可用于内衣、睡衣、航空服、登山服等衣料。

4. 马海毛

马海毛是一种安哥拉山羊毛,纤维长而硬,光泽明亮。马海毛的形态与绵羊毛相似,但其鳞片平阔且紧贴毛干,很少重叠,这使得纤维表面光滑,纤维卷曲不明显。马海毛强度高,变形回复能力强,耐磨性和吸湿性都很好,且排尘防污性强,染色性好,但对化学药剂比绵羊毛要敏感。

马海毛织物不易收缩,也不易毡缩,容易洗涤,可纯纺或与其他纤维混纺,多与染色羊毛混纺,可以增加织物的装饰感,也可改善织物的身骨。典型的产品有银枪大衣呢、提花毛毯等。

5. 驼毛、驼绒

驼毛是骆驼外层的保护毛被,纤维长 4～40cm。绒毛弯曲正常,颜色较深,光泽好,稍粗硬。由于强度高,耐磨性和弹性都很好,多用于生产传送带、衬垫、衬布等。

驼绒是骆驼内层的保暖毛被,纤维长 4～13.5cm,直径 5～40μm,绒毛弯曲正常,颜色较浅,光泽弱,手感滑柔,弹性和强度较好,可纯纺织制大衣呢、毛毯、运动衫、毛衣、围巾等,也可与细羊毛、半细毛混纺织制高级呢料。其制品具有轻柔、保暖、耐磨的优点。

6. 牦牛毛、绒

指从牦牛身体上抓、剪下来的毛和绒。牦牛毛纤维粗长,多为黑色或黑褐色,少数为白色,光泽好,强力高,可制作帐篷、毡片、沙发垫料及舞台道具等。牦牛绒细而柔软,呈不规则卷曲,光泽柔和,弹性好,手感滑糯,呈棕褐色,宜做深色短顺毛呢料,一般与细羊毛混纺织制拷花、顺毛大衣呢、针织绒衫、毛毯等高档用品;还可将深色牦牛绒纤维脱色后再染浅色,制成浅色产品。

7. 人造毛

人造毛属毛型人造纤维,即长度在 65～120mm 的合成纤维,富有卷曲,可在毛纺设备上纯纺或与羊毛及其他纤维混纺,织制毛型面料、人造毛毯、人造毛皮、长毛绒等。常采用的纤维品种有普通粘胶、毛型 Tencel 纤维、仿毛涤纶等。

8. 中长纤维

中长纤维是指纤维的长度和细度在精梳羊毛和棉纤维之间的化学纤维,长度一般为51～76mm。常用的纤维种类有涤纶、腈纶、粘胶、维纶、锦纶、丙纶、醋酸纤维等,一般用于仿毛织物,但手感较粗硬。

9. 合成羊毛

合成羊毛就是指腈纶,它蓬松、保暖、轻柔,外观和性能与羊毛相像,且防腐性优于羊毛,多用来与羊毛或其他化学纤维混纺或纯纺生产毛型织物。由于腈纶的抗日晒性能好,故除了用于生产服装面料外,还常用于生产帐篷、船帆等户外用品。

第三节　毛型织物的分类

一、按生产工艺及商业习惯分类

呢绒的品种很多,商业上一般按纺织工艺过程和织物外表特征,把呢绒分为四大类。

1. 精纺毛织物

又称精梳呢绒,用精梳毛纱织制。产品的原料品质较好,以精梳机梳理,进一步去除了粗短纤维和杂质,因而纱线中纤维长而细,伸直平行,成纱结构较紧密,常用 30～80 公支毛纱的股线作织物的经纬纱,有的甚至达到 100 公支以上。也有采用 120～130 公支的极高支毛纱生产高档羊毛领带。

精纺毛织物大多织纹清晰，色彩鲜明柔和，质地紧密，手感柔软、硬挺而有弹性，且织物较轻薄，适宜制作春、夏、秋、冬各季的服装。

2. 粗纺毛织物

又称粗纺叫呢绒、粗梳呢绒，采用粗梳毛纱织制。粗纺毛织物所用原料的品级范围广，种类多，粗细、长短差异大。用纱细度一般为 2～24 公支。织物经纬纱以单纱为主，织物质地厚实，手感丰满，身骨挺实，保暖性好。织物大多经缩呢整理，表面有绒毛覆盖，结构紧密。也有部分未经缩呢整理的纹面织物，以突出织纹和配色，结构大多较疏松。粗纺毛织物较厚实，适于制作秋冬季外套和大衣。

3. 长毛绒

又称海虎绒、海勃龙，是一种经纱起毛的长立绒织物。它采用两组经纱：一组精梳毛纱作绒经，另一组棉纱作地经，与棉纬纱交织而成，织成双层织物后经割绒成为两幅单层绒坯，再经梳理、剪毛、蒸刷等整理工艺，使绒毛柔软、挺立、平齐，绒毛高度一般为 7.5～9mm。织物丰满厚实，手感柔软、富有弹性，保暖性好。

4. 驼绒

驼绒并非用骆驼绒织成，是因其大多染成驼色而得名。驼绒为针织拉绒产品，以粗梳毛纱、毛粘混纺纱或腈纶纱做绒面，棉纱做底布，由经编或纬编而成。织物经起毛整理，表面呈现丰满松厚的毛绒。驼绒质地柔软，色泽鲜艳，质轻保暖，伸缩性大，穿着舒适合体，主要用于冬装、鞋帽及手套的衬里和童装面料。

二、按原料种类分类

按生产原料分类，毛织物可分为纯毛织物、毛混纺及交织织物、纯化纤仿毛织物三类。纯化纤仿毛织物是指由一种化纤或多种不同类型的化纤纯纺、混纺或交织的具有类似毛织物风格及外观等的织物。

三、按用途分类

毛织物按用途可以分为衣着用呢、装饰用呢、工业用呢等，衣着用呢如传统的华达呢、麦尔登等，装饰用呢如沙发布、高档窗帘等，工业用呢如工业用毡、造纸毛毯等。

四、按色相分类

毛织物的染色方法很多，有纤维染色、毛条染色（简称条染）、纱线染色（简称线染）、呢坯染色（简称匹染）。因此，毛织物按色相可分为素色呢绒、混色呢绒、色织呢绒、印花呢绒等。

第四节　毛型织物的编号

毛型织物的编号由五位数字组成，在编号前用拼音字母表示产品的产地及厂名。第一位字母代表产品（表 1-13），第二位字母 A、B、C 等代表厂名；编号左起第一位数字代表产品的原料（表 1-14）。

表 1-13　地名代号表

地　名	上海	北京	天津	沈阳	江苏	内蒙	甘肃	新疆
代　号	S	P	T	L	J	M	G	X
地　名	陕西	山西	吉林	安徽	浙江	四川	宁夏	黑龙江
代　号	Z	C	U	A	Y	K	N	H

表 1-14　产品原料代号表

织物种类	原料种类	代　号
精纺毛织物	纯毛精纺	2
	羊毛与化纤混纺或交织	3
	纯化纤仿毛精纺	4
粗纺毛织物	纯毛粗纺	0
	羊毛与化纤混纺或交织	1
	纯化纤仿毛粗纺	7
	长毛绒	5
	驼绒	9
	旗纱	8

　　精纺毛织物左起第二位数字代表产品的大类品种，左起第三、四、五位数字代表产品的顺序号（表 1-15）。粗纺毛织物左起第二位数字代表产品的大类品种，左起第三、四、五位数字代表产品的顺序号（表 1-16）。

表 1-15　精纺毛织物产品的统一编号

品　种	品　号			备　注
	纯　毛	混纺或交织	纯化纤	
1. 哔叽类	21001～21500	31001～31500	41001～41500	—
2. 啥味呢类	21501～21999	31501～31999	41501～41999	—
3. 华达呢类	22001～22999	32001～32999	42001～42999	—
4. 中厚花呢类	23001～24999	33001～34999	43001～44999	包括中厚型凉爽呢
5. 凡立丁类	25001～25999	35001～35999	45001～45999	包括派力司
6. 女衣呢类	26001～26999	36001～36999	46001～46999	—
7. 直贡呢类	27001～27999	37001～37999	47001～47999	包括横贡、马裤呢、巧克丁、驼丝锦
8. 薄花呢类	28001～29500	38001～39500	48001～49500	包括薄型凉爽呢
9. 其他类	29501～29999	39501～39999	49501～49999	—

表 1-16　粗纺毛织物产品的统一编号

品　种	品　号			备　注
	纯　毛	混纺或交织	纯化纤	
1. 麦尔登类	01001～01999	11001～11999	71001～71999	—
2. 大衣呢类	02001～02999	12001～12999	72001～72999	包括平厚、立绒、顺毛、拷花等大衣呢
3. 制服呢类	03001～03999	13001～13999	73001～73999	包括海军呢
4. 海力斯类	04001～04999	14001～14999	74001～74999	—
5. 女式呢类	05001～05999	13001～15999	75001～75999	包括平素、立绒、顺毛、松结构等女式呢
6. 法兰绒类	06001～06999	16001～16999	76001～76999	—
7. 粗花呢类	07001～03999	17001～17999	77001～77999	包括纹面、绒面等花呢

品 种	品 号			备 注
	纯 毛	混纺或交织	纯化纤	
8.大众呢类	08001～08999	18001～18999	78001～78999	包括学生呢
9.其他类	09001～09999	19001～19999	79001～79999	—

长毛绒左起第二位编号代表用途；第三位代表原料性质，0代表纯毛织物，4代表混纺织物，7代表纯化纤（表1-17）。

表1-17　长毛绒产品的统一编号

用 途	品 号		
	纯 毛	混纺或交织	纯化纤
1.服装用	51001～51099	51401～51499	51701～51799
2.衣里绒	52001～52099	52401～52499	52701～52799
3.工业用绒	53001～53099	53401～53499	53701～53799
4.家俱用绒	54001～54099	54401～54499	54701～54799

驼绒产品左起第二位数字代表产品所采用的纤维原料：1、2、3代表纯毛产品；4、5、6代表毛混纺产品；7、8、9代表纯化纤产品。

第五节　毛型织物的基本生产工艺流程

一、粗纺毛织物的基本生产工艺

粗纺毛织物对纱线的要求较低，织物外观及风格主要来自于染整工艺，故粗纺毛织物的纺纱生产工艺比较简单，而染整工艺比较复杂，工序较多。粗纺毛织物的基本生产工艺流程为：

和毛→梳毛→细纱→络筒→并线→整经→穿结经→织造→坯布检验→修补→刷坯、测长→缝筒→洗呢→缩呢→洗呢→脱水→染色→定形→拉幅烘干→中检→熟修→起毛→剪毛→蒸呢→烫光→成品检验

1. 和毛

由于当前大部分企业都采用洗净毛进厂，故省去了拣毛分级、洗毛、碳化等工艺。和毛就是根据产品的要求，将选用的各种原料均匀地混在一起。同时，为了提高后道工序的加工性能，还要在和毛过程中加油、水及化学助剂，以减少生产过程中静电的产生。和毛工序对产品的质量有很大的影响。

2. 梳毛

各种原料经和毛之后，混合均匀的材料将通过梳毛机梳理成网状，并按规定的规格卷成条子，形成毛条卷，以供后道纺纱之用。

3. 细纱

有时在企业也称为粗纺纱细纱，是将梳毛形成的毛条卷通过细纱机的牵伸加捻而形成具有一定卷装形式（管纱）和强度的粗纺毛纱，纱支一般为2～24公支。粗纺纱在纺纱过程中的牵伸倍数一般较低，约为1.05～1.3倍。

4. 络筒

即将纺纱机生产的粗纺管纱络成锥形筒子,以增加卷装的容量,并除去部分杂质及粗、细节纱。

5. 并线

对于股线产品,需要把单纱并合加捻成股线,并络成筒子。

6. 整经

由于粗纺毛纱的梳毛及纺纱工序比较短,且纱线的捻度一般较低,故纱线的强力较低,毛羽较多,不匀率较高,且粗纺毛纱一般不需浆纱,故粗纺毛织物的整经一般采用分条整经机,这也有利于增加粗纺毛织物的花色品种。

7. 穿综、穿筘

与其他织物的穿综、穿筘相同,穿综是满足织造过程中提综开口的需要,穿筘主要控制织物的上机幅宽及机上的经纱密度。

8. 织造

由于粗纺毛纱的均匀性较差,纱线强力较低,故粗纺毛织物很难适应高张力、高速度的织造方式。虽然目前有梭织机在粗纺毛织物的织造车间已很少看到,但取而代之的往往是速度相对较低的小剑杆织机。

9. 坯布检验

从织机上取下的织物一般称作坯布。坯布检验是在验布机上经过正、反面检验,查出疵点,并在布边上用记号标出。

10. 修补

根据坯布检验时的记号,由修补工人对织物进行修补。由于修补工作只能靠手工操作完成,工作量相当大,因此必须严格控制织造车间的坯布质量。

11. 刷坯、测长

修补后的织物要通过刷坯以去除织物表面的一些杂质,并刷起表面的毛羽,使其有利于缩绒。测长指在织物测长机上测坯布的下机匹长。

12. 缝筒

测长之后的织物用缝纫机分别将织物的两边和两头缝接,使其形成圆筒形状,以便于呢坯在缩呢机上的循环绳状运动。

13. 缩呢

缩呢指坯布在一定的热湿和 pH 值条件下,经外力作用反复摩擦,使织物中的羊毛纤维由于其本身固有的毡缩特性而在长度和宽度方向上都产生收缩。经过缩呢之后,织物外观完全发生了变化,织物的结构变得很紧密,织物的性能也得到了相应的改善。对于粗纺毛织物的设计与生产,有"原料是根本,织物结构是基础,染整是关键"的说法,而缩呢更是粗纺毛织物染整的主要工艺。

14. 洗呢

洗呢主要洗除呢坯中的杂质,有缩后洗呢(又称染前洗呢)和染后洗呢。染前洗呢是指在呢坯染色前洗除呢坯中的缩合剂及纺纱、织造过程中添加的和毛油、润滑剂等,并洗除呢坯中的非毛杂质,使染色均匀,并达到所需的色相;染后洗呢是指在呢坯染色后的洗呢,一方面洗除织物上的浮色,另一方面洗除织物中染色时所带有的染色助剂,以便后道工序的顺利进行。粗纺毛织物的洗呢一般都在绳状洗呢机上进行,它包含冲洗、漂洗和浸洗等过程,这些过程是循环连续进行的,且织物一般都需经过四至五次的洗涤。洗呢除了要除去织物所含的化学药剂及杂质外,还要使织物达到一定的手感,使织物具有较好的光泽并富有弹性,保证织物含脂率低于 1%,含皂率低于 4%,呢坯煮出液的 pH 值在 8.5 左右。

15. 烫边

经缩呢、洗呢等工序后,如果织物的布边不平整,就需要在织物起毛前把布边烫平,以免起毛时造成大量边疵。

16. 起毛

又称拉毛,有干起毛和湿起毛之分。干起毛一般指钢丝起毛,即织物以一定的速度通过钢丝辊,利用织物与钢丝辊的线速度差异,将纤维的绒毛从织物中拉出来。干起毛的起毛效果较好,速度快,但对毛纤维损伤大,所拉出的绒毛长度较短,整齐度较差,故需要多次起毛。湿起毛是指刺果起毛,即利用植物刺果上的果刺将毛绒从织物中拉出来的起毛方法。刺果起毛过程较柔和,拉毛效率较低,需要反复多次起毛,但拉出来的毛绒长度较长,光泽较好,纤维损伤小,并能够在起毛时除去部分杂质。一般顺毛织物都需要经过刺果起毛这道工序,且与钢丝起毛交替进行。

17. 剪毛

剪毛是通过螺旋刀将织物表面的绒毛剪短、剪齐,同时也能达到去除织物中部分杂质的作用。

18. 刷毛

刷毛有剪前刷毛和剪后刷毛。剪前刷毛是指在剪毛前用刷辊将织物拉出来的毛绒刷得站立起来,以方便剪毛。剪后刷毛是通过刷辊,将经过剪毛的织物表面的断头绒毛刷干净,并将剪整齐的绒毛刷均匀、整齐。

19. 蒸呢

蒸呢是大部分粗纺毛织物最后的一道定形工序,利用高温、高压的作用,使织物的形状在一定温度范围内固定下来,同时使织物表面平整、细洁,并使成品织物获得稳定的尺寸,减小织物的缩水率,使之富有弹性。

20. 烫光

对部分光泽要求较高的织物通过烫光整理,使织物具有更好的光泽。

二、精纺毛织物的基本纺纱工艺

与粗纺毛织物相比,精纺毛织物相对较细腻,对纱线的要求较高,因此精纺毛织物的纺纱生产工艺比较复杂。精纺毛织物的纺纱基本工艺流程是:

原毛→和毛加油→精纺梳毛→针梳→复洗针梳→针梳→成球→圆型精梳→条筒针梳→末道针梳→条染复精梳→混条→头针→二针→三针→粗纱→细纱→络筒→并纱→捻线或倍捻→蒸纱→络筒

1. 毛条制造

工序中"条染复精梳"前的所有工序都称为毛条制造或制条,其目的是将不同种类、不同品质的纤维加工成具有一定重量、结构均匀、品质一致的精梳毛条,除去纤维中的杂质、草刺以及不适于精梳毛纺纺纱的短纤维、粗硬纤维等,使纤维分离成单纤维状态,并排列平顺紧密。

2. 条染复精梳

精纺毛织物花色品种繁多,其染色加工一般有条染、匹染、筒子纱染色、经轴染色等几种方式,其中条染复精梳占有相当大的比例。经过条染复精梳的产品,一般具有混合均匀、纱疵少、强力高、身骨挺实、呢面光洁、织纹清晰、染色牢度高等特点,并可取得各种拼色效果,制成不同混合比例、色彩丰富的产品。但条染复精梳工艺流程长,原料损耗大,产品成本高。其具体工序为:精梳毛条→松团→装筒→染色→脱水→复洗。

3. 前纺工程

前纺工程就是将精梳毛条或条染复精梳的毛条经并合、牵伸和梳理,使纤维进一步平行顺直、混合均匀,最后制成具有一定重量、一定强力和均匀度并符合细纱生产要求的粗纱。从"混条"到"粗纱"的所有工序均属于前纺工程。

4. 后纺工程

后纺工程是将粗纱制成一定线密度、具有稳定捻度的精纺细纱,并使纱线恢复在加工过程中失去的弹性。"粗纱"之后的所有工序均属于后纺工程。

第六节　毛型织物的主要品种及特点

一、粗纺毛织物的主要品种及其特点

（一）衣着用呢

1. 麦尔登

麦尔登是粗纺呢绒中的一个重要品种,所用原料有羊毛、粘胶、腈纶、维纶、棉等,其中羊毛的品质质量较高。该类织物的常用组织是$\frac{2}{1}$和$\frac{2}{2}$斜纹、平纹、破斜纹等;经纬纱有全用8～16公支粗纺单纱的,也有用16/2～52/2公支精梳纱作经纱,8～12公支粗纺单纱作纬纱的。麦尔登织物的幅宽一般不小于150cm,全幅面密度为490～720g/m²。

织成坯布后,麦尔登织物一般要经过重缩绒、剪毛、蒸呢工序,但很少采用起毛工艺,因而麦尔登具有以下特点:产品色泽新鲜柔和,以深色为主;呢面平整细洁,质地紧密、厚实,呢面丰满,不露底纹,手感挺实且富有弹性;耐磨性好,不起毛起球。

麦尔登主要用作秋冬季各类男女服装、猎装、长短大衣等的面料,是粗纺毛织物中档次较高的一个品种。

2. 大衣呢

大衣呢是粗纺毛织物中规格品种较多的一类,为厚型织物,保暖性强。其原料以羊毛为主,也可全部或部分采用特种动物毛和各类毛型化纤。根据织物的不同风格,可采用不同的组织结构和染整工艺,因而每一类大衣呢都各具特色。根据织物外观和结构,大衣呢可分为平厚、立绒、顺毛、拷花和花式大衣呢五种。

（1）平厚大衣呢

平厚大衣呢为缩绒起毛织物,所用原料为羊毛、羊绒、粘胶、锦纶、大麻等。平厚大衣呢可分为高、中、低三档,根据织物等级选择不同品级的原料,且所有品种中均可加入适量的精梳短毛、再生毛或化纤。织物所采用的经纬纱一般为 4～12 公支,捻度为 30～50 捻/10cm,织物的组织采用 $\frac{2}{2}$ 斜纹、$\frac{4}{4}$ 斜纹、纬二重组织等,其幅宽一般不低于 150cm,面密度在 400～700g/m² 之间。

平厚大衣呢要求呢面平整、匀净,不露底纹,手感丰厚,不板硬,保暖性好,且耐起球。其色泽大多以黑、灰、咖啡、军绿等为主,多为匹染或散毛染色产品,也有少量混色产品。平厚大衣呢主要用作大衣及套装面料。

(2)立绒大衣呢

立绒大衣呢是大衣呢类的重要品种之一,所用原料有羊毛、羊绒、粘胶、锦纶、腈纶等。绒毛产品的原料大部分采用 80% 以上的中支羊毛,20% 以下采用精梳短毛或化纤,而混纺产品采用的中支羊毛一般只占 50% 以上,精梳短毛占 20% 以下,粘胶等其他化学纤维占 30% 以下。

立绒大衣呢的经纬纱一般为 6～14 公支粗纺单纱,部分纬纱可采用股线。纱线的捻度大约 35～50 捻/10cm,采用 $\frac{2}{1}$ 斜纹、$\frac{1}{3}$ 破斜纹、$\frac{5}{2}$ 纬面缎、纬起毛等组织。织物的面密度在 400～800g/m² 之间。

立绒大衣呢要经过反复起毛,因此织物绒面丰满,绒毛致密平齐,手感柔软,弹性好,质地丰厚,保暖性好。立绒大衣呢一般是匹染产品,只有少量的混色产品。常用作大衣、套装及童装面料。

(3)拷花大衣呢

拷花大衣呢是大衣呢中一种比较厚重、高档的粗纺毛织物,由于呢面具有独特的人字形拷花纹路,因此得名拷花大衣呢。拷花大衣呢采用的原料有羊毛、羊绒、粘胶、锦纶、腈纶、大麻等,原料要求较高。高档品种可采用马海毛,混纺产品一般用毛在 70% 以上,其他 30% 以下原料采用粘胶等化学纤维。

拷花大衣呢所采用的纱支一般为 8～12 公支,采用异面纬二重组织,经纱和地纬织成地组织,表纬和经纱织成表组织。拷花大衣呢的面密度一般为 450～800g/m²。

拷花大衣呢的特点是正面呈清晰的人字形拷花纹路,绒面丰满,正反面均起绒毛,手感丰厚,有身骨,弹性好,耐磨,不起球,不脱色,保暖性能好。后整理加工过程中要经过反复多次的钢丝起毛和刺果起毛,拷花的效果就是利用织物组织的织纹和后整理的反复起毛而形成的。拷花大衣呢多为中深混色,部分混入马海毛或三角形截面的涤纶、锦纶可形成银枪拷花大衣呢。拷花大衣呢常用于大衣及套装。

(4)顺毛大衣呢

顺毛大衣呢的表面绒毛为顺向一方卧倒,根据其绒毛的长短可分为短顺毛呢和长顺毛呢。

顺毛大衣呢所用的原料有羊毛、羊绒、粘胶、腈纶、兔毛等,一般羊毛用量在 80% 以上,精梳短毛在 20% 以下,羊绒产品的羊绒用量一般为 10%～50%。经纬纱支一般为4～10 公支,纱线捻度为 25～55 捻/10cm,采用斜纹、缎纹组织,成品经纬密在 140～300 根/10cm 之间,成品面密度为 300～800g/m²。

顺毛大衣呢的呢面绒毛均匀、平顺、整齐,不脱毛,手感滑糯柔软,毛绒均匀倒伏,不松乱。织物光泽好,有膘光。顺毛大衣呢是散毛染色产品或匹染产品,色泽以中深色为主,但目前浅色产品逐渐为广大消费者所接受。顺毛大衣呢主要用于各类男女长短大衣和套装。

（5）花式大衣呢

花式大衣呢是大衣呢类中的一个重要品种,所用原料有羊毛、粘胶、腈纶、锦纶等。该产品多用作女装面料,采用平纹、斜纹、纬二重、双层组织等,一般采用配色花纹。花式大衣呢的特点是绒面平整丰满,绒毛整齐,纹面均匀,色泽调和,花纹清晰,有身骨,弹性好。

花式大衣呢按呢面外观可分为花式纹面大衣呢和花式绒面大衣呢两种。

① 花式纹面大衣呢:主要采用人字、圈、点、条格等配色花纹组织,经纬纱支一般为 2～16 公支粗纺单纱,纱线捻度为 25～60 捻/10cm,成品面密度一般在 300～600g/m² 之间。花式纹面大衣呢一般经过缩呢,但不起毛,多为散毛染色产品,色泽鲜艳漂亮。

② 花式绒面大衣呢:主要指各类配色花纹的缩呢起毛大衣呢,经纬纱一般为 2～16 公支粗纺单纱,纱线捻度为 24～59 捻/10cm,成品面密度一般在 330～600g/m² 之间。花式绒面大衣呢一般要求呢面丰满平整,绒毛整齐,手感柔软,多为散毛染色产品,色泽鲜艳。

（6）兔毛大衣呢

兔毛大衣呢属粗纺顺毛大衣呢类,原料以优质兔毛为主体。由于兔毛纤维的可纺性差,故一般与羊毛、锦纶混纺,目前已能纺出兔毛含量超过 80% 的优质粗纺纱线。

由于兔毛抱合力差,纺纱时兔毛容易出现在纱线的外层,且兔毛的染色性能较羊毛差,大多以本色或浅色表现在呢面上,故产品常有蓬松的兔毛附在呢面上。兔毛大衣呢的后整理主要经过洗涤、脱水、缩呢、冲洗、刺果顺向起毛、刺果逆向起毛、煮呢等工序,过程比较繁杂,且许多工序要经过反复操作。

兔毛大衣呢要求呢料质地柔滑,兔毛分布均匀,且坚牢而不易脱毛。兔毛大衣呢的色泽以中浅色为主,是时髦女装和童装常选用的大衣面料。

3. 制服呢

制服呢为斜纹组织织物,是我国广大群众喜爱的一个粗纺呢绒产品,坚牢耐用,最适于做军便装、便装制服、中山装等。根据织物用途以及质量的不同,制服呢可分为海军呢和普通制服呢,常说的制服呢一般指普通制服呢。

（1）海军呢

海军呢也可称作细制服呢,所采用的原料较好,羊毛含量一般不低于 70%,经纬纱采用 8～13 公支的粗纺单纱,组织一般采用 $\frac{2}{2}$ 斜纹组织,织物面密度为 380～500g/m²。

海军呢要求呢面平整、均匀、耐磨、质地紧密,有身骨,基本不起球、不露底纹。海军呢也有经重缩绒但不起毛的品种。

海军呢以匹染为主,色泽多为青色、黑色或蓝灰色等,主要用于制作海军服、海关服以及秋冬各类外衣。

（2）普通制服呢

普通制服呢所用原料较差,但价格便宜。所用经纬纱支在 8 公支左右,捻度 35～50 捻/10cm,织物经纬密为 130～180 根/10cm,也多采用 $\frac{2}{2}$ 斜纹组织,织物面密度在 500g/m² 左右。其特点是耐穿用,价格便宜,呢面平整,质地紧密,不露或半露底纹,不易起球,手感不粗糙。

但由于制服呢所用原料品级较低,纤维中含有大量的死毛和两型毛,这影响了织物的色光和手感,故其色光较差,且略有粗糙感。制服呢主要用于制作中山装、学生装、套装、劳动保护服等。

4. 海力斯

海力斯是出现较早的粗纺呢绒产品,原为苏格兰北方海力斯诸岛手工纺织的毛织物,是粗纺毛织物中较大众化的品种。原料有羊毛、粘胶、腈纶、涤纶等,所用原料品级较低,纱支较粗,一般为 4～8 公支,采用 $\frac{2}{2}$ 斜纹、破斜纹、人字斜纹等组织,织物面密度为 $380～500g/m^2$。

平素海力斯多数是散毛染色混色织物,要求混色均匀,经缩绒起毛后织物两面起毛,露底纹或半露底纹,色泽以蓝、灰为主,手感挺实,弹性好,风格粗犷自然,质地类似法兰绒。花式海力斯采用人字纹和条格花纹搭配,颜色协调,男装面料用多为中深暗色,女装面料用多数为鲜艳对比色调,在人字纹或斜纹上呈现条格花型。

海力斯的主要用途是制作男女西装、外套、短大衣、旅游装、便装、童装等。

5. 女式呢

女式呢所采用的原料为羊毛、驼绒、粘胶、腈纶、涤纶等,多为羊毛与化纤的混纺产品,原料品质较好,经纬纱为 6～17 公支。采用平纹、$\frac{2}{2}$ 斜纹、$\frac{1}{3}$ 破斜纹、小提花、变化组织等织造。产品多以匹染为主,色泽鲜艳,手感柔软,外观风格多变,适宜于制作秋冬女装外衣。

女式呢品种很多,按照原料可分为全毛女式呢和混纺女式呢;按呢面风格特征可分为平素女式呢、立绒女式呢、顺毛女式呢、松结构女式呢等。

(1)平素女式呢:是经过缩呢和起毛的素色粗纺毛织物,要求呢面平整细洁,色泽鲜艳,不露底纹或稍露底纹,手感柔软细腻。采用 $\frac{2}{2}$ 斜纹或平纹组织,经纬密 120～220 根/10cm,织物面密度为 $200～450g/m^2$。

(2)立绒女式呢:采用 $\frac{2}{2}$ 斜纹或 $\frac{1}{3}$ 破斜纹,经纬密 190～250 根/10cm,经缩呢和起毛后,要求织物绒面匀净,绒毛致密整齐、直立,不露底纹,手感丰厚,有身骨,面密度为 $200～400g/m^2$。维罗呢就是立绒女式呢产品之一。

(3)顺毛女式呢:采用 $\frac{2}{2}$ 斜纹、$\frac{1}{3}$ 破斜纹组织制织,经纬密 190～250 根/10cm,经缩呢和起毛后,要求呢面绒毛平整均匀,绒毛较长并向一方倒伏,手感柔软细腻,丰厚活络,膘光足,织物面密度为 $200～350g/m^2$。

(4)松结构女式呢:采用平纹、$\frac{2}{2}$ 斜纹、小提花、变化组织等制织,平纹织物经纬密为 95～135 根/10cm,变化斜纹织物经纬密为 110～160 根/10cm,成品面密度为 182～350g/m^2。织物呢面花纹清晰,色泽鲜艳,质地轻盈,可加入膨体纱、异形丝、粗细纱来形成花纹。

6. 法兰绒

法兰绒是以细支羊毛纤维织成的混色粗纺呢绒产品中的一个大类产品,最早产于英国威尔士,多数为采用平纹或斜纹组织的轻薄粗纺毛织物,主要用于男女春秋服装。所用原料有羊毛、粘胶、棉,经纬纱一般为 8～16 公支粗纺单纱,捻度为 40～60 捻/10cm,多采用平

纹及 $\frac{2}{2}$、$\frac{2}{1}$ 斜纹组织,织物面密度为 $240\sim400\mathrm{g/m^2}$。

法兰绒的后整理主要经过生修、刷毛、缝边、洗呢、脱水、缩呢、洗呢、脱水、烘干、中检、熟修、剪毛、蒸呢等工序。故法兰绒是缩绒产品,呢面丰满细洁,混色均匀,色泽大方,手感柔软有弹性,有身骨,耐起球。

由于法兰绒是混色产品,其中至少有两种原料的色泽不相同,混纺时原料混色并不十分均匀,故使呢面呈现混色夹花的风格。另外,还有条、格花型的法兰绒产品以及棉经毛纬的交织产品。

法兰绒的主要用途是制作春秋男女各类服装、裤料、西装、套装、裙装和童装等。

7. 粗纺花呢

粗纺花呢是利用单色纱、混色纱、合股线及花式线等,以各种织纹的组织及经纬排列方式配合而织成的花色产品,包括人字、条格、圈点、小花纹、凹凸提花等织物。其生产原料为羊毛、粘胶、涤纶等,纤维品质可差些。经纬纱支一般为 $4\sim10$ 公支,还可用不同粗细的纱线搭配在一起进行织造,以突出立体效果。

粗纺花呢可分为纹面花呢、绒面花呢和呢面花呢三种,其特点如下:

(1)纹面花呢:织纹清晰、匀净,光泽鲜明,身骨挺而有弹性,手感柔软不松烂;

(2)呢面花呢:表面呈毡缩状,短绒覆盖,呢面平整均匀,质地紧密厚实,毛纱缩绒后不沾色;

(3)绒面花呢:表面有绒毛覆盖,绒面丰厚、整齐,手感柔软,稍有弹性,是缩绒起毛产品。

粗纺花呢主要用作套装、短大衣、西装上衣等的面料。

8. 火姆司本

火姆司本是毛织物中出现较早的品种,我国将其归于粗花呢类,最初是以手工纺纱织造而成的,虽然现已采用现代化的纺织设备,但仍保留了手工纺纱织造的粗犷风格。

火姆司本所用原料较差,具体采用羊毛、粘胶、腈纶、涤纶等纯纺或混纺,经纬采用 $5\sim14$ 公支单纱或股线,多采用混色纱或花式线,一般是采用色相相差鲜明的两种或多种颜色相互搭配,具有明显的夹花效应。织物配色要求高,鲜艳大方,具有手工艺品的风格;色泽多为中浅色,呢面花纹清晰,光泽自然,身骨硬挺,弹性好,但织物手感粗糙、硬挺,通常采用平纹或斜纹组织织造,纱线的捻度为 $30\sim32$ 捻$/10\mathrm{cm}$,成品面密度为 $280\sim300\mathrm{g/m^2}$。

火姆司本主要用于制作套装、短大衣、西装上衣、童装等。

9. 大众呢

大众呢包括学生呢,一般以毛纺厂的精梳下脚料(精梳短毛和回收再用毛)为主,原料差,经常混入粘胶、腈纶、锦纶等化学纤维。织物经纬纱支为 $4\sim12$ 公支,捻度 $25\sim48$ 捻$/10\mathrm{cm}$,成品经纬密约为 $90\sim200$ 根$/10\mathrm{cm}$,采用 $\frac{2}{2}$ 斜纹或破斜纹组织,成品面密度在 $60\sim500\mathrm{g/m^2}$ 之间。

大众呢是重缩绒织物,呢面细洁、平整均匀,基本不露底纹,手感紧密,有弹性,呢面外观与原料的配比直接相关。大众呢主要用于生产中山装、制服和学生装等。

10. 劳动呢

劳动呢是用短粗毛、下脚毛、再生毛、化纤等为原料制成的粗纺呢绒类的低档产品,经纬纱支为 4~6 公支，采用 $\frac{2}{2}$ 斜纹组织，成品面密度为 400~550g/m²。织物质地紧密，露底纹或半露底纹，手感厚实，色泽以蓝、黑为主，也有部分混色产品，主要用于劳动保护服、学生服和制服等。

（二）毛毯

1. 素毯

素毯一般是棉经毛纬或毛经毛纬且缩绒起毛的素色绒面产品，所用原料为羊毛、羊绒、驼绒、牦牛绒、粘胶、棉、腈纶等，织物组织为斜纹、破斜纹、纬二重等。素毯的主要用途是供家庭、旅游、地质野外铺盖及飞机、汽车内装饰等。素毯可分为：

（1）高级素毯：经纬纱一般采用 5~9 公支粗纺单纱或采用棉经毛纬（经纱为 21ˢ/2 或 32ˢ/2；纬纱用 2.5~5 公支毛纱，原料选用羊绒、驼绒等）。高级素毯要求绒毛整齐，手感丰满柔软，弹性好，光泽均匀。按毯面风格可分为短绒、立绒、水纹鸳鸯及仿兽皮绒等。

（2）中低档素毯：原料一般选择品级较差的羊毛，也可采用粘胶、涤纶、腈纶等化纤混纺，经纬纱一般为 3~4 公支粗纺单纱。中低档素毯一般要求绒面较丰满，不露底纹，质地紧密，有身骨，坚牢耐用，毯边整齐。

2. 道毯

道毯一般棉经毛纬的缩绒起毛产品，也有少量毛经毛纬或不缩绒起毛的道毯。道毯的经纱为 21ˢ/2 或 21ˢ/3 棉纱，纬纱选用 2.5~4 公支粗纺毛纱，成品条重在 2kg 左右。

道毯要求毯面绒毛丰满，不露底纹，质地紧密丰厚，配色鲜明、协调，毯道整齐，保暖性好。其色道的形式主要有单色道毯、鸳鸯道毯、彩虹道毯等。道毯一般为染色产品，色调以暖色为主，也有红、黄、蓝、绿、棕等颜色的协调搭配。

3. 提花毯

提花毛毯一般是棉经毛纬的缩绒或起毛产品，主要原料为羊毛、马海毛、粘胶、棉、腈纶等，所用纱线与道毯相似，组织大多采用八枚缎纹、纬二重组织。

提花毯有长毛水纹毯和短绒毯两种。长毛水纹毯要求毯面水波纹明显顺伏，手感丰厚，有身骨，保暖性好，色泽鲜艳，不串色，牢度好，耐摩擦，花色美观，光泽好。短绒毯要求毯面绒毛丰满，手感柔软有身骨，不露底，摩擦牢度好，不起球，花型美观，色泽鲜艳，可以选用长度较短的毛纤维。提花毛毯主要用于汽车、火车、飞机内的装饰及家庭装饰。

4. 格子毯

格子毯一般为毛经毛纬的缩绒起毛产品，也有少量的棉经毛纬品种。

格子毯经纬大多用 3~5 公支粗纺单纱，$\frac{2}{2}$ 斜纹组织。所用原料除羊毛纤维外，还常与粘胶混纺制成混纺产品。格子毯的特点是：毯面绒毛平整，缩呢后可稍露底纹，质地紧密，手感厚实但不硬板，配色协调，毯边整齐，包边美观，保暖性好。

（三）粗纺毛织物的特点

根据以上粗纺毛织物品种的介绍，粗纺毛织物的总体特点可以归纳为：（1）原料种类多（长度在 15~65mm）；（2）纱线毛羽多，粗细节多，混色不太均匀，捻度较低，纺纱工艺简单，细纱牵伸小，成纱支数低。（3）整经一般采用分条整经机；（4）坯布结构较疏松，组织较简单;(5)后整理工序复杂多变;(6)手感柔软,丰满,蓬松,经纬密一般较小,外观粗犷,表面有绒毛,其主要风格来自于后整理;(7)品种繁多。

二、精纺毛织物的主要品种及其特点

与粗纺毛织物相比,精纺毛织物具有以下共同特点:(1)原料品质较好:采用优质绵羊毛、棉纤维、兔毛、涤纶、粘胶、腈纶、锦纶、异形纤维、绢丝、麻、羊绒、驼绒等为原料;(2)纱线条干均匀,混色均匀,纺纱工艺复杂,捻度较高;(3)整经一般采用分条整经;(4)坯布结构较紧密,组织较简单;(5)后整理工序较简单;(6)经纬密较粗纺毛织物大,织物较轻薄,布面光洁、匀整、平挺;(7)花色较多。

1. 哔叽

哔叽原料采用羊毛、毛/涤、毛/粘、毛/腈、毛/维、毛/棉、毛/丝等,多用股线织造,也有部分纬纱采用单纱,经纬纱支为 32/2～60/2 公支,多数产品采用 45/2 公支;其经密大于纬密,经、纬密度比为 1.1～1.25。哔叽采用 $\frac{2}{2}$ 斜纹组织,斜纹线倾角为 50°左右,纹路较宽。

哔叽一般是匹染产品,对要求高的品种,特别是化纤混纺品种,则多用条染,色泽以灰色、蓝色、咖啡色、藏青色为主,混色产品也占一定比例。

哔叽要求色光柔和,手感丰厚,身骨好,弹性好,质地坚牢,不板不烂。哔叽的品种很多,按呢面分有光面哔叽和毛面哔叽,光面哔叽纹路清晰,光洁平整,市场上绝大多数是光面哔叽;而毛面哔叽呢面有短小的绒毛,底纹清晰可见,光泽自然柔和,有光亮。按织物所采用的原料来分,哔叽可分为纯毛哔叽和混纺哔叽,混纺哔叽主要有毛/涤、毛/粘、毛/粘/锦等品种,其中羊毛占 50%～80%。如按织物轻重分,可以分为厚哔叽、中厚哔叽和薄哔叽,厚哔叽面密度大于 315g/m²,薄哔叽面密度低于 290g/m²,中厚哔叽面密度在 291～315g/m² 之间。哔叽主要用于中山装、西裤、裙子、学生装等外衣,也可用于家俱装饰用料。

2. 啥味呢

啥味呢一般采用羊毛、粘胶、腈纶、棉等为原料,组织一般采用 $\frac{2}{2}$ 斜纹,斜纹线倾角为 50°左右,经纬纱粗细相差不大,为 40/2～60/2 公支股线或 20～32 公支单纱,织物经纬密相近,成品面密度在 229～331g/m² 之间。

啥味呢正反面均为丰满的短细绒毛,毛绒平齐,织纹隐约可见,光泽自然柔和,有膘光,颜色鲜艳,夹花效果明显,手感不板不烂,有身骨,弹性好,不硬不糙,手感滑糯。

啥味呢常为条染混色产品,往往采用对比色混色;也有利用两种或三种纤维的不同吸色性能,采用匹染染色。当前有的工厂采用毛条印花代替条染混色,获得了更理想的夹花效果。啥味呢以混色灰为主,也有混色蓝、混色咖啡等。

啥味呢按呢面分,有光面和毛面两种,毛面啥味呢经缩呢工艺,毛绒短小、平齐,略露底纹。按原料可分为纯毛啥味呢和混纺啥味呢两种。啥味呢的用途与哔叽相同。

3. 华达呢

华达呢又名轧别丁,所用原料有羊毛、毛/粘、毛/涤、毛/腈、毛/锦等,经纬纱线以股线为主,为 30/2～80/2 公支,采用 $\frac{2}{2}$、$\frac{2}{1}$、$\frac{3}{1}$ 斜纹及缎纹组织,织物经密明显大于纬密,经纬密之比为 1.5～2,织物重量根据品种的不同而有所差异。

华达呢呢面纹路清晰饱满,光洁平整,光泽自然柔和,颜色多为鲜艳色或浅色,手感滑糯,有身骨,弹性好,不板不烂。

根据织物所采用的组织,华达呢可分为双面华达呢、单面华达呢和缎背华达呢三种。双面华达呢采用 $\frac{2}{2}$ 斜纹组织,斜纹倾角约为 $60°$,正反面相同,织物面密度在 $250\sim330g/m^2$ 之间,常用于做套装、西装、中山装、学生装,应用非常广泛;单面华达呢采用 $\frac{2}{1}$、$\frac{3}{1}$ 斜纹组织,正面纹路清晰,反面呈平纹效应,织物面密度约为 $230g/m^2$,适宜做各种女装,也可用来做西装及西便装;缎背华达呢采用缎纹组织,其正面有清晰的斜线纹路,反面则呈现明显的缎纹效应,织物面密度在 $320\sim400g/m^2$ 之间,适合做风雨衣,也可用来做西装及轻质大衣。

4. 凡立丁

凡立丁原料采用羊毛、毛/涤、毛/粘、毛/锦、毛/腈等,经纬纱粗细相同,一般为 $40/2\sim60/2$ 公支,捻度较大,股线一般为 $50\sim85$ 捻/cm,其中单纱的捻度较股线小 10% 左右。成品经纬密度接近,且密度较低,一般为 $200\sim280$ 根/10cm,采用平纹组织,成品面密度为 $185g/m^2$ 左右。

凡立丁以匹染为主,对色差要求较高的品种或混纺产品,往往采用条染,色泽以浅灰色、米色、蓝色、棕色为主,女装用凡立丁常用鲜艳色。凡立丁呢面光洁平整,经直纬平,不起毛,织纹清晰,光泽自然柔和,膘光足,手感滑爽,柔软有弹性,织物较薄,但硬挺有身骨,不板不烂。

凡立丁按其呢面花色的不同可分为素色凡立丁、条子凡立丁、格子凡立丁、隐条隐格凡立丁、纱罗凡立丁、印花凡立丁等;根据所用原料的不同可分为纯毛凡立丁和混纺凡立丁,混纺凡立丁的含毛量一般在 $30\%\sim70\%$ 之间。凡立丁是毛织物中的轻薄产品,常用于制作夏季男女各类服装。

5. 派力司

派力司也是毛织物中的一类轻薄产品,原料有羊毛、毛/涤、毛/粘、毛/腈等。经纱一般用股线,为 $50/2\sim70/2$ 公支;纬纱一般用单纱,为 $32\sim50$ 公支。也有部分产品的经纬纱均用股线,股线常采用 $60\sim86$ 捻/10cm 的强捻。派力司采用平纹组织织制,织物经密为 $250\sim300$ 根/10cm,纬密为 $200\sim260$ 根/10cm,成品面密度为 $135\sim168g/m^2$。

派力司是条染混色产品,有夹花效应,色泽以中灰、浅灰为多,目前驼色、米色等产品也不断涌现,深受消费者的欢迎。派力司呢面光洁平整,具有散布均匀细致的不规则轻微雨丝状条痕,不起毛,织纹清晰,经直纬平,光泽自然柔和,颜色无陈旧感,织物柔软有弹性,有身骨,不糙不硬,手感滑爽。其用途与凡立丁相同。

6. 贡呢

贡呢的原料采用羊毛、毛/涤、毛/粘等,经纬纱一般采用 $50/2\sim80/2$ 公支的股线,也有纬纱采用 $36\sim40$ 公支的单纱;纱线捻度较低,单纱为 $8\sim9$ 捻/10cm,股线为 $13\sim15$ 捻/10cm。织物采用缎纹、急斜纹等组织,斜纹倾角根据品种的不同而不同,成品面密度为 $300\sim365g/m^2$。贡呢采用条染和匹染均可,高档产品一律采用条染,其色泽以黑色为主,也有一定比例的蓝色、灰色、驼色等,还有部分混色产品。

贡呢是精纺毛织物中经纬密较大、比较厚重的品种,多为素色,呢面光洁平整,织纹清晰,不起毛。由于呢面浮线长,使得呢面光亮,光泽自然,手感光滑,质地紧密,不板不烂,有弹性,织物丰厚活络。

根据织物组织的不同,贡呢可分为直贡呢、横贡呢和斜贡呢三种。直贡呢采用经面缎纹组织,斜线纹路倾角 $75°$;横贡呢采用纬面缎纹组织,斜线纹路倾角 $13°$;斜贡呢采用急斜纹组织,斜线纹路倾角 $50°$ 左右。贡呢主要用于制作西装、大衣、礼服、鞋面、中式便服、中式马甲等。

7. 花呢

精纺花呢是利用各种精纺彩色纱线、各种花式纱线作经纬纱,或运用平纹、斜纹、变化斜纹、经二重、纬二重等各种组织的变化,织制成各种条、格以及各类花型的精纺毛织物的统称。花呢是精纺毛织物中花色变化最多的品种,多为条染产品。其特点是色泽鲜艳,组织多样,色彩艳丽,手感柔软有弹性。

花呢的品种按其纱线可分为素色纱花呢、混色纱花呢、彩色纱花呢、异色合股纱花呢、三色合股纱花呢、花式捻线花呢、竹节纱花呢、彩点纱花呢、正反捻线花呢、珠点纱花呢、圈形纱花呢、绒线纱花呢、片节纱花呢、去霞纱花呢、包芯纱花呢、螺旋纱花呢、印花纱花呢、海绵纱花呢、金银纱花呢、结子纱花呢、嵌条纱花呢等。按其花型可分为条子花呢、格子花呢、隐条花呢、隐格花呢等。按其组织可分为平纹花呢、斜纹花呢、增重花呢等。按其原料可分为纯毛花呢、毛涤花呢、毛涤粘花呢、毛涤麻花呢、毛腈花呢等。按其面密度可分为薄型花呢、中厚花呢、厚花呢等。通常,花呢是按面密度来分类的。

(1)薄花呢:薄花呢主要产品有纯毛薄花呢和毛涤混纺薄花呢,一般指面密度为 $130\sim190g/m^2$ 的花呢,经纬纱均采用高支股线,即 $40/2 \sim 70/2$ 公支,纱线捻度为 $42\sim86$ 捻/10cm,成品的经纬密为 $160\sim300$ 根/10cm。

薄花呢的特点是光泽自然柔和,有膘光,颜色鲜艳,无陈旧感,花型美观大方,手感滑糯,有身骨,结实有弹性,抗皱性能好。薄花呢多用来制作夏季各类男女服装、裙子等。

(2)中厚花呢:中厚花呢是指面密度为 $195\sim290g/m^2$ 的花呢,一般采用斜纹或斜纹变化组织,也有采用经重组织的中厚花呢。中厚花呢的特点是光泽自然柔和,有膘光,颜色鲜艳纯正,配色典雅大方,装饰纱配置协调;手感滋润、光滑,丰厚活络,有身骨,结实有弹性。产品多用于生产西装、套装、青年装等。

(3)厚花呢:厚花呢一般指面密度在 $300g/m^2$ 以上的花呢品种,有素色、混色和花色产品。织物呢面特点与中厚花呢相同,手感要求结实丰厚,有身骨,弹性好,手感活络,纹路清晰。产品常用于制作短大衣、制服、猎装、军装等。

8. 女衣呢

女衣呢与粗纺女式呢不同,它是精纺毛织物产品,其所用原料为羊毛、涤纶、腈纶、粘胶等,其经纬纱均用高支股线,纱支一般大于 $40/2$ 公支,也有部分产品的纬纱采用 $30\sim40$ 公支单纱;股线捻度为 $55\sim95$ 捻/10cm,单纱捻度为 $50\sim80$ 捻/10cm。织物采用平纹、斜纹、小提花、绉组织等组织,成品经纬密在 $110\sim410$ 根/10cm 之间,平纹织物密度要小些,斜纹织物略大一些,而绉组织的经纬密度最大,且随着织物所用纱支及产品用途而变化。女衣呢成品面密度为 $200\sim245g/m^2$,混纺产品一般采用条格花型。

女衣呢主要用于各类女装、窗帘及家俱面罩等,因而织物色泽鲜艳,大多为匹染,结构较松,手感柔软而不松烂。

9. 色子贡

色子贡是贡呢的一种，是由变化缎纹组织织成的精纺毛织物。经纬纱一般采用 50/2～70/2 公支的精梳股线，捻度约为 58～90 捻/10cm，成品经密略大于纬密，经密在 340～450 根/10cm 之间，纬密在 280～400 根/10cm 之间，成品面密度为 265～365g/m²。色子贡一般为素色织物，只有少量混色、花色及匹染产品，色彩以深色为主。

色子贡的呢面平整光洁，呈网纹形小颗粒状纹样，纹样细巧，质地紧密丰厚，有身骨，有弹性，光泽比一般贡呢柔和。色子贡常用于生产礼服、军服、套装、马甲、猎装、领带等。

10. 巧克丁

巧克丁也是贡呢类品种，是以急斜纹（双斜纹或三斜纹）为主织制的精纺毛织物，斜纹倾角约 63°左右，经纬纱为 50/2～60/2 公支，捻度 50～80 捻/10cm，成品经密大于纬密，经密为 400～500 根/10cm，纬密为 250～350 根/10cm，面密度为 405～500g/m²。巧克丁一般以条染为主，也有部分匹染产品，色泽多为蓝、军绿、灰色，也有少量花色、混色产品。

巧克丁的呢面呈现双根或三根并列的急斜纹条子，每组中每根条子之间的间距较小，凹度较浅，但每组条子之间纹路的间距较大，凹度较深。织物特点是呢面光洁平整，织纹清晰、顺直，光泽自然柔和，色泽纯正，手感活络，滑而不糙，不松不板，有身骨，弹性好，抗皱性好。巧克丁常用来生产西装、礼服、猎装、春秋季的长短大衣等。

11. 马裤呢

马裤呢是精纺毛织物中最重要的品种之一，属于贡呢类产品。马裤呢一般采用 36/2～60/2 公支的高捻（捻度一般为 55～80 捻/10cm）股线；成品经密约为纬密的两倍，经密约为 420～650 根/10cm，纬密约为 210～300 根/10cm，是高捻高密织物。织物组织为急斜纹组织。马裤呢有条染产品和匹染产品，条染产品的色泽、质地较好，色泽以军绿、蓝、灰、混色为主。

马裤呢呢面纹路粗壮、饱满，质地厚实、坚牢、挺括，有身骨，弹性好，不松不板，耐磨性特别好，常用作大衣、军装、猎装、马裤等的面料。

12. 海力蒙

海力蒙属哔叽类产品，但在同规格同纱支的情况下比哔叽紧密。海力蒙采用 $\frac{2}{2}$ 破斜纹或人字斜纹组织，经纬纱为 45/2～60/2 公支，捻度为 50～80 捻/10cm；经纬密接近，成品经纬密为 250～300 根/10cm，面密度在 200～300g/m² 之间。海力蒙采用条染色织，且经纬异色，通常是浅经深纬，色泽大多为经纬异色的灰、蓝、咖啡色等。

海力蒙呢面的人字纹路清晰、匀整，毛面海力蒙呢面有均匀的短毛覆盖，但人字纹路仍然可见，花纹立体感强。织物紧密，有身骨，弹性好，手感活络。

13. 板司呢

板司呢属于斜纹类织物，但比斜纹织物紧密、挺括，其经纬纱为 30/2～60/2 公支，捻度为 40～80 捻/10cm，采用方平或平纹组织织制；成品经纬密为 250～550 根/10cm，面密度为 265～310g/m²。为条染混色织物，色泽以中浅灰、蓝灰、驼咖混色为主，也有少量素灰、蓝咖混色和杂色产品。

板司呢呢面平整，混色均匀，不板不松，有身骨，有弹性。毛面板司呢的毛绒整齐一致，光面板司呢的织纹清晰。板司呢主要用于制作西装、学生装、两用衫、夹克、运动装、猎装等。

三、化纤仿毛织物

由于羊毛资源有限,不能满足人们对毛织物的需要,因此随着各种新型纺织化学纤维的开发,各种化纤仿毛织物应运而生,其仿毛效果逼真,品种齐全。

1. 化纤仿毛织物的主要手法

(1)从原料结构上着手模仿羊毛纤维的手感、弹挺性、吸湿性等,如利用弹性良好的涤纶纤维同其他纤维混纺。近年来,国内外积极开发了多种新型化纤,如改性、复合、高收缩、高吸水、不等长、不等粗、不等直径、异形等化纤原料用于仿毛织物,使织物具有挺括、滑糯、免烫、弹性好等特点,增加了毛型感,外观更接近毛织物。

(2)从产品的配色及组织规格设计着手,仿制毛织物的外观风格特征。例如利用混色纱线及花式线,运用组织技巧,适当的用纱线密度、密度及色彩配合,运用英文边字等达到并增强仿毛效果。

(3)从后整理工艺着手,通过松式整理、上树脂、拉毛、磨毛、定型等工艺,使织物具有与毛织物极其相似的弹挺、滑糯的手感及穿着舒适性。

2. 仿毛织物的原料

化纤仿精纺毛织物所采用的原料主要有中长纤维和涤纶低弹长丝等,大多采用涤/粘混纺纱、涤/腈混纺纱及各种花式线、涤纶低弹长丝或涤纶低弹网络丝与中长纤维纱线的交并纱线等。化纤仿粗纺毛织物一般采用腈纶膨体纱、合成纤维空气变形纱等。

3. 中长织物

中长纤维是指纤维长度介于棉纤维与精纺毛纤维长度之间的化学纤维,长度一般为51~76mm,纤维的线密度一般为2.78~3.33dtex,一般用于仿毛织物。以该类纤维为原料纺纱织成的织物称为中长织物。中长织物的外观风格及手感特征与精纺毛织物相似,故中长织物一般指化纤仿精纺毛织物。

目前国内外中长织物选用的原料主要有涤纶、腈纶、维纶、锦纶、丙纶、粘胶、醋酸纤维、铜氨纤维等,最常见的是涤/粘混纺织物,但当前醋酸纤维的应用也越来越多。纤维原料的选用非常重要,它直接关系到织物的风格、品种的变化、产品加工的纺织染工艺等,同时对织物的服用性能、机械性能有着直接的影响。

为保证成纱截面中有足够的纤维根数,中长纤维的长度(mm)与线密度(旦)比一般在0.8~1.2之间。纤维线密度不变而长度增加时,可提高纱线的强力和伸长,可纺纱支提高,纱线的质量也得到改善;如纤维的长度不变而线密度减小,也可达到上述效果。

中长织物中,单纱捻系数一般经纱取354左右,纬纱取325左右;股线捻系数一般为单纱的1.6倍左右。

中长织物的紧度可参照毛织物的紧度。但为了使织物在松式整理时纱线有膨松的余地,一般中长织物的紧度要略小于相应毛织物的紧度。表1-18是几种涤/粘中长织物的紧度值。

表1-18 几种涤/粘中长织物的紧度值

织物类别	经向紧度(%)	纬向紧度(%)	经纬紧度比
平纹织物坯布	49~53	44~47	1.10左右
斜纹、哔叽坯布	62~72	48~54	1.32左右
华达呢坯布	85~89	45~49	1.87左右

中长织物的组织一般采用平纹与$\frac{2}{2}$斜纹组织，如要使织物具有隐条风格，经纱的捻向往往采用左手捻与右手捻相互搭配。

4. 化纤仿毛织物的品种

化纤仿毛织物的品种与毛织物完全相同，名称也可沿用毛织物的品名。但由于化学纤维的原料丰富，故化纤仿毛织物的品种较毛织物更多，织物的色彩、外观较毛织物更富有变化。

第三章　丝型织物

丝型织物又称丝绸，是采用真丝、柞丝、粘胶长丝、涤纶长丝、丙纶长丝、锦纶长丝等长丝纤维以及部分短纤纱为主体原料织成的织物的统称。丝型织物高贵华丽，品种极其丰富，有的细腻柔滑，有的薄如蝉翼，有的似云雾缭绕或雕刻镶嵌，可用于服装、装饰、工业、医疗及国防等方面。

一、丝织物的原料

1. 桑蚕丝

桑蚕丝又称桑丝，是丝织生产的主要原料，由人工喂养的家蚕所结茧缫制而成。根据生产的需要和加工方式的不同，桑蚕丝可分为：

（1）茧丝：是直接由蚕体的绢丝腺分泌的绢丝液，经吐丝孔排出，遇到空气凝固而成的蚕丝，未经任何加工。

（2）生丝：利用缫丝机将几个煮熟茧的茧丝（一般为8根）一起顺序抽出，借助丝胶抱合而成的复丝。生丝未经精练加工，保持了原有的色泽和胶质。

（3）熟丝：生丝经过精练加工之后的丝。

（4）厂丝：用完善的机械设备和工艺缫制而成的蚕丝，白色蚕茧缫成的丝叫白厂丝。厂丝品质细洁，条干均匀，粗节少，一般用于织制高档绸缎。

（5）土丝：用手工缫制而成的蚕丝。土丝光泽柔润，但糙节较多，条干不均匀，品质远不及厂丝，用于织制风格较粗犷的丝绸织物或用作丝线。

（6）双宫丝：由两条或两条以上的蚕共同结成的茧叫双宫茧，由双宫茧缫成的丝称为双宫丝。双宫丝有两个或两个以上的丝头，错综缠绕在一起，有明显的疙瘩瘤节，纤维较粗，条分不均匀，光泽较差，多用于织制质地厚重或风格粗犷的织物，一般用作纬纱。

（7）绢丝：绢丝又称绢纺丝，是以缫丝和丝织物中产生的废丝及疵茧，如蛾口茧、薄皮茧、烂茧等为原料，经绢纺工艺制成的短纤纱。桑蚕绢丝光泽好，表面均匀洁净，强力高，可制织轻薄丝织物，也可用于针织和加工缝纫线。

（8）紬丝：指缫丝和丝织过程中所产生的屑丝、废丝及茧渣，经加工处理纺成的丝。紬丝较粗，且丝条不匀，纤维短，光泽差，杂质多，强力低，但手感丰满，常用于织制绵绸。

2. 柞蚕丝

柞蚕又称野蚕,以柞树叶、木薯叶、蓖麻叶为饲料长大并结茧,所生产的茧称为柞蚕茧,以柞蚕茧缫制而成的丝称为柞蚕丝。柞蚕丝的分子排列不如桑蚕丝整齐紧密,丝胶含量少,脱胶时脱落较多,结构疏松,故洁度、均匀度都不及桑蚕丝,且色泽较深。根据生产方式可分为:

(1)柞药水丝:煮茧后用双氧水溶液漂茧,用这种茧缫制的生丝称柞药水丝。由于经过漂白,颜色呈淡黄色,光泽明亮,强力和弹性都较好,耐酸、耐碱、绝缘,可用于制织高档衣料、室内装饰织物,还可用于电气、化工工业。

(2)柞灰丝:指用碳酸钠溶液煮茧后缫制而成的柞蚕丝,颜色呈灰褐色。柞灰丝的性能与柞药水丝相同。

(3)柞绢丝:即用疵茧、废丝或缫丝下脚料经绢纺加工制成的柞丝短纤纱,呈黄、褐色,其强力高,弹性差,可织制中低档柞丝织物。

(4)大条丝:手工缫制的柞丝,条干极粗,且条分不均匀,呈黄、褐色,用于织制粗厚型丝织物。

3. 人造丝

人造纤维也是丝织物的主要原料,常用的有粘胶长丝、铜氨长丝、醋酸长丝等,由于强力和耐磨性较差,故常用作纬丝。

4. 合成纤维长丝

合成纤维长丝坚牢、耐磨,织制的丝型织物易洗快干、免烫,可纯织或与真丝交织,经仿绸整理,外观可接近天然丝织物。常用的合成纤维长丝有涤纶、锦纶、丙纶等。

5. 金银丝

又称金银线、金银皮,其闪光效果好,目前所用的金银丝一般以涤纶薄膜通过真空镀铝法制成,再切成细丝,丝线光滑柔软,能适应织造,且质轻,成本低。

二、丝织物的服用特性及风格特征

(1)真丝织物(桑蚕丝织物):光泽明亮悦目,自然柔和,手感柔软滑爽,悬垂飘逸;染色纯正,色谱齐全;吸湿性好,穿着透气、舒适;有良好的弹性和强度;耐热性较好,但温度过高时会发生变色和炭化;导电性较差,可做电绝缘材料;耐日光性不佳,曝晒会使织物强力和弹性下降,色泽泛黄或褪色;洗可穿性不好,洗后需熨烫整理以恢复平整;对碱敏感,不宜使用碱性洗涤品;易虫蛀。

(2)柞丝绸:吸湿性好,透气舒适;强度高,仅低于麻纤维,且湿强大于干强;弹性、光洁度和柔软度不及桑丝绸,湿水后发涩、变硬;耐日光性较差,不宜曝晒;溅上水滴干燥后会出现水渍。

三、丝型织物的分类

1. 按原料分类

丝织物按原料的种类可分为真丝织物、柞丝织物、人造丝织物、合纤丝织物、交织丝织物等。

2. 按染整加工分类

(1)生织丝绸:先织制后练染的丝织物,生织绸坯需经练、染、整理后才能成为成品。

(2)熟织丝绸:经、纬丝经练染后再进行织造的丝织物,熟织产品可以直接作为成品。

3. 按外观色相分类

(1)素色丝绸:经染色加工而成的单一颜色的丝绸织物。

(2)印花丝绸:经印花加工得到的丝绸织物,织物表面印有花纹图案。

(3)提花丝绸:即熟织提花丝织物,表面的花纹图案是通过提花组织得到的,有单色织物,也有多色织物。

4. 按用途分类

根据织物的用途,丝型织物可分为:衣着用绸、装饰用绸、工业用绸、国防用绸等。

5. 按组织结构、生产工艺及外观特征进行分类

可分为十四大类(表 1-19)和三十六小类(表 1-20)。

表 1-19　外销丝型织物的编号意义

第一位数字		第二或第二、三位数字	
序　号	代表原料属性	序　号	代表大类品名
1	桑蚕丝(包括土丝、双宫丝、绢丝等)	00～09	绡
		10～19	纺
2	合纤(锦纶、涤纶长丝及其短纤纱)丝	20～29	绉
		30～39	绸
3	短纤混纺纱	40～47	缎
		48～49	锦
4	柞丝(包括柞绢丝)	50～54	绢
		56～59	绫
5	人造丝(包括粘胶、铜氨、醋酸丝及短纤)	60～64	罗
		65～69	纱
6	交　织	70～74	葛
		75～79	绨
7	被　面	80～89	绒
		90～99	呢

表 1-20　丝织物三十六小类产品的名称和含义

序　号	名　称	英文名称	含　义
1	双绉类	Crepe de Chine Kinds	平纹组织,纬采用 2S2Z 捻向排列的强捻丝,绸面呈均匀绉效应。
2	碧绉类	Kabe Crepe Kinds	纬向采用碧绉线,外观呈细密绉纹。
3	乔其类	Georgette Kinds	采用平纹组织,经纬均用 2S2Z 捻向排列的强捻丝,质地较稀疏轻薄,绸面呈现纱孔和绉效应。
4	顺纤类	Crepon Kinds	纬向采用单向强捻丝,外观呈现不规则直向绉纹。
5	塔夫类	Taffeta Kinds	采用平纹组织,质地紧密挺括的熟织物。
6	电力纺类	Habotai Kinds	一般采用桑蚕丝生织,平纹组织。
7	薄纺类	Paj Kinds	一般采用桑蚕丝生织,平纹组织,绸重在 60g/m 以下。
8	绢纺类	Spun Silk Kinds	经纬均采用绢丝,平纹组织。
9	绵绸类	Noil Poplin Kinds	经纬均采用紬丝,平纹组织。

续表

序号	名称	英文名称	含义
10	双宫类	Doupion Silk	全部或部分采用双宫丝。
11	疙瘩类	Slubbed Fabric Kinds	全部或部分采用疙瘩、竹节丝，呈疙瘩效应。
12	条子类	Striped Kinds	采用不同的组织、原料、排列、密度、色彩等方法，外观呈现横、竖形花纹。
13	格子类	Checks Kinds	采用不同的组织、原料、排列、密度、色彩等方法，外观呈现格形花纹。
14	透凉类	Mock-Leno Kinds	采用假纱组织，构成类似纱眼的透孔织物。
15	色织类	Yarn-Dyed Kinds	全部或部分采用色丝的织物。
16	双面类	Reversible Fabric Kinds	应用二重组织，正反面均具有相同纹面的织物。
17	花　类	Jacquard Fabric	提花织物。
18	修花类	Broche Kinds	按照花型要求，修剪除去浮长丝线的织物。
19	生　类	Unboiled Fabric	采用生丝织造，不经精练工艺。
20	特染类	Special Dyeing Kinds	经线或纬线采用轧染等特种染色工艺，外观呈现二色及以上花色效应。
21	印经类	Warp-Printing Kinds	经线印花后再进行织造。
22	拉绒类	Raising Kinds	经过拉绒整理的织物。
23	立绒类	Up-right Pile Silk	经过立绒整理的织物。
24	和服类	Kimono Silk Kinds	门幅在 45cm 以下，供加工和服专用的织物。
25	挖花类	Swivel Silk	采用手工或者特殊机械装置，挖成整齐光洁的花纹，背面没有浮长丝线，不需要修剪。
26	烂花类	Etched-out Fabric Kinds	采用化学腐蚀方法产生花纹。
27	轧花类	Gauffer Kinds	采用刻有花纹的钢辊筒的轧压工艺，外观呈现显著的松板纹、云纹、水纹等有折光效应和凹凸的花纹。
28	高花类	Relief Kinds	采用重经组织或重纬组织、粗细悬殊的原料、不同原料的强伸强缩等方法制成，织物外观呈现显著凸起的花纹。
29	圈绒类	Loop-Pile Kinds	采用经起绒组织，外观呈现细密均匀的绒圈。
30	领带类	Necktic Kinds	专门制作领带的织物。
31	光　类	Lustering Kinds	采用金银丝和不同光泽的丝线，辅以不同的组织和排列，外观呈现亮光、星光、闪光、隐光等不同光泽效应。
32	纹　类	Dobby Kinds	采用绉组织或小提花组织，外观呈现星纹或各种小花纹。
33	罗纹类	Tussores Kinds	单面或双面呈经浮横条的织物。
34	腰带类	Obiji Kinds	专门制作和服腰带的织物。
35	打字类	Typewriter Ribbon Silk Fabric	专门制作打字色带的织物。
36	绝缘类	Insulating Fabric	专门制作绝缘材料的织物。

四、丝织物的种类及编号

丝织物的编号有外销和内销之分。

1. 外销丝绸编号

由五位数字组成，前面冠以地区代号（表1-21）。编号自左至右：

（1）第一位数字（1～6）代表的具体内容见表1-19；

（2）第二位数字（0、1、2、3、8、9）或第二、三位数字（40～49、50～59、60～69、70～79）分别表示丝织物所属的大类。

（3）第三、四、五位数字代表品种的规格序号，其中（2）中所列40～79中的第三位数字有双重含意，既表示大类，又表示品种规格序号。

例1：11102，表示桑蚕丝为原料的纺类织物，品种规格序号为102。

例2：L64854，表示山东产交织锦类织物，品种规格序号为854。

表 1-21　地区代号

地区	代号	地区	代号	地区	代号	地区	代号	地区	代号
北京	B	上海	S	辽宁	D	江西	J	湖北	E
江苏	K	广东	G	四川	C	福建	M	湖南	X
南京	NJ	山东	L	重庆	CC	广西	N	河南	Y
浙江	H	安徽	W	成都	CR	陕西	Q	天津	T

表 1-22　内销丝型织物的编号意义

第一位数字		第二位数字		第三位数字				第四、五位数字
序　号	属　性	序　号	原料属性	平纹	变化	斜纹	缎纹	
8	衣着用绸	4	粘胶丝纯织	0～2	3～5	6～7	8～9	50～99
		5	粘胶丝交织	0～2	3～5	6～7	8～9	50～99
		7	蚕丝 纯织	0	1～2	3	4	01～99
			蚕丝 交织	5	6～7	8	9	01～99
		9	合纤 纯织	0	1～2	3	4	01～99
			合纤 交织	5	6～7	8	9	01～99
9	装饰用绸	1	被面	0～9				01～99
		2	粘胶丝交织被面	0～5				01～99
		2	粘胶丝纯织被面	6～9				01～99
		3	印花被面	0～9				01～99
		7	蚕丝交织被面	0～5				01～99
		7	蚕丝纯织被面	6～9				01～99
		9	装饰绸，广播绸	0～9				01～99

2. 内销丝绸编号

也由五位数字组成，前面冠以地区代号（表1-21）。编号自左至右：

（1）第一位数字代表用途，8表示衣着用绸，9表示装饰用绸；

（2）第二位数字代表原料（表1-22）；

（3）第三位数字代表织物的组织结构（表1-22）；

（4）第四、五位数字代表丝绸的规格（表1-22）。

五、丝型织物的主要品种及其特点

1. 纺

纺类织物采用平纹组织,经纬丝不加捻或加弱捻,并且采用生织或者半色织工艺,织物表面细密平整,属轻薄型织物。

(1)电力纺:俗称纺绸,最初采用土丝手工织制,后改用厂丝电力织机织造。电力纺是生织纺类织物,柔软轻薄,平挺、细洁,光泽明亮。品种有漂白、染色、印花,也有色织条格电力纺,成品幅宽91.5cm,缩水率为5%左右,织物面密度为$36\sim72g/m^2$。轻薄者可用于制作头巾、彩绸、绢花、窗帘等。电力纺还可用作服装里料和工业用绸。经砂洗整理的电力纺较原来丰糯,垂感增强,可制作夹克、风衣等。

(2)杭纺:又名素大绸、老纺,因盛产于浙江杭州而得名,是历史悠久的传统品种。杭纺以桑蚕丝为原料,平纹组织,面密度约$109g/m^2$,是中厚型品种,属生织丝绸。色泽以练白、元青、灰色为多,也有少量藏青色,成品幅宽73.5cm,缩水率为5%左右。杭纺绸面光洁平整,织纹颗粒清晰,色泽柔和,手感厚实,富有弹性,坚牢耐穿,用作夏季服装面料。

(3)绢丝纺:用双股绢丝织制的平纹丝织物,以生织为主,也有印花和色织彩条、彩格的产品。绢丝纺质地丰糯柔软,织纹简洁,光泽柔和,吸湿透气性好,成品幅宽91.4cm。主要用于男女衬衫、内衣、睡衣等。由于是短纤纱织成,故在织物表面有极细的茸毛,光泽不如电力纺和杭纺明亮,易泛黄起灰。

除此之外,纺类还有洋纺、无光纺、有光纺、富春纺、涤丝纺、尼丝纺、华春纺等品种。

2. 绉

运用工艺手段或组织结构,使织物表面呈现绉纹效应的质地轻薄的丝织物称为绉。形成绉纹效应的方法及工艺手段有:利用不同捻度、不同捻向的捻线配置;利用经纬纱线的张力差异;利用不同收缩性的原料,经后整理起绉;运用绉组织起绉。

绉类织物表面呈现绉纹效应,质地轻薄,光泽柔和,手感滑爽,弹性好,抗皱性好。常见的绉类织物有:

(1)双绉:双绉是中国传统丝织品,国际上称为中国绉,其经纬均为桑蚕丝,平纹组织,经丝为无捻平丝,纬丝为强捻丝,捻向以2S2Z排列,故又名双纡绉。织物的坯布经练染整理,纬向产生收缩,在表面呈现细微的鳞状绉纹,且沿纬向隐约有光泽明暗的差别。织物面密度$35\sim78g/m^2$,成品幅宽$72\sim115cm$,缩水率较大,一般在10%左右。

双绉织物质地轻柔、坚韧,富有弹性,绉纹均匀,光泽柔和,手感滑糯,穿着凉爽舒适,是理想的夏季衣料。可用于制作衬衫、裙子、裤子、绣衣坯及头巾。重磅砂洗双绉还是较好的夹克和风衣面料。双绉有漂白、素色、印花及扎染、拔染等品种。

(2)乔其纱:又名乔其绉,源于法国。织物经纬均为强捻桑蚕丝,且经纬纱线的捻向均采用2S2Z排列,平纹组织,密度较小,生织绸坯经精练后,绉纱收缩,形成细微凹凸绉纹及明显纱孔。乔其纱质地轻薄透明,光泽柔和,手感滑糯且富有弹性,透气性良好,不易折皱,有染色和印花两种,厚薄、轻重不一,成品幅宽$92.5\sim115cm$,缩水率为10%~12%,需经过预缩工艺。由于产品密度小,故容易勾丝。乔其纱多用于夏季衬衫、裙子和戏装、舞蹈服装、舞台帷幕、灯罩、窗纱、围巾等,同时也是我国少数民族喜爱的衣料。

(3)桑波缎:是纯桑蚕丝平经绉纬生织的提花绉类织物,纬纱捻向采用SZ排列,五枚纬面缎为地组织、五枚经面缎为提花组织。织物光泽柔和,有细波纹,弹性好,爽挺舒适,可用于衬衫、裙子、礼服等,纹样以写实花卉或几何图案为主,有素色和印花两种,幅宽116cm。

3. 缎

指采用缎纹组织或以缎纹组织为地的花素丝织物,经纬丝一般不加捻(除绉缎外)。织物质地细密柔软,绸面光滑明亮,手感细腻。

缎类织物按其织造和外观可分为素缎和花缎,素缎表面素静无花,如素软缎、素库缎;花缎表面呈现各种精致细巧的花纹,属简练的提花缎类织物,此外还可利用经纬的化学与物理性能的不同,使织物呈现颜色差异或表面具有浮雕特点的花纹。薄型缎类织物可做衬衫、裙料、头巾、舞台服装等,厚型缎类织物可做外衣、袄面、旗袍等,还可用于台毯、领带、书籍装祯等。

(1)软段:分有素软缎、花软缎和人造丝软缎。

① 素软段:用八枚经面缎纹组织织成,经丝用桑蚕丝,纬丝用有光人造丝,平经平纬交织,是生织缎类织物。精练后可染色或印花,色泽鲜艳,缎面光滑如镜,反面呈细斜纹,质地柔软,可做女装、戏装、高档里料、绣花坯料、被面、帷幕、边条装饰等。织物幅宽141cm。

② 花软缎:以八枚经面缎纹为地组织的纬起花织物,原料与素软缎相同,只是花软缎在桑蚕丝地组织上有有光人造丝的提花,花型有大有小,图案以自然花卉居多,轮廓清晰,多为色织品,大多用于女装、舞台服装、童帽、头篷、被面,也是少数民族喜爱的绸缎。织物成品幅宽171cm左右。

③ 人造丝软缎:经纬均采用人造丝,采用八枚或五枚经面缎组织。缎面色泽光亮,缺乏柔和感,手感稍硬,质地厚重,可染色,也可印花。人造丝软缎多用于制作锦旗、衬里、戏装、儿童衣服等,但由于原料湿强较差,故不易多洗涤。织物成品幅宽71cm。

(2)绉缎:是平经绉纬的桑蚕丝类织物,采用五枚经面缎纹组织,纬纱捻向以 2S2Z 排列。织物一面平整柔滑,有细微皱纹;另一面为缎面,光滑明亮。以素绉缎为主,也有少量提花绉缎,其绸面的绉纹呈缎纹花,地暗花明。绉缎质地紧密坚韧,绸面平整滑糯,穿着舒适。成品幅宽105～110cm,缩水率为5%左右。

(3)库缎:是桑蚕丝的熟织缎类织物,采用八枚经面缎组织,经纱为染色加捻熟丝,纬纱为染色生丝。库缎原是清代官办织造厂生产的进贡入库以供皇室选用的织物,又称大缎,分花素两种。素库缎色泽有元青、紫红、大红、品蓝、蟹青等。花库缎是在缎纹地上提织本色或其他颜色的花纹,花纹分"亮花"和"暗花",其图案以团花为主,也有表示吉祥喜庆等文字的图案,色彩有酱、咖啡、上蓝、茶青、古铜等。库缎经整理,织物手感厚实、硬挺,富有弹性,缎面精致细腻,光泽柔和,是满、蒙、藏、维等少数民族制作袍子的面料,也可用于服装镶边。库缎成品幅宽一般为75～77cm。

4. 绫

绫类丝织物以斜纹或斜纹变化组织为基础组织,表面有明显斜线纹路或以不同斜向组成的山形、条格形、阶梯形花纹的花、素丝织物。素绫采用单一的斜纹或斜纹变化组织,花绫在斜纹地组织上常有盘龙、对凤、万字、寿团等民族传统纹样。绫类丝织物光泽柔和,质地轻薄细腻,薄型用作里料或专供装裱书画经卷及装饰工艺品包装盒,中型可做衬衫、头巾等。

(1)真丝斜纹绸:又称真丝绫、桑丝绫,是纯桑蚕丝生织织物,组织为 $\frac{2}{2}$ 斜纹,绸坯经精练、染色或印花后,质地轻柔光滑,色泽明亮而柔和,纹路细密清晰,分薄型和中型。薄型面密度为 $35\sim44g/m^2$,中型面密度为 $55\sim62g/m^2$,织物幅宽为 $74\sim140cm$,缩水率为 5% 左右,适宜制作衬衫、连衣裙、头巾等。

(2)采芝绫:又名立新绸,是桑蚕丝与人造丝交织的提花绫类织物,一般经向是桑蚕丝和有光人造丝,纬向是有光人造丝,采用 $\frac{1}{3}$ 破斜纹组织为地组织的经起花组织。织物质地中型偏厚,绸面有小花纹或散花,可染成各种颜色。采芝绫成品幅宽为 $70\sim90cm$,用于制作春秋女装、儿童斗篷等。

(3)双宫斜纹绸:是桑蚕双宫丝生织的绫类丝织物,采用 $\frac{2}{2}$ 右斜纹,质地中型偏薄,绸面有不规则粗节和疙瘩,用作衬衫、连衣裙等的面料。

5. 绢

绢类织物采用平纹或重平组织,经纬先染色或部分染色后进行色织或半色织套染,绸面细密平整,挺括、坚韧,质地轻薄,经纬丝一般不加捻或加弱捻,可用作外衣、礼服、滑雪衣等的面料,也可用于制作领结、帽花、织花等。

(1)塔夫绸:又名塔夫绢,是用桑蚕丝熟织的绢类织物,原料品质较好,经纬均为染色厂丝,织物密度高且经密大于纬密。织物细洁、精致、光滑,手感硬挺,色泽鲜艳,光泽柔和,不易沾污,不宜折叠、重压。塔夫绸品种较多,有绢纬塔夫绸、双宫塔夫绸、花式塔夫绸等。成品幅宽 $90\sim93cm$,可用于制作男女上衣及礼服,还可用作羽绒服、羽绒被面料以及里子绸、伞绸、毛毯等的包边。

(2)天香绢:是桑蚕丝与有光人造丝交织的半色织提花绢类丝织物。织造时,一组纬纱已染成深色,而另一组纬纱未染色,故又称双纬花绸。一般经纱用桑蚕丝,有光人造丝为纬纱,地组织为平纹,起花组织为八枚缎经花、纬花及平纹暗花。天香绢手感柔软,质地细密,正面有闪光亮花,背面花纹无光,成品幅宽 $71cm$ 左右,适宜做女装和童装,也是少数民族常用的服饰面料。

6. 纱

纱类织物是指全部或部分采用纱组织的丝型织物,织物纱孔分布均匀,不显条状,有素纱、花纱之分。花纱又分为亮地纱和实地纱,亮地纱以纱组织为地组织,用平纹、斜纹、缎纹或其他变化组织构成花纹;实地纱以平纹、斜纹、缎纹或其他变化组织为地,用纱组织构成织物的花纹。纱织物经纬均为长丝,经纬密较低,孔眼清晰,经纬之间不易滑移,织物结构稳定。

莨纱:又各香云纱或拷绸,是以茨莨液浸渍处理的桑蚕丝生织的提花纱织物,绸坯经特殊拷胶处理,绸面光滑呈润亮的黑色,并有隐约可见的绞纱点子暗花,背面为棕红色,也有正反两面均为棕红色的。莨纱有两种,一种是在平纹地上以绞纱组织提出满地小花纹,并有均匀细密的小孔眼,称莨纱;另一种是用平纹组织织制的,称莨绸。成品幅宽为 $82.5cm$ 左右,面密度为 $36g/m^2$。莨纱的耐晒性和水洗牢度均好,透湿散热,不粘身,十分凉快滑爽,洗涤时只需在清水中浸泡后搓洗即可,但不宜刷洗,以免脱胶,洗后不能熨烫。莨纱是我国广东特产,畅销南方及东南亚一带,用于制作各式男女夏装。

7. 罗

罗类是全部或部分采用罗组织形成的具有等距离或不等距离条状纱孔的素、花丝型织物，一般以长丝为原料，经纬密较低，孔眼清晰，透气舒适。

杭罗：杭罗是纯桑蚕丝生织产品，因产在杭州而得名。杭罗以罗组织织制，表面有等距离分布的直条形或横条形纱孔。纱孔呈横行排列的称横罗，相邻行的纱孔间距决定于纬纱织入的根数，七丝罗比十五丝罗要窄，同样长度内纱孔的横行数却较多。纱孔呈纵行排列的称直罗。目前市场上以横罗居多。杭罗的面密度为 $107g/m^2$ 左右，成品幅宽约73cm，缩水率约为10%。杭罗的颜色以蓝、灰、白为主，目前已有各色砂洗杭罗，色彩较流行，可用于各类时装。杭罗质地柔糯滑爽，手感挺括，纱孔清晰，穿着透气凉爽，可用于男女衬衫、裤子。

8. 绡

绡采用平纹或透孔组织织成，经纬密低，质地爽挺、透明，孔眼方正清晰，经纬纱不加捻或加中、弱捻。若采用生织，绸坯往往需经过精练、染色或印花，也可将生丝染色后熟织。从工艺上可将绡分为素绡和花绡，素绡是在绡地上提出金银丝条子或缎纹条子，产品有建春绡、长虹绡等；花绡是以平纹绡地为主体，通过提花织出缎纹、斜纹或浮经组织的各式花纹图案，或在不提花部分的浮长丝上修剪成花，如伊人绡、迎春绡等，也有经过烂花工艺而制成的烂花绡。

（1）真丝绡：是纯桑蚕丝半精练绡类丝织物，以平纹组织织成，表面微绉而透明，质地轻薄，手感平挺而略带硬性，面密度较低，只有 $24g/m^2$ 左右，成品幅宽在110cm左右。真丝绡可染色或印花，经树脂整理后显得薄而挺括，主要用作婚纱、礼服、戏装等的面料和绣品坯料等，还可用于舞台布景、灯罩等。

（2）建春绡：是平纹地上起缎纹条子的丝型织物，绡地轻薄透明，手感柔软，缎条紧密平挺而富有光泽。建春绡色泽艳丽，风格别致，成品幅宽110cm左右，面密度为 $37g/m^2$ 左右，适宜制作女士高档礼服。

9. 绒

绒类织物指运用起绒组织形成全局或局部显现绒毛或绒圈的花、素丝织物。绒类织物质地丰满柔软，色泽鲜艳光亮，绒毛、绒圈耸立或倒伏。

绒类丝织物又称丝绒，品种较多。按织制方法不同可分为经起绒、纬起绒等；按染整工艺可分为素色绒、印花绒、烂花绒、拷花绒、条格绒等。丝绒是一种高级丝织品，可做服装、帷幕、窗帘及精美包装盒等，但织物不宜重压和水洗。

（1）金丝绒：是桑蚕丝与人造丝交织的单层经起绒丝织物，采用平纹组织，由绒经以一定浮长浮于织物表面，下机后经割绒而成。地经和纬丝均为桑蚕丝，绒经为有光人造丝，成品面密度为 $210g/m^2$ 左右。金丝绒色光柔和，绒毛短而浓密，朝同一方向略倾倒，手感丰满而有弹性，以什色为主，可做女装、服装镶边和装饰用品，也是少数民族服饰用材料之一。

（2）乔其绒：是桑蚕丝与人造丝交织的起绒丝织物，采用双层经起绒组织，分割后成为两幅绒坯，经剪绒、立绒、烂花、拷花、烫金银等整理，成为各种风格的乔其绒。不经剪毛的乔其绒绒毛较长，一般为2mm左右，绒毛丰满密集，沿纬向均匀倒伏。乔其绒经剪绒后，绒毛略短，密集而耸立。乔其绒为绉经绉纬织物，地经和纬丝均为强捻桑蚕丝，地经捻向以2S2Z排列，纬丝以3S3Z排列，绒经为有光人造丝，成品幅宽115cm左右。

乔其绒手感柔软，富有弹性，色光柔和，悬垂感强，富丽华贵，是较好的礼服面料，也可做围巾、帷幕、靠垫、花边等，也是新疆等地的少数民族礼服用料。但乔其绒不宜水洗。

10. 锦

锦采用斜纹或缎纹组织,绸面精致绚丽的熟织多彩色大提花丝织物,是传统丝织品之一。

锦采用精练且染色的桑蚕丝为主要原料,常与彩色人造丝、金银丝交织成三色以上,为了使色彩丰富,常用一纬轮换调抛颜色(俗称彩抛),或采用挖梭工艺,使织物在同一纬向幅宽内有不同色彩,生产工艺十分复杂。织物经纬组织紧密,质地结实,纹路清晰,艺术性很强,富有诗意和民族特色。

(1)云锦:是江苏省南京地区的传统丝织品,由于织物漂亮如天上五彩缤纷的云霞而得名。云锦有库锦、库缎和妆花缎三种。

① 库锦:花纹全部用金银丝织成,图案为小花纹。库锦又分两色库锦和彩色库锦,织物绸面金光闪闪。

② 妆花缎:是在缎地上织成彩色花纹的熟货织物,是江苏苏州的特色产品,它是云锦中最华丽、最有代表性的一种。妆花缎色彩变化多,配色复杂,花纹富有民族风格,古香古色,庄重美丽。

云锦是富有艺术性的装饰品,也是少数民族服装和服饰的主要面料之一,在国际市场上享有很高的声誉。云锦的图案布局严谨,纹样题材有大朵缠枝花和各种云纹,用色浓艳,对比鲜明,织物风格粗放饱满,典雅雄浑。

(2)壮锦:壮锦是广西壮族人发明的一种精美的传统手工艺品,是采用棉纱作经、丝线作纬交织而成的织物。壮锦图案丰富,有梅花、蝴蝶、水波纹等,还有采用大小"万"字组成的花纹。壮锦幅宽较窄,只有0.4m左右。

壮锦的花纹图案是用几种不同颜色的丝线组成的,以元色较多,色泽对比强烈,十分浓艳,可用于制作被面、台布等。

(3)宋锦:宋锦是我国宋代创制的锦缎织物,现代宋锦是模仿宋朝锦缎的图案花纹和配色而织制的织物。

宋锦的地组织多是平纹、斜纹,绸面多是起纬浮花的中小型花,花型多为表示吉祥如意的动物图案,如龙、凤、麒麟等,以及装饰性花朵和文字。宋锦织制精美,纹样淳朴古雅,富有浓郁的民族风格,适用于装帧书画、碑贴等。

宋锦的图案形式大都是规矩的格子形、整齐的几何形、活泼的散花形,其色彩丰富、华丽、层次分明,它不用强烈的对比色,而是采用几种明暗层次相近的颜色。

(4)蜀锦:蜀锦是四川著名的传统丝织物,以色彩鲜艳、图案文雅秀丽、织造精致而著称。

蜀锦是用熟丝织成的锦缎,经纬组织紧密,质地结实,纹样清新,色彩绚丽悦目。按其构图方法可以分为方锦、散花锦、雨丝锦、条花锦、花锦、民族锦等,常用于制作被面、少数民族服饰等。

11. 葛

葛是采用平纹、经重平、急斜纹等组织,以经细纬粗、经密纬疏的织物结构织成的花、素丝织物,其地纹表面少光泽,有明显横向凸条纹,质地厚实坚牢,风格粗犷。根据织物的外观,有素葛和提花葛之分。素葛表面不起花,提花葛是在横凸条地组织上起经缎花,花纹光泽明亮平滑,花地层次分明,具有较强的民族风格。葛类织物一般经纱采用有光人造丝,纬纱采用棉纱或混纺纱。葛类织物质地厚实紧牢，多用于春秋和冬季服装面料、座垫、沙发面料。

(1)文尚葛：由蚕丝与羊毛交织的真丝毛葛演变而来，故也称毛葛。文尚葛经向为人造丝，纬向为丝光棉股线，采用急斜纹织制，织物手感厚实，正面色光柔和，反面光泽明亮。文尚葛织成坯绸后练染成纯色，以深色为主，幅宽81cm左右，缩水率为10%左右，耐洗性较差。

(2)芝地葛：是以染色熟丝作经丝，人造丝作纬丝的交织织物，采用平纹变化组织，纬丝以一粗一细配置，使绸面获得不规则的细条罗纹和轧花形状的效果。织物质地平挺结实，花色文静，比较新颖。

(3)特号葛：是平纹组织上起缎花纹的织物，通常经丝用两根生丝并合线，纬丝用四根生丝加捻的捻合线。织物以缎纹亮花为正面，质地柔软，坚韧耐穿，花纹美观，色泽鲜艳。

12. 绨

绨是采用各种长丝作经、棉纱线作纬，以平纹组织交织而成的质地较粗厚的素、花丝织物，织纹简洁清晰。绨类织物主要用于低档冬季男女衣料。

(1)蜡线绨：是人造丝与棉蜡纱交织的生织提花织物，绸面光洁，手感滑爽，平纹地上起八枚经缎花。成品幅宽约为73cm，常染成素色。

(2)一号绨：是和蜡线绨相似的品种，质量较蜡线绨高，主要的区别在于一号绨经纱采用133.33dtex(120d)有光人造丝，纬纱是14tex×2丝光棉，而蜡线绨则以29tex的棉蜡纱为纬纱，故织物较蜡线绨紧密厚实，坚牢耐用。

13. 呢

呢类是用绉组织、变化组织(短浮长)、联合组织、平纹、斜纹等织成的地纹不显光泽，质地比较丰厚的花、素丝织物，所用经纬丝较粗，主要适宜做中老年冬令服装用料。

(1)四维呢：是用混合组织织成的织物，经丝用两根生丝合并为一根，纬丝为四根生丝捻合成的股线，平经绉纬，纬丝捻向排列为2S2Z。织物手感柔软，背面则光泽较亮，绸面平整而起均匀的凸形罗纹条。

(2)大纬呢：采用斜纹变化组织，经丝用两根生丝合并为一根，纬丝用六根生丝捻合成的股线，平经绉纬，纬丝捻向排列为2S2Z。绸身组织紧密，手感厚实柔软，有毛感，正面系暗花纹绉地，反面缎纹闪闪发光，美观大方，坚实耐用。

(3)新华呢：采用绉组织织成，经丝采用133.33dtex(120d)半光人造丝，纬纱采用14tex×2棉纱。

14. 绸

绸是采用各种原组织或变化组织，或同时混用几种基本组织和变化组织织成的丝型织物，织物质地一般较紧密。根据生产工艺可分为生织和熟织两大类，根据重量与厚薄可分为轻薄型和中厚型。

(1)双宫绸：由桑蚕丝与桑蚕双宫丝交织的绸类丝织物，采用平纹组织，绸面不平整，纬向呈现均匀而不规则的粗节，具有独特的风格。双宫绸质地紧密挺括，色泽柔和，外观粗犷，缩水率约为10%，可用来制作男女衬衫、裙子及窗帘等装饰产品。

(2)绵绸：是由桑䌷丝生织而成的平纹绸类丝型织物，经纬均采用单股桑䌷丝。由于䌷丝粗细不匀、杂质多、纤维短、不光洁，因而绵绸表面不平整，散布着棉结杂质形成的疙瘩，风格独特。绵绸手感厚实，粘柔粗糙，质地坚韧，光泽不及其他桑蚕丝绸。经多次洗涤后，屑点逐渐脱落,趋于光洁,可制作衬衫、裤子、练功服、外衣面料,还可用于装饰。

(3)鸭江绸:指用手工缫制的特种柞蚕丝与普通柞蚕丝交织的绸类丝织物,是辽宁柞丝绸中的一个大类产品。鸭江绸品种规格较多,质地厚实粗犷,绸面有分布不均匀的粗节,外观别致,可分为平素鸭江绸和提花鸭江绸。

① 平素鸭江绸厚度适中,绸面呈现粗细不匀、大小不一、分布均匀的疙瘩,有色疙瘩明显突出,光泽柔和,以平纹或平纹变化组织织成,经练漂、轧光整理后,可用作男女西装、套装的面料,还可用于室内装饰。

② 提花鸭江绸采用两组经丝和两组纬丝交织而成,花部和地部均为平纹空心袋组织,并互为表里换层,经精练、漂白加工后,绸面具有浮雕效果,是高档服装和装饰用绸。

六、丝织物的准备工艺

1. 平经平纬织物准备工艺流程(图1-3)

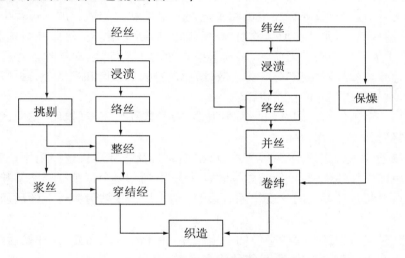

图1-3 平经平纬织物经纬丝准备工艺流程图

2. 绉经绉纬织物准备工艺流程(图1-4)

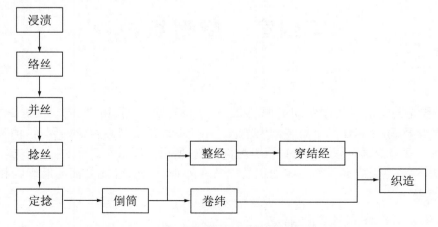

图1-4 绉经绉纬织物经纬丝准备工艺流程图

3. 熟货织物准备工艺流程（图1-5）

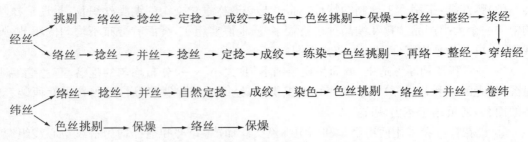

图 1-5 熟货织物经纬丝准备工艺流程图

4. 部分工序的目的及意义

（1）浸渍：桑蚕丝主要由丝素和丝胶组成，丝胶包覆于丝素的表面，对丝素起保护作用，并增加丝条的强力，但丝胶的存在也影响了丝的光滑度和柔软度。加工过程中，丝条缺乏柔软性，容易造成断头，尤其在加强捻时，易发生扭结，断头增多。丝条在络丝及织造等过程中，也会产生大量的断头。因此，为了改善桑蚕丝的工艺性能，在络丝前进行浸渍，目的主要是均匀地软化丝胶，并使部分胶着松散，增加丝身的柔软度和光滑度，减少因摩擦而产生的静电，以利于后道工序的正常进行。

（2）着色：一个工厂生产的丝织物品种很多，为了区别线密度、捻度、捻向、等级以及用途，需对原料进行着色以作为标记。

着色有浸染、喷色、拖色、洒色等方法，可根据原料及卷装形式选择采用。着色用颜料应为易于脱色的弱酸性染料，以便于煮练时容易去除，所用颜色以色泽鲜明柔和为佳。

（3）络丝：是将各种卷装的丝线绕到有边筒子上，并去除粘附在丝上的丝屑长结、粗细节等疵点。

（4）定捻：是丝线加捻工序后必经的一道工序，由于丝线表面光滑，加捻后丝线容易产生退捻。定捻使用汽蒸的手段，使丝线的捻度稳定。

第四章　麻型织物

麻纤维是我国最早用于纺织的原料之一，它具有吸湿、散热快、透气性好、挺爽等特点，因此穿着舒适，尤其作夏令服装较为理想。由于麻纤维的特点及价格因素，消费阶层比较广泛，加之欧美等国对麻织物进口没有配额限制，所以发展很快。

麻型织物是指由麻纤维加工成的织物以及在外观、风格、性能方面与麻织物相仿的化纤织物的统称。

一、麻织物的特点及风格特征

织物强度高，且湿强略高于干强；吸湿性高于棉织物，且吸、放湿速度快，易于散热，无粘身感；天然光泽好，染色不鲜艳，不易褪色；纱线条干不匀；有短小粗节；织物表面有不规则短条纹；手感挺爽；经纬密均不太大；凉爽透气；耐热性和耐晒性较好；对酸、碱不敏感；具有良好的抗霉菌性能；织物刚性较大，弹性不佳，易折皱且折皱回复率不高。

二、麻型织物的原料

1. 天然纤维原料

麻型织物所用的天然纤维原料主要是各种天然麻纤维，如苎麻、亚麻、黄麻、大麻、剑麻、蕉麻等。另外，棉纤维、绢丝、毛纤维等均可与麻纤维混纺而制成混纺织物。

2. 化学纤维原料

用于麻型织物的化纤原料主要有涤纶、粘胶等。涤纶纤维在麻型织物中可以纯纺织造，也可与其他纤维混纺织造；而粘胶纤维的刚度较差，要达到麻织物的风格就必须与其他纤维进行混纺。

三、麻型织物的主要品种

麻型织物的种类较多，性能有所差异，因而纺织加工、产品质地及用途也各不相同。

（一）苎麻织物

苎麻织物是以苎麻纤维为主体原料的织物，由手工土织的夏布发展而来。苎麻纤维细长而富有光泽，可采用单纤维纺纱工艺生产。苎麻织物除具有麻织物的共性外，还具有布身细洁、结构较紧密、质地优良等特性。

1. 苎麻织物的编号

苎麻织物的产品编号用三位数字表示，并在首位数字前冠以表示原料的字母代号。第一位数字表示织物品种类别，第二、三位数字为顺序号，具体意义见表 1-23。

表 1-23　苎麻织物产品编号的意义

字母代号		第一位数字		第二、三位数字
R	纯苎麻	1	单纱平纹	
RT	麻涤混纺	2	股线平纹	顺序号
TR	涤麻混纺	3	单纱提花	
RC	麻棉混纺	4	股线提花	

2. 苎麻织物的主要品种

（1）夏布：手工织制的苎麻布统称为夏布，是中国传统纺织品之一，盛产于江西、湖南、四川、广东、海南、江苏等地。织制前，用手工将半脱胶的苎麻韧皮浸湿，撕成细丝缕状后捻绩成纱，称为"绩麻"，再经手工织造而成。

夏布以平纹为主，有纱细布精的，也有纱粗布糙的。夏布有本色、漂白、染色和印花等品种，染色也均为土法加工。

细特纱的夏布条干均匀，组织紧密，色泽匀净，适宜做衣着用布；粗特纱的夏布组织疏松，色泽较差，多做蚊帐、滤布、衬料等。

（2）苎麻布：苎麻布是指机纺、机织的苎麻织物，它的外观品质较夏布细致、光洁，一般以中特纱线织制，有漂白、什色、印花等品种，因纤维长短不同，织物质地也不同。

① 长苎麻织物：以纯纺为主，有平纹、斜纹和小提花组织，多为漂白、印花布，也有颜色较浅的染色布，常用作床单、被套、台布等的坯料。

② 中长苎麻织物：以切断成中长型（90～110mm）的苎麻纤维为原料织成的织物，以涤/麻混纺织品为主。股线织物可制作春秋外衣，单纱织物可做夏装面料。中长苎麻还可与中长纤维或棉纤维混纺。

③ 短苎麻织物：用苎麻精梳落麻或切成棉型长度（40mm）的苎麻为原料的织物，一般与棉、棉型粘胶或涤纶等混纺，组织为平纹或斜纹。织物用于低档服装、牛仔裤、茶巾、餐布等，也有混纺的雪花呢或色织布等外衣面料的织物。

（3）苎麻混纺布

① 涤麻或麻涤混纺布：是涤纶与苎麻精梳长纤维的混纺织物，织物既保持了麻织物的挺爽，又克服了涤纶织物吸湿性差的缺点，穿着舒适，易洗快干。轻薄织物可做夏装面料，稍厚的织物可用作春秋外衣面料。

② 涤麻或麻涤混纺花呢：指用苎麻精梳落麻或中长型苎麻纤维与涤纶短纤维混纺的中厚型织物，产品大多制成隐条、明条、色织、提花等类型，染整后具有毛花呢的风格。产品适宜用作春秋服装的面料。

③ 麻棉混纺布：采用苎麻精梳落麻与棉纤维混纺，外观不如纯棉织物匀净，但光泽稍好，有柔软感，较挺爽，散热性好。其细薄织物可做衬衫，稍粗厚织物适于做裙料、裤料。

（二）亚麻织物

亚麻织物是指用亚麻纤维纺织而成的织物，织物表面具有特殊的光泽，不易吸附灰尘，吸湿散热性良好，易洗涤，耐腐蚀，主要通过工艺纤维纺纱制成。其主要品种有：

1. 亚麻细布

一般泛指细号、中号亚麻织物，是相对于厚重的亚麻帆布而言的。亚麻细布具有竹节的外观风格，光泽柔和，以平纹组织为主，部分采用变化组织和提花组织，目前也出现了一些斜纹、人字纹的产品。亚麻细布有原色、半白色、漂白、染色和印花产品，主要用于服装、抽绣、装饰、巾类。

2. 亚麻内衣面料

是专供制作内衣的亚麻织物。一般采用40tex以下的纱线，条干较均匀，常用平纹组织，有漂白和染色品种，也有半白织品。为改善织物的尺寸稳定性及增加织物的紧度，可经碱缩或丝光处理，是高档内衣用料。

3. 亚麻外衣面料

指用于外衣面料的亚麻织物，有原色、半白、漂白、染色和印花等品种，组织有平纹、隐条、隐格等。外衣用亚麻织物线密度一般在70tex以上，对条干的均匀性要求较低。

（三）黄麻织物

因黄麻纤维内含有较多的木质素，故纤维的刚性强，弹性差，但耐腐蚀性和吸湿性强，常用作包装材料、麻袋布、沙发底布、地毯等。目前国内外对黄麻纤维进行了大量的研究，发现通过适当的处理工艺，黄麻纤维也可制成适合于普通纺织机械纺纱和织造的工艺纤维，因此黄麻在服装及室内装饰中的应用会越来越广泛。

（四）色织仿麻织物

在20世纪中后期，由于受原料来源的限制，而麻的可纺性较差，麻织物在国内生产较少,无论数量上还是花色品种上都远远不能满足市场的需要,因此,色织仿麻织物应时而生。色织仿麻织物就是用其他天然纤维或化学纤维,设计生产出具有麻织物风格的织物。

根据麻织物的特点,开发色织仿麻织物一般从以下三方面着手:

1. 化纤原料仿麻——仿麻丝

仿麻丝是用两种熔点和热缩率的合成纤维丝,并合假捻后经热湿处理,使熔点低、热缩性小的丝发生微熔,并沿长度方向卷绕在熔点高、热缩性大的丝周围,形成卷曲,使丝与丝之间的空隙大,透气性好;因有熔结点,还能使织物手感挺爽,具有麻纤维的特点。这种丝的表面摩擦系数大,不易滑移,加工时不易起毛勾丝,故不必加捻或上浆。

2. 花式线仿麻的风格和手感

随着花式纱生产工艺技术的不断提高和完善,各种各样的可用于模仿麻织物风格的花式纱出现了。如采用普通化纤原料制成的强捻疙瘩纱、长竹节纱等,可模仿麻纤维纱线的条干不匀,使织物具有麻的粗犷风格及挺爽的手感。

3. 组织仿麻

可将平纹、重平、绉组织、透孔组织、树皮皱等组织随机组合。树皮皱可增强织物麻的风格;透孔组织与纱罗组织的使用,能增强织物的透气性,并使织物具有高档感;在平纹组织上点缀少量经纬重平组织,并且呈现不规则排列,是比较典型的仿麻风格组织,常称作乱麻组织,其连续浮长一般不超过三。

四、麻织物的基本生产工艺流程

麻织物的织造工艺、染整工艺与其他纤维织物大致相同,但其纺纱工艺有所不同。

1. 苎麻纺纱工艺流程

苎麻可单纤维纺纱,由于纤维的长度差异较大,故苎麻纤维纺纱根据纤维长短,可分为长纤维纺纱和短纤维纺纱。

(1)苎麻长纤维纺纱工艺流程:苎麻长纤维纺纱一般是采用精梳毛纺或绢纺纺纱系统,并在设备上进行部分改进。常用的苎麻长纤维纺纱工艺流程是:

精干麻→机械软麻→给湿加油→分磅→堆仓→扯麻、开松→梳麻→预并理条→直型精梳→并条→粗纱→细纱→后加工→苎麻纱线

(2)苎麻短纤维纺纱工艺流程:苎麻短纤维纺纱主要是在棉纺设备上进行,也有在中长纺设备和紬丝纺设备上纺制麻棉混纺纱。

在棉纺或中长纺设备上纺制棉麻混纺纱,其工艺流程主要有两种,即条混工艺和纤混工艺。条混工艺指麻、棉纤维分别单独成条后再进行混合的纺纱工艺。纤混工艺指先将麻纤维与棉纤维按一定比例混合,再进行纺纱加工的工艺过程,具体工艺流程是:

短麻、原棉→混合→开、清棉→并条→粗纱→细纱→后加工→麻棉混纺纱

2. 亚麻纤维纺纱工艺流程

亚麻为工艺纤维纺纱,按照纺纱方法的不同,亚麻纺纱可分为湿法纺纱和干法纺纱;根据工艺纤维的长短又可分为长麻纺纱和短麻纺纱。

干法纺纱的工艺流程较短,可直接由末并条的麻条在环锭细纱机上纺成细纱。

湿法纺长麻纱的工艺流程是:亚麻打成麻→给乳与养生→手工分束→亚麻栉梳→梳成长麻→成条→并条→长麻粗纱→粗纱煮练与漂白→湿纺细纱→干燥→络筒→长麻纱。

湿法纺短麻纱的工艺流程是：亚麻打成麻→给乳与养生→手工分束→亚麻栉梳→梳成短麻→混麻加湿→养生→联合梳麻→预并条→再割→预并条→精梳→并条→短麻粗纱→粗纱煮练与漂白→湿纺细纱→干燥→络筒→短麻纱。

3. 黄麻纺纱工艺流程

黄麻纺纱工艺流程是：原麻→配麻混麻→软麻→给湿加油→堆仓→梳麻→并条→细纱→麻纱。该工艺主要用于生产黄麻、洋麻的麻袋、包装布产品用的纱线。

第五章 氨纶弹力织物

氨纶(Spandex)也称弹性纤维，其最大特点是在室温条件下具有极高的弹性伸长和弹性回复能力，拉伸外力除去后，织物仍可恢复到原来的形态，织物的保形性好。氨纶织物主要用于弹性胸衣、内衣、运动装、泳装、紧身衣裤、舞台服装、牛仔裤、袜类、手套、带类等。

氨纶纤维有两种主要品种，一种是聚醚型氨纶，代表性的商品名称是莱卡(Lycra)，另一种是聚酯型氨纶，其代表性商品为维尼龙(Vyrene)。

一、氨纶纤维的性能

物理性能：弹性非常好(伸长率 $500\% \sim 700\%$)；强度较低($4.41 \sim 8.82$cN/tex)；吸湿性较差(回潮率 $0.3\% \sim 1.2\%$)；无光，接近白色；耐热性、耐磨性较好；耐日光性较差。

化学性能：染色性较好；耐酸碱性好；能漂白，不发霉。

二、氨纶弹力纱的结构性能

目前，氨纶弹力织物使用的纱线有两种，一种是裸丝，另一种是包芯纱。

1. 裸丝

裸丝主要用于生产经编、纬编织物。由于氨纶的摩擦系数大，织造时易产生意外伸长和张力不匀，并容易产生静电，必须采取专门的措施才能正常生产。

2. 包芯纱

氨纶包芯纱是以氨纶长丝为芯纱，外包短纤维、长丝或纱线，加工时氨纶有一定伸长，故所得纱线在无张力时会收缩卷曲。

在氨纶芯纱外面包覆棉、毛、人造丝、涤纶丝、锦纶丝等纤维或纱，既使织物具有外层纤维的吸湿性、染色性、耐磨性、强度等，又使织物具有高弹性，所生产的服装舒适合体，因此使用越来越广泛。当前，包芯纱是氨纶纤维在机织物中最常用的方式。

三、氨纶弹性织物在生产中应注意的问题

由于氨纶具有非常好的弹性，在加工过程中受到张力很容易产生较大的伸长，且织物的弹性与所用纱线中氨纶的弹性等直接相关，故与其他纤维织物的生产相比，氨纶弹性织物在生产中应注意以下问题：

(1)在纱线中,氨纶纤维所占的比例越大,织物的弹性越好。

(2)氨纶纤维越粗,织物的弹性越好。

(3)在纺氨纶包芯纱时,芯纱的牵伸倍数越大,成纱的弹性就越大。

(4)引纬张力要均匀且足够大。

(5)为防止卷边,布边要加宽。

(6)经向紧度不易太大。

(7)经弹织物在织造时要用大张力大伸长。

(8)整经张力要均匀。

(9)织物下机后必须经过热定形。

四、氨纶弹性织物的品种

根据织物弹性的方向不同,氨纶弹性织物可以分为以下几类:

1. 二面弹织物

二面弹织物指织物只是在两个方向上具有较好弹性的织物。根据织物的经纬向,二面弹织物可分为经弹织物和纬弹织物两种。经弹织物是指织物的经纱用氨纶裸丝或包芯纱,而纬纱用普通弹性的纱线,故织物仅在经向上具有较高的弹性。纬弹织物是指织物的纬纱用氨纶裸丝或包芯纱,而经纱用普通弹性的纱线,故织物仅在纬向上具有较高的弹性。由于织物织造时,纬向张力的控制相对较容易,故市场上二面弹织物中以纬弹织物居多。

2. 四面弹织物

四面弹织物是指织物在经、纬四个方向都具有较好弹性的织物,在生产时经、纬纱均采用氨纶弹力丝或氨纶包芯丝。

练　习

1.棉哔叽、斜纹布、华达呢以及卡其在外观及手感风格上有何区别?试分析产生这种区别的主要原因。

2.简述巴厘纱的设计要点。

3.绉纱织物的起绉方法有哪些?

4.粗纺毛织物与精纺毛织物在外观、手感风格及生产工艺上有区别何?

5.试制订凡立丁的基本生产工艺流程。

6.什么叫中长织物?中长织物有何特点?

7.试比较丝型织物中的纺类织物与棉型织物中的细纺类织物的异同点。

8.生产丝型织物时,经丝需进行哪些准备工序?

9.麻织物在外观、手感方面有何特点?

10.化纤仿麻织物常采用哪些手法?

11.氨纶纬弹织物在生产中应注意哪些问题?

项目  二

机织物规格设计与计算

主要内容：

    主要介绍了机织物规格的计算方法及坯织物的设计方法，讲解了机织物在生产及贸易过程中常用规格参数的概念及设计与计算方法，并通过设计实例详细说明了各类素织物仿样设计的具体步骤和设计手段。

具体章节：

- 机织物缩率与重耗
- 匹长
- 幅宽
- 经纬密及紧度
- 织物重量
- 总经根数及用纱量计算
- 布边设计
- 素织物设计

重点内容：

    机织物上机参数的设计与计算，坯织物仿样设计步骤。

难点内容：

    机织物紧度系数的选择。

知识目标：

- 知识目标：掌握机织物规格的内容及设计和计算方法，深入理解素织物设计的方法及步骤，了解织物缩率在织物生产中的重要作用。
- 技能目标：能够利用织物分析的原始数据，通过查询相关表格，熟练地运用各种织物规格设计与计算方法，设计出各上机工艺参数，使之能够用于实践生产。
- 说明：机织物规格的设计与计算是机织物设计的重点内容，也是进行机织产品设计的基础。

　　根据使用需要以及织物的技术规范和技术指标，综合反映织物的长、宽、重三个量度和形态的组合及织物基本参数的形式，称为织物的规格。织物规格是织物生产、原料安排、产品标准、品质检验、产品销售与采购的依据和法规。织物规格由品号、品名、成品规格、坯布规格、织造规格等组成，其中织物的品号、品名主要用于贸易，在生产中也会有所表现，但在织物产品设计中最重要的是成品规格、坯布规格、织造规格，这些参数直接影响织物的生产，而且对织物品种及生产的方便与否有着直接的联系。

　　成品规格主要包含幅宽、经纬密度、匹长、重量、原料种类及含量、纱线规格、织物组织等。一般成品织物的表示方法为："原料种类及含量 经纱线密度×纬纱线密度×织物经密×织物纬密×成品匹长×成品幅宽×成品重量"。但由于织物的品名与品号所对应的织物基本组织、匹长以及成品重量可以确定，故在织造设计时，织物的规格往往表示为："原料种类及含量 经纱线密度×纬纱线密度×织物经密×织物纬密×成品幅宽"。以此为依据，就可以根据成品织物的要求来确定坯布规格、上机规格等，即可以进行有效的设计，通过系统的方案来设计所需要的织物。其中，幅宽的单位一般是厘米，若是棉型织物，往往是英寸。织物的匹长单位一般是米，但若是出口棉型织物，单位一般是英寸。织物的重量一般是指每平方米的克数。织物的经纬密一般指每 10 厘米内经纱或纬纱的根数，对于棉型织物，则往往指每英寸内经纱或纬纱的根数。经纬纱线密度，棉型纱线一般用英支表示，而毛型纱线和麻型纱线，往往采用公制支数为单位，长丝则用旦尼尔为单位。特克斯是线密度的国际标准单位，进出口面料往往用该单位来表示织物中经纬纱线的粗细。织物的原料成分则用英文简写字母表示，如纯棉表示为"100％C"；涤棉 65/35 表示为"T/C 65/35"，指织物中涤纶含量为 65％，棉含量为 35％；若织物中涤纶含量为 35％，棉含量为 65％，则表示为"T/C CVC65/35"，其中 CVC 表示反比例。

　　例 1：T/C CVC 70/30×100％　DTY 40^s×120/72f×200×160×30×4×120×224。

　　该规格表示织物匹长为 30m，4 联匹，织物幅宽为 120cm，面密度为 224g/m^2；织物经密为 200 根/英寸，纬密为 160 根/英寸；织物经纱为涤纶含量为 30％、棉含量为 70％的涤/棉混纺纱，40^s，织物纬纱为 72 根单丝组成的细度为 120 旦的涤纶 DTY 长丝。

　　例 2：W/T 80/20×W/V 50/50　80^s/2×40^s×236×188×50×151×315。

　　该规格表示织物匹长为 50m，织物幅宽为 151cm，面密度为 315g/m^2；织物经密为 236 根/10cm，纬密为 188 根/10cm；织物经纱是羊毛含量为 80％、涤纶含量为 20％的毛/涤混纺纱，80 公支双股线，织物纬纱是羊毛含量为 50％、粘胶含量为 50％的毛/粘混纺纱，40 公支单纱。

　　例 3：100％silk　2/19/21×2/17/19　7T/2Z2S×1080×700×49×91×81。

　　该规格表示织物匹长为 49m，织物幅宽为 91cm，面密度为 81g/m^2；织物经密为 1080 根/10cm，纬密为 700 根/10cm；经纬纱均为 100％真丝，经纱为两根 19～21 旦尼尔丝，纬纱为两根 17～19 旦尼尔丝；经纬纱捻度为每毫米 7 捻，经纬纱的捻向均以 2S2Z 排列。

　　坯布规格主要包括坯布的幅宽、经纬密、坯布的匹长，其单位与成品织物相同。坯布的幅宽就是下机幅宽，指织物下机后的宽度；坯布的经纬密指织物下机后的经纬密度；坯布的匹长也是指织物下机后的长度。

　　织物的织造规格包括织物在织机上的幅宽、长度、筘号等。织物的机上幅宽与筘幅相同,但筘号与每筘穿入数有关系,棉型织物指每 2 英寸内的筘齿数,其他织物则是指每 10 厘米内的筘齿数。

第一章　机织物缩率与重耗

缩率不是机织物的规格参数,但它是机织物设计过程中最为重要的参数之一。它不仅影响织物的匹长、筘幅、密度、用纱量等,而且对成品的质量,如弹性、手感身骨等均有很大影响。

机织物在生产过程中经常受到拉伸或压缩的作用力,使得织物在不同的生产过程中沿长度及幅宽方向产生相应的伸长或收缩,因此,机织物的缩率有织造缩率、染整缩率、长缩和幅缩之分。

重耗是指机织物在生产过程中,由纱线经生产加工成为成品织物过程中材料的重量损耗。重耗也不属于机织物规格参数的范畴,但它对成品织物重量有着直接的影响,也是机织物设计过程中的重要参数之一。

一、缩率

(一)染整缩率

1. 染整长缩率

对于大多数机织物来讲,从织机上下来的坯布往往需要经过染整才能成为成品织物,而在染整过程中织物在长度方向往往要经过张力拉伸或压力压缩的工艺,因此,最终的成品匹长与坯布匹长相比会有所变化。织物在染整工艺过程中产生的长度变化的百分率称为染整伸长率或染整缩率,其计算方法如下:

$$a_1 = \frac{L_2 - L_1}{L_2} \times 100\% \qquad (2\text{-}1)$$

式中:L_1 为成品长度(m);L_2 为坯布长度(m);a_1 为染整伸长率(负)或染整缩率(正)(%)。

a_1 值一般根据染整厂的经验来确定,也可查相应的参考标准,但标准中 a_1 值没有正负,在使用时应在染整伸长率的前面加负号。对于一些需要经过特殊染整工艺的织物或新品种则需要进行测试,通过式(2-1)计算得出。

织物的成品长度与坯布长度的比值百分率称为织物染整净长率(A_1),其表达式如下:

$$A_1 = \frac{L_1}{L_2} \times 100\% \qquad (2\text{-}2)$$

在毛型机织物的生产或设计过程中,织物的长缩率常用净长率来表示。

2. 染整幅缩率

在染整过程中织物在幅宽方向往往要经过张力拉伸(如拉幅定形等)或压力压缩(如缩

呢)的工艺,因此,最终的成品幅宽与坯布幅宽会有所不同。一般来讲,织物在经过染整加工后,其幅宽总是会出现一定程度的减小,即产生幅缩。织物在染整工艺过程中门幅缩小的百分率叫做染整幅缩率,其计算方法如下:

$$b_1 = \frac{W_2 - W_1}{W_2} \times 100\% \qquad (2\text{-}3)$$

式中:W_1 为成品幅宽(cm 或英寸);W_2 为坯布幅宽(cm 或英寸);b_1 为染整幅缩率(%)。

b_1 值的大小一般与所经历的染整工艺过程有关。如织物在染整加工过程中需经过缩呢整理,则织物的染整幅缩率较高,常常会超过 10%,而织物如不需缩呢整理,则其幅缩率一般在 6% 以下。同时,不同的加工设备及工艺参数也对织物的染整幅缩率产生较大影响。因此,普通织物的染整幅缩率一般根据染整企业的生产经验确定,常规品种也可查相应的参考标准。而对于一些需要经过特殊工艺的织物或新品种则需要进行测试,再通过式(2-3)计算得出;还可以先以与新产品相接近的品种的对应值进行试样,再经过适当的调整来确定。

在毛型机织物的生产或设计过程中,习惯上采用净宽率来表示织物的幅缩率。织物的成品幅宽与坯布幅宽的比值百分率称织物染整净宽率(B_1),其表达式如下:

$$B_1 = \frac{W_1}{W_2} \times 100\% \qquad (2\text{-}4)$$

（二）织造缩率

织物的经纬纱缩率首先是在织造过程中产生的。产生缩率的根本原因是由于经纬纱的屈曲。决定织物内纱线织造缩率大小的主要原因是经纬纱交织次数的多少与屈曲波高低的程度。由于纱线产生了屈曲,故其在织物中所占的长度或宽度就必定小于它原有的伸直长度,反映这两者之间差异程度的百分率就是织造缩率,简称织缩率或织缩。反映经纱在织物内收缩程度的百分率称为织造长缩(经缩)率,反映纬纱在织物内收缩程度的百分率称为织造幅缩(宽缩、纬缩)率。

1. 织造长缩率或经缩率

织造长缩率(a_2)指经纱从上机织造到坯布的过程中其长度变化的百分率。

$$a_2 = \frac{L_3 - L_2}{L_3} \times 100\% \qquad (2\text{-}5)$$

式中:L_3 为经纱长度(m);a_2 为织造长缩率(%)。

织造净长率(A_2)是坯布长度与经纱长度的比值:

$$A_2 = \frac{L_2}{L_3} \times 100\% \qquad (2\text{-}6)$$

2. 织造幅缩率

织造幅缩率指上机织造过程中门幅变化的百分率。

$$b_2 = \frac{W_3 - W_2}{W_3} \times 100\% \qquad (2\text{-}7)$$

$$B_2 = \frac{W_2}{W_3} \times 100\% \qquad (2\text{-}8)$$

式中：b_2 为织造幅缩率（%）；W_3 为上机幅宽或筘幅（cm 或英寸）；B_2 为织造净宽率（%），是坯布幅宽与筘幅的比值，见式(2-8)。

（三）总缩率

总缩率分经、纬向两种，分别表示经纬纱在织物中的总收缩程度，前者称总长缩率或总净长率，后者称总幅缩率或总净宽率。

1. 总长缩率(A)

总长缩率（%）可通过式(2-9)或(2-10)进行计算。

$$A = \frac{L_1}{L_3} \qquad (2\text{-}9)$$

$$A = A_1 \times A_2 = (1 - a_1) \times (1 - a_2) \qquad (2\text{-}10)$$

2. 总净宽率(B)

总净宽率（%）可通过式(2-11)、(2-12)进行计算。

$$B = \frac{W_1}{W_3} \qquad (2\text{-}11)$$

$$B = B_1 \times B_2 = (1 - b_1)(1 - b_2) \qquad (2\text{-}12)$$

（四）影响织物缩率的主要因素

机织物生产所用的纤维原料种类很多，工艺比较复杂，缩率变化也大，因而不易掌握。但总的来看，织物的组织结构（纱线结构、经纬密度、平均浮长等）是影响织物缩率的根本因素。当然，织物的原料成分、各道加工工艺等也起着重要的作用。

1. 原料成分

原料成分主要影响染整长缩率，对织造长缩率的影响较小。弹性好、缩绒性差、刚度大、初始模量高的纤维，缩率较小，在天然纤维中，羊毛的缩绒性最好，缩率最大。所以，染整缩率的程度依次为：纯毛纱＞粘纤纱＞腈纶纱＞锦纶纱＞涤纶纱＞纯棉纱。

2. 纱线细度

一般纱线粗、刚度大、不易屈曲的织物，缩率较小；反之，纱线细则缩率较大。经纬纱中一个系统的纱线变粗，则另一系统的纱线缩率就可能增大。但是，这种现象是十分复杂的，因为它和织物组织、经纬密度等紧密相连，互相影响。在紧密织物中，有时高特（低支）纱的织物的织缩率较大。

3. 捻度

捻度大，纱线结构紧密、刚度大，则收缩性差，缩率小；反之则缩率较大。

4. 平均浮长

(1)织物的交织点越多，平均浮长越小，织造时经纬纱的屈曲波越多，织造缩率就越大；但如结构过于紧密，后整理时纱线的可缩余地小，故染整缩率也小。反之，平均浮长大、结构较松的织物，一般表现为织造缩率略小而染整缩率略大。在毛织物中，一般平纹织物的总长缩率略小于其他组织，而总幅缩率略大于其他组织。

（2）在同一组织中，若经纬密度接近，则平均浮长大的一向缩率就大。如纬重平组织织物的纬缩必大于经缩；又如马裤呢产品，其纬经比虽然很低，但若纬浮长大于经浮长，则纬缩必然上升。

5. 织物紧密程度

织物越紧密，经纬纱的屈曲波越多，织物的织造缩率就越大，但其染整缩率就可能相对减小。而某些匹染的松结构织物的织造缩率较小，但染整缩率（主要是幅缩）却很大。所以，一般低密织物的经纬向总缩率往往要高于高密织物。

6. 织造工艺

（1）上机张力与开口时间：上机张力与开口时间直接影响织物的缩率与坯布纬密。上机张力大，开口时间早，经纱屈曲波小，故经缩小而纬缩大；反之，上机张力小，经纱易屈曲，则经缩大而纬缩小。

（2）经纱上浆率高则经纱缩率减小；反之则大。

（3）温湿度：织造车间的温湿度高，经纱受张力作用后易于伸长，故经缩下降而纬缩增大；反之，经缩增加而纬缩下降。

此外，后整理工艺对缩率的影响也很大，尤其是粗纺毛织产品。

二、重耗

在设计和实践生产过程中，机织物的重耗一般是指织物在染整加工过程中的重量损耗，而织造过程中的重量损耗常以回丝率及损耗率等来表示，故重耗一般也称染整重耗。

1. 染整重耗产生的原因

坯布在染整过程中，织物的重量会发生变化。有些工艺会使织物增重，如染色、上浆、树脂整理等；有些工艺会使织物重量下降，如烧毛、洗呢、起毛、剪毛等。由于不同织物的染整工艺不同，织物的染整重耗也不同。染整重耗可能是正值，也可能是负值，还有可能为零。正值表示织物在染整过程中失重了，负值则表示在染整过程中织物增重了。

2. 染整重耗的表示方法

机织物的染整重耗常采用染整重耗或染整净重率来表示。

（1）染整净重率（W_d）：是成品重量与坯布重量比值的百分率。即：

$$W_d = \frac{G_1}{G_2} \times 100\% \tag{2-13}$$

式中：G_1 为成品织物重量（kg）；G_2 为坯织物重量（kg）。

（2）染整重耗（w_d）：指织物在染整过程中的重量损失百分率，可按式（2-14）求得：

$$w_d = 1 - W_d = \frac{G_2 - G_1}{G_2} \times 100\% \tag{2-14}$$

3. 影响染整重耗的因素

织物的染整重耗主要与染整工艺密切相关，如经过缩绒、拉毛、剪毛的织物的染整重耗大于不经过缩绒或轻缩绒的织物。而且，织物的染整重耗还与织物中的纱线结构、织物结构、原料成分等有关。纱线结构紧密，织物结构紧密，粗短纤维含量少，则在整理过程中，织物的重量损失小；反之则重量损失大。

三、部分产品的缩率、重耗

表 2-1 至表 2-8 列出了部分机织产品的缩率、重耗的参考数值,在设计中可以此为依据,并根据具体产品的特点及加工工艺过程进行相应调节。

表 2-1　棉织物织造缩率参考值

织物名称	经纱缩率(%)	纬纱缩率(%)	织物名称	经纱缩率(%)	纬纱缩率(%)
粗平布	7.0～12.5	5.5～8.0	纱华达呢	10 左右	1.5～3.5
中平布	5.0～8.6	7 左右	半线华达呢	10 左右	2.5 左右
细平布	3.5～13	5～7	全线华达呢	10 左右	2.5 左右
纱府绸	7.5～16.5	1.5～4	纱卡其	8～11	4 左右
半线府绸	10.5～16	1～4	半线卡其	8.5～14	2 左右
线府绸	10～12	2 左右	全线卡其	8.5～14	2 左右
纱斜纹	3.5～10	4.5～7.5	直 贡	4～7	2.5～5
半线斜纹	7～12	5 左右	横 贡	3～4.5	5.5 左右
纱哗叽	5～6	6～7	羽 绸	7 左右	4.3 左右
半线哗叽	6～12	3.5～5	绉纹布	6.5	5.5
麻 纱	2 左右	7.5 左右	灯芯绒	4～8	6～7

表 2-2　部分色织物品种的经纬织缩率参考表

织物名称	组　织	经纬纱线密度(tex)	经纬密(根/10cm)	经缩率(%)	纬缩率(%)
素花呢		(14+14+14)×36	318.5×228	11.8	3.8
格花呢	绉 地	(18×2)×36	263.5×236	10	4.1
色织府绸	平纹地小提花	J14.5×J14.5	472×267.5	9.6	3.3
缎条府绸	平纹地缎条	(14×2)×17	346×259.5	10	5～5.2
涤/棉府绸	平纹地小提花	13×13	440.5×283	10	5
色织绒布	$\frac{1}{3}$斜纹	28×42	251.5×283	6.9	7.7
被单布	平 纹	29×29	279.5×236	7.0	3.6
家具布	缎 纹	29×29	354×157	7.3	3.9
色织涤、粘中长	平 纹	(18×2)×(18×2)	228×204	10.4	7.9

表 2-3　部分色织物品种的染整幅缩率参考表

织物名称	组　织	经纬纱线密度(tex)	经纬密(根/10cm)	整理工艺	幅缩率(%)
色格布	平 纹	14.5×14.5	314.5×275.5	浅色漂白整理	7.7
精梳府绸	平 纹	J14.5×J14.5	472×267.5	浅色漂白整理	6.5
涤/棉府绸	平 纹	13×13	440.5×283	练染整理	6.5
富纤府绸	平 纹	14×14	362×275.5	漂白加白整理	7.12
被单布	平 纹	29×29	279.5×271.5	轧光整理	1.11
色织凹凸绒	$\frac{3}{1}$斜纹	(28×2)×42	251.5×283	拉绒整理	11.1

表 2-4　粗纺毛型织物缩率、重耗参考表

名　称	筘幅(cm)	总净宽率(%)	总净长率(%)	染整净长率(%)	染整净重率(%)	成品幅宽(cm)
麦尔登	190～215	66～76	64～72	70～75	85～95	143

续表

名　称	箱幅(cm)	总净宽率（%）	总净长率（%）	染整净长率（%）	染整净重率（%）	成品幅宽（cm）
大众呢	186～190	75～77	69～76	75～80	90～95	143
海军呢	188～190	75～77	67～75	73～79	91～96	143
制服呢	188～190	75～77	67～75	73～79	91～96	143
粗服呢	180～190	75～80	85～95	100～105	90～95	143
平素女式呢	185～200	72～79	69～91	75～95	90～95	145
花式女式呢	170～182	78～86	82～91	90～95	90～98	145
松结构女式呢	180～200	72～81	84～94	92～99	93～98	145
粗花呢	175～190	75～83	73～89	80～93	90～96	145
法兰绒	185～210	68～79	73～86	80～90	90～95	145
海力斯	175～190	75～83	76～86	87～90	90～95	145
平厚大衣呢	190～220	66～77	69～81	70～85	90～95	145
拷花大衣呢	200～220	68～75	81～92	88～96	77～83	150
立绒大衣呢	190～210	71～79	73～86	80～90	85～94	150
顺毛大衣呢	190～210	71～79	78～91	85～95	85～95	150
花式大衣呢	175～190	79～86	82～92	88～96	88～98	150
格子毯	190～210	71～79	78～91	85～95	83～91	150
提花毯	180～210	71～84	81～91	101～107	82～90	150

表 2-5　精纺毛型织物经缩率参考表　　　　　　　　　　　　　　　单位：%

织物组织　缩率　成分	平　纹		一般斜纹		哗叽（啥味）		华达呢		贡呢类	
	染整净长率	织造净长率	染整净长率	织造净长率	染整净长率	织造净长率	染整净长率	织造净长率	染整净长率	织造净长率
全　毛	96～100	90～93	96～98	92～94	94～96	92～94	90～94	88～91	90～95	88～90
W45/T55	98～101	92～93	98～100	93～94	98～100	93～94	96～98	92～93	98～100	90～92
T65/R35	98～100	92～93	98～99	92～93	96～97	93～94	—	—	与毛涤（W/T）相同	
T50/Arc50	98～100	93～94	97～98	94～95	—	—	—	—	—	—
R60/N40	96～100	92～94	95～96	93～94	—	—	85～89	90～92	—	—
W/T/N(Arc)	96～97	95～96	95～96	94～95	—	—	96～98	90～92	—	—
N/Arc	95～97	92～93	94～95	93～94	—	—	—	—	—	—
纯涤纶	99～100	93～94	98	94～96	—	—	—	—	—	—
W/R	96～97	93～94	96～98	92～93	参照全毛		90～95	88～91	参照全毛	

表 2-6　精纺毛型织物纬缩率参考表　　　　　　　　　　　　　　　单位：%

织物组织　缩率　成分	平　纹		一般斜纹		哗叽（啥味呢）		华达呢		贡呢类	
	染整净宽率	织造净宽率	染整净宽率	织造净宽率	染整净宽率	织造净宽率	染整净宽率	织造净宽率	染整净宽率	织造净宽率
全　毛	89～94	93～95	90～95	94～96	92～94	93～96	96～98	96～98	94～98	94～97
W45/T55	95～96	93～94	94～95	94～96	94～96	94～96	97～98	96～98	98	95～98
T65/R35	95～96	93～94	95～96	95～96	94～95	95～96	—	—	与毛涤（W/T）相同	
T50/Arc50	97～99	93～94	97～98	94～95	—	—	—	—	—	—
R60/N40	94～95	93～94	94～95	94～95	—	—	93～96	97～98	—	—
W/T/N(Arc)	96～97	93～94	95～96	94～95	—	—	95～97	97～98	—	—

续表

织物组织	平　纹		一般斜纹		哔叽(啥味)		华达呢		贡呢类	
缩率　　　　　成分	染整净宽率	织造净宽率	染整净宽率	织造净宽率	染整净宽率	织造净宽率	染整净宽率	织造净宽率	染整净宽率	织造净宽率
N/Arc	94～95	92～94	94～95	94～95	—	—	—	—	—	—
纯涤纶	96～98	93～95	96～98	95～96	—	—	—	—	—	—
W/R	94～95	93～94	91～92	95～96	参照全毛		96～98	96～98	参照全毛	

表 2-7　丝型织物其他工艺缩率

项　目	缩　率(%)
1. 桑蚕丝	
漂练、染色、脱脂	1.5
浸泡、上乳化蜡、浸泡	1
2. 绢丝	
自然回缩、蒸缩	2
染色、漂练、绞浆	2.5
3. 䌷丝	
自然回缩	2.5
染、绞浆	3
4. 人造丝	
漂练、增白、染色、脱脂、绞浆	1
5. 合纤丝	
锦纶自然回缩	3
锦纶、涤纶弹力丝自然回缩 100d 及以下	7
锦纶、涤纶弹力丝自然回缩 101～149d	8.5
锦纶、涤纶弹力丝自然回缩 150d 及以上	10
锦纶落水预缩	5
锦纶染色	10
锦纶、涤纶弹力丝染色	15
涤纶自然回缩	1.5
涤纶蒸缩 10～19tex	5
涤纶蒸缩 20tex 及以上	6.5
涤纶落水预缩	3.5
涤纶染色	7.5
锦纶、涤纶等混纺纱染色	2
锦纶加捻蒸缩 10～19tex	6.5
锦纶加捻蒸缩 20tex 及以上	8
6. 羊毛	
预缩、染色	6
7. 天然(人造)棉纱线	
漂白、增白、染色、脱脂	1.5
丝光	2.5
棉纱(线)、人棉绢丝绞浆	2
8. 其他纤维	
䌷腈、䌷麻混纺纱染色	2
绢毛混纺纱染色	2.5

注：凡具有两种以上工艺缩率的织物，按最大缩率计算，但不得累计。

第二章　匹　长

　　织物的匹长就是指织物的规定长度或中心长度，一般以米为单位，取小数点后一位数。在织物设计中，织物匹长的设计与计算内容包括成品匹长、坯布匹长、浆纱墨印长度以及整经长度。

一、成品匹长

表 2-8　几种丝型织物的织缩率

名　称	组　织	染整长缩率（%）	染整幅缩率（%）	织造长缩率（%）	织造幅缩率（%）
真丝电力纺	平　纹	1.2	1.8	8	3
罗纹呢	平　纹	0	11.3	5	9
丹绒绸	透　孔	−1.6	3.3	6.6	6.7
涤弹绸	斜纹变化	11.3	20	4.6	3
涤丝闪花绸	不规则平纹变化	7	8.6	4.5	4
特纶绉	绉	9	10	3	2
闪珀绫	小提花	7.5	6.5	1.55	4.2
折纹绸	灯芯绒	4.5	5.1	37.74、2.6、16.39	3.1
屏蔽绸	—	0	0	11.76	1.84
提花装饰绸	—	14.1	1.6	9.3	4.4
透孔窗帘纱	—	4.84	7.65	4	4.12
冠乐绉	双　层	7.46	8.8	3.57	1.9、5.83
斯绮缎	仿真丝	8.1	8	2.0	2.7

　　成品匹长是指成品织物的长度，它往往由采购客户根据织物的具体用途而定，有些品种的成品匹长是根据统一的标准来确定的，有时也可根据织物的其他规格指标通过计算而得到。

　　成品匹长一般有一个上下浮动范围，若超出该范围，则产品的品级将会下调。例如："成品匹长 30^{+2}_{-1} m"，表示正品织物的匹长要求在 29～32m 之间，若短于 29m 或长于 32m，则该匹织物为不合格产品。因此，成品匹长也是织物质量评级的一个重要参数。

　　在企业生产中，对于大批量的产品，为了提高生产效率，往往将几匹布联在一起生产，称为联匹。例如："30×4"，表示织物匹长是 30m 左右，采用 4 联匹，即生产时每匹布的长度为 120m 左右，制成成品后再按每匹 30m 左右剪断。

1. 客户确定匹长

　　目前，国内面料生产企业往往按照订单要求安排生产。而客户对面料的匹长具有较高的要求，他们希望做到物尽其材，能够将所采购的面料完全利用，从而降低生产成本，因此，众多的客户在给面料生产企业下订单时一般会根据自己所生产的产品标明布匹的长度。

如生产一套服装需要 2m 布,一般每匹布用于生产 20 套服装,则企业在订单中会要求匹长 41m 左右,下限不低于 40m。又例如某企业生产窗帘成品,每套窗帘用布为 5m,一匹布一般裁制 6 套,则要求布匹匹长不能低于 30m,则面料生产企业在设计时就要求成品匹长在 30m 以上,并以此为依据设计坯布长度及整经长度。

2. 织物的公称匹长

织物的匹长有公称匹长和规定匹长之分。公称匹长指工厂设计的标准长度,规定匹长指折布成包长度,即公称匹长加加放布长。加放布长是保证成品织物成包后不短于公称匹长的加放长度,包括加放在折幅和布端的多余长度。棉织物的折幅加放长度一般为 5～10mm,布端的加放长度要根据具体情况而定,但在设计时都应考虑在内。

织物的生产已有多年的历史,许多传统产品的规格已经实现了标准化,部分产品的成品标准匹长可以根据相应的标准查出。因此,对一些产品的匹长,可以在标准匹长的基础上,结合生产企业的实践操作经验确定加放长度,从而确定织物的设计成品匹长。

3. 根据坯布匹长计算成品匹长

织物的坯布匹长简称坯长,指织物下机后每匹织物的长度,故又称下机匹长。有些织物下机后只需经过简单的检修评等就可作为成品进入市场,并不需要经过系统的染整加工,因而下机匹长与成品匹长相比没有明显变化,其坯布匹长就与成品匹长完全相同。

已知坯布匹长,织物的成品匹长可按式(2-15)计算:

$$L_1 = L_2(1-a_1) \tag{2-15}$$

染整净长率常用于毛型织物的成品匹长与坯布匹长之间的计算,计算公式见式(2-16)。织物的染整净长率也可从标准规格表中查得,新产品则需要进行测试,再通过式(2-2)计算得出。

$$L_1 = L_2 \times A_1 \tag{2-16}$$

4. 根据经纱长度计算匹长

整匹织物的经纱长度一般称为整经匹长,是指生产一匹织物时整经的经纱长度。根据整经匹长也可以计算出织物的成品匹长。

$$L_1 = L_3 \times A \tag{2-17}$$

利用织物在生产过程中的伸长率或长缩率,也可通过整经匹长计算织物的成品匹长。

$$L_1 = L_3(1-a_1)(1-a_2) \tag{2-18}$$

5. 根据织物重量计算匹长

在纺织面料贸易中,购买者在验货时,如果每匹布都检验匹长,则费时费力,而且会增加采购成本。因此,许多采购商在制订产品规格时不采用匹长,而标明每匹织物的重量需要达到某个范围。在纺织面料工艺设计时,就需要根据每匹织物的重量来计算匹长,从而配合其他规格进行设计。

在织物的面密度或每米克重、幅宽确定的条件下,整匹织物的重量可以按式(2-19)、(2-20)计算。

$$L_1 = \frac{G_1}{G_{c1}} \times 1000 \tag{2-19}$$

式中：G_1 为每匹成品织物的重量（kg）；G_{c1} 为成品织物的每米重量（g/m）。

$$L_1 = \frac{G_1}{G_{ep1} \times W_1} \times 10^5 \tag{2-20}$$

式中：G_{ep1} 为成品织物的面密度（g/m²）；W_1 为成品幅宽（cm）。

二、坯布匹长

坯布匹长是指织物从织机上下来后未经过染整前每匹织物的长度。坯布匹长对订购成品面料的企业是无关紧要的，但对专业生产坯布以及以坯布作为自身采购对象的企业来说是一个非常重要的指标。而且，坯布匹长也是对坯布评品等级的一个重要指标。因此，纺织品设计人员有必要了解坯布匹长的计算方法。

1. 根据成品匹长计算坯布匹长

上面已经介绍过，面料购买商一般会对成品织物的匹长作出具体的要求，即使是对整匹织物的重量作出要求，其目的也是对成品匹长作出具体的规定。而织物的成品匹长除了直接受染整工艺的影响之外，对坯布匹长的要求也非常重要。

在已知成品匹长的条件下可根据织物的染整伸长率或缩率、染整净长率来求得坯布匹长。

$$L_2 = \frac{L_1}{1 - a_1} \tag{2-21}$$

$$L_2 = \frac{L_1}{A_1} \tag{2-22}$$

例 1：客户订单要求成品纯毛华达呢的匹长为 50m，求该纯毛华达呢的坯布匹长。

解：查织物标准可知，纯毛华达呢在常规染整工艺条件下的染整长缩率为 7%，将数字代入式（2-21）可得：

$$坯布匹长 = \frac{50}{1 - 7\%} = 53.8（m）$$

2. 根据经纱长度计算坯布匹长

面料生产企业有时会利用剩余纱线开发一些新品种或者试织一些从来没生产过的产品，这时，纱线的使用量决定坯布的产量。在此情况下，应利用整经匹长计算坯布的匹长，以利于合理地安排生产。

在织造过程中，经纱会经受较大的张力，这可能导致纱线的伸长；而从纱线到织物时，纱线会产生较多的弯曲，故纱线在长度方向会产生较大的收缩。但一般而言，织物在织造过程中长度方向的收缩要大于其伸长。因此，整经匹长往往大于坯布的匹长，即产生织造长缩。在已知整经匹长的条件下，参考织造长缩率或织造净长率，可以按照式（2-23）、（2-24）算出坯布匹长。

$$L_2 = L_3(1 - a_2) \tag{2-23}$$

$$L_2 = L_3 A_2 \tag{2-24}$$

三、经纱长度

经纱长度是指在织造准备工艺中用于织物生产的经纱的长度，它与坯布匹长、匹数及成品织物的匹长、匹数直接相关,而且还直接影响具体的生产工艺。因此,在织物设计时,经纱的长度也是必须设计的指标之一。经纱长度的设计与计算主要是整经长度的设计与计算,对需要经过浆纱工艺的产品,浆纱墨印长度也需要设计。本节仅介绍整经匹长的设计方法。

每匹织物的经纱长度又称整经匹长,是指生产一匹织物时所需经纱的长度,可以通过坯布匹长、成品匹长并结合织造、染整工艺过程及工艺参数计算得出:

$$L_3 = \frac{L_2}{1-a_2} = \frac{L_1}{(1-a_1)(1-a_2)} = \frac{L_1}{A} = \frac{L_1}{A_1 A_2} = \frac{L_2}{A_2} \tag{2-25}$$

第三章 幅 宽

织物的幅宽就是指织物门幅的宽度,除了部分棉型织物以英寸为单位外,其他织物一般以厘米为单位,取小数点后一位数。织物的幅宽是织物规格的重要指标之一。由于织物的门幅直接影响其用途,同时也对生产工艺过程及工艺参数的设计有着直接的影响,因此,织物的幅宽较其匹长更重要,要求也更高。在织物设计中,织物幅宽设计的内容包括成品幅宽、坯布幅宽以及上机幅宽。

一、成品幅宽

成品幅宽是指成品织物门幅的宽度。它也经常由采购客户根据织物的具体用途而定,而有些品种的成品幅宽是根据统一的标准来确定的,还可根据织物的其他规格指标通过计算而得到。

1. 客户确定幅宽

织物的幅宽往往根据产品的用途来决定,有些织物如果达不到要求的幅宽,则会造成织物不能使用。例如,当前居室往往流行大窗户或大窗门,而制作窗帘时经常将织物的幅宽方向用于窗帘的高度方向,故许多制作窗帘的企业经常需要订购幅宽在 3m 左右的阔幅织物,如果织物的幅宽达不到窗帘高度的要求,则整匹织物只能另作他用或库存。因此,织物的幅宽常是由客户根据自己所要生产产品的要求来确定的。另外,客户对幅宽的要求还表现在在生产某些纺织品时,对花型的完整性或连续性有着较高的要求,这也要求在花型确定的条件下,织物的幅宽适当,使纬向的花型数量满足后道加工的需要,方便裁剪,以免造成材料的浪费,增加生产成本,并使最终产品的外观花型统一。

2. 织物品种确定幅宽

与织物匹长相同,由于许多传统产品具有多年的生产历史,它们的成品幅宽也有了相应的参照标准。例如,用于生产外套或大衣的毛型织物,其幅宽往往在 145～155cm 之间;中幅棉织物的幅宽有 81.5cm、86.5cm、89cm、91.5cm、96.5cm、101.5cm、106.5cm 等多个规格,但不同的规格对应了相应的品种名称。因此,在设计织物的成品幅宽时,尤其是传统品种,可以在织物标准中查到相应的成品幅宽。而客户在下订单时,除了特殊的要求之外,也往往不用标明具体的成品幅宽。

3. 根据坯布幅宽计算成品幅宽

织物的坯布幅宽又称下机幅宽,是指织物下机放置一段时间后门幅的宽度。有些织物下机后只需经过简单的检修评等就可作为成品进入市场,并不需要经过系统的染整加工,因而下机幅宽与成品幅宽没有明显差异,其坯布幅宽与成品幅宽基本一致。

已知坯布幅宽,织物的成品幅宽可按式(2-26)、(2-27)计算:

$$W_1 = W_2(1 - b_1) \tag{2-26}$$

$$W_1 = W_2 \times B_1 \tag{2-27}$$

4. 根据上机幅宽计算成品幅宽

上机幅宽是指织物或纱线在织机上的门幅宽度,与上机筘幅相等。上机筘幅是指织造过程中经纱所占钢筘的宽度,也是织物在生产过程中的最大宽度。根据上机幅宽也可以算出织物的成品幅宽。

$$W_1 = W_3 \times B \tag{2-28}$$

利用织物在生产工艺中的染整幅缩率和织造幅缩率,也可通过上机幅宽计算织物的成品幅宽。

$$W_1 = W_3(1 - b_1)(1 - b_2) \tag{2-29}$$

5. 根据织物重量计算幅宽

根据成品织物的重量可以计算成品织物的幅宽。

$$W_1 = \frac{G_{c1}}{G_{cp1}} \times 100 = \frac{G_1}{L_1 G_{cp1}} \times 100 \tag{2-30}$$

6. 根据织物经密计算幅宽

织物的经密是指织物单位幅宽内经纱的根数,标准单位是根/10cm,棉型织物常采用根/英寸。在经纱根数确定的条件下,测试出成品织物的经密(P_j),即可按式(2-31)算出成品织物的幅宽。

$$W_1 = \frac{总经根数}{P_j} \times 10 \tag{2-31}$$

式中:P_j为成品经密(根/10cm)。

二、坯布幅宽

坯布幅宽是指织物从织机上下来后没经过染整前织物的门幅宽度。坯布幅宽的大小往往决定了织物染整的具体工艺路线及操作方式,是坯布品质评定不可缺少的一个指标,是染整企业非常重视的一个指标。因此,在纺织品设计过程中,必须进行坯布幅宽的设计。

1. 根据成品幅宽计算坯布幅宽

在成品幅宽确定的基础上,根据织物在一定染整工艺条件下所产生的染整幅缩率或净长率,可以通过式(2-32)、(2-33)计算出坯布的幅宽。

$$W_2 = \frac{W_1}{1 - b_1} \qquad\qquad (2\text{-}32)$$

$$W_2 = W_1 \times B_1 \qquad\qquad (2\text{-}33)$$

　　如果所生产的坯布幅宽与设计的坯布幅宽有较大的差异,则在染整工艺设计时应进行适当的调整,以保证成品织物的幅宽能够达到要求。

　　例2:纯棉府绸织物要求成品幅宽为120cm,而织物坯布幅宽为131cm,根据公式2-17计算可得产品的染整幅缩率为8.4%,而查标准可知,按常规练漂整理工艺,府绸织物的染整幅缩率为6.5%。为了使成品幅宽达到要求,需要调整染整工艺,使染整幅缩率增大到8.4%左右,即在染整加工过程中,使织物在纬向产生比标准整理工艺更大的收缩。

　　2. 根据上机幅宽计算坯布幅宽

　　在上机工艺(包括筘幅、织造幅缩率或织造净宽率)确定的条件下,通过式(2-34)、(2-35)可以计算坯布织物的幅宽。

$$W_2 = W_3(1 - b_2) \qquad\qquad (2\text{-}34)$$

$$W_2 = W_3 \times B_2 \qquad\qquad (2\text{-}35)$$

　　同样,在上机筘幅和坯布幅宽确定的条件下,可以根据织造幅缩率或织造净宽率的值来调整引纬张力,以使坯布幅宽达到要求。

　　例3:经工艺设计,某毛织物的上机筘幅为190cm,要求坯布幅宽为165cm,查标准可知,该毛织物在普通条件下的织造净宽率为90%,问该织物在织造时引纬张力是否应该调整? 如何调整?

　　解:　　$B_2 = \dfrac{W_2}{W_3} \times 100 = \dfrac{165}{190} \times 100 = 86.8(\%)$

　　因为90%>86.8%,即实际织造净宽率要小于标准织造净宽率。因此,为了保证织物的坯布幅宽符合要求,在织造时应降低织造净宽率。

　　织造净宽率越小,说明织物在织造时的幅缩越大,织造时的引纬张力应越大。所以,在织造该毛织物时,引纬张力需要调整,应该增大引纬张力,以增大织物织造时的幅缩,降低织造净宽率。

　　3. 根据坯布经密计算织物的坯布幅宽

　　在确定总经根数的条件下,测定坯布的平均经密,可利用式(2-36)计算坯布幅宽。

$$W_2 = \frac{\text{总经根数}}{P_\text{j}'} \times 10 \qquad\qquad (2\text{-}36)$$

　　式中:P_j'为坯布经密(根/10cm)。

　　例4:某织物全幅总根数为2960根,上机幅宽为179cm,经坯布样布分析,坯布平均经密为236根/10cm,求坯布幅宽及织造净宽率。

　　解:$W_2 = \dfrac{\text{总经根数}}{P_\text{j}'} \times 10 = \dfrac{2960}{184} \times 10 = 160.9(\text{cm})$

$$B_2 = \frac{W_2}{W_3} \times 100 = \frac{160.9}{179} = 89.9(\%)$$

　　即坯布幅宽为160.9cm,织造净宽率为89.9%。

三、上机幅宽

上机幅宽的大小等于筘幅。筘幅是织造上机工艺中必须设计的一个规格指标，它直接影响织造工艺的设计及坯布的质量。上机幅宽的设计可以根据成品幅宽、坯布幅宽以及筘号来进行。

1. 根据织物的坯布幅宽计算上机幅宽

在坯布幅宽已知的条件下，根据一定织造工艺条件下的织造幅缩率或织造净宽率，可按式(2-37)计算上机幅宽或筘幅。

$$W_3 = \frac{W_2}{1-b_2} = \frac{W_2}{B_2} \tag{2-37}$$

2. 根据织物的成匹幅宽计算上机幅宽

在成品幅宽已知的条件下，按一定生产工艺条件下的幅缩率或净宽率，根据式(2-38)可以计算上机幅宽或筘幅。

$$W_3 = \frac{W_1}{(1-b_1)(1-b_2)} = \frac{W_1}{B} = \frac{W_1}{B_1 B_2} \tag{2-38}$$

3. 根据筘号计算上机幅宽

筘是织造过程中控制上机经密的装置，筘号是表示筘齿密度的物理量，有公制筘号、英制筘号之分。公制筘号是指每10cm宽度内的筘齿数，在丝织物生产中采用每厘米宽度内的筘齿数来表示，其单位是羽/cm；英制筘号是指每2英寸宽度内的筘齿数。在总经根数确定的条件下，根据筘号的大小可以计算上机幅宽或筘幅。

$$W_3 = \frac{总经根数 - 边经根数 \times (1-\frac{d_s}{d_b})}{d_s \times H} \times 10 \tag{2-39}$$

式中：d_s 为布身经纱每筘齿穿入数(根/齿)；d_b 为布边经纱每筘齿穿入数(根/齿)；H 为公制筘号(筘齿数/10cm)。

4. 根据上机经密计算上机幅宽

上机经密(P_j'')是指在织造时经纱在筘上的密度，它与筘号及每筘齿经纱穿入数有关。根据上机经密的大小，在已知总经根数的条件下，可按式(2-40)计算织物的上机幅宽或筘幅。

$$W_3 = \frac{总经根数 - 边经根数 \times (1-\frac{d_s}{d_b})}{P_j''} \times 10 \tag{2-40}$$

四、筘号的计算与确定

筘号的计算可以根据式(2-41)、(2-42)进行。

$$H = \frac{全幅筘齿数}{W_3} \times 10 = \frac{总经根数}{平均每筘穿入数 \times W_3} \times 10 \tag{2-41}$$

$$英制筘号 = \frac{全幅筘齿数}{W_3(英寸)} \times 2 = \frac{总经根数}{平均每筘穿入数 \times W_3(英寸)} \times 2 \tag{2-42}$$

当计算所得的筘号不是整数时,应当进行修正,选用最接近的标准筘号。

在设计新品种时,由于全幅筘齿数不一定能直接求得,可以采用经验式(2-43)、(2-44)确定筘号。

$$H=\frac{P_j'\times(1-b_2)}{每筘平均穿入数} \tag{2-43}$$

$$英制筘号=\frac{英制经密\times(1-b_2)}{每筘平均穿入数}\times2=\frac{英制经密-R}{每筘平均穿入数}\times2 \tag{2-44}$$

式中:R 为经密经验常数,当经密<50 根/英寸时,$R=3$;当经密为 50~100 根/英寸时,$R=4$;当经密>100 根/英寸时,$R=5$。

例 5:缎条府绸经密为 88 根/英寸,每筘穿入数为 3,则:

$$英制筘号=\frac{88-4}{3}=56^{\#}$$

第四章　经纬密及紧度

织物的经纬密及紧度是反映织物紧密程度的物理量,与经纬纱线密度、织物组织一起反映织物的松紧程度,同时也反映织物的厚度。

织物经、纬纱的绝对密度称织物的经密或纬密,又称织物的工艺密度。经密(P_j)是指织物沿着纬纱方向单位宽度内的经纱根数,纬密(P_w)是指织物沿着经纱方向单位长度内的纬纱根数。标准单位有公制和英制之分,公制经纬密是指每十厘米内经纱或纬纱的根数(根/10cm),常用于除棉型织物之外的织物;英制经纬密是指每英寸内经纱或纬纱的根数(根/英寸),常用于棉型织物。在织物组织及经、纬纱线密度相同的条件下,织物的经、纬密越大,表示织物越紧密、越厚实。织物经纬密常用经密×纬密表示。

在比较两种具有相同组织但经纬纱线密度不相同的织物时,仅用织物的经纬密是不能明确区分织物紧密程度及厚薄的,因而要采用织物相对密度的指标即织物紧度来评定。织物的紧度有经向紧度(E_j)、纬向紧度(E_w)、总紧度(E)之分,经向紧度是指织物中的经纱覆盖面积对织物全部面积的比值(%),又称经向覆盖率;纬向紧度是指织物中的纬纱覆盖面积对织物全部面积的比值(%),又称纬向覆盖率;总紧度是指织物中的经纬纱的总覆盖面积对织物全部面积的比值(%),又称总覆盖率。在织物组织相同的条件下,织物紧度越大,表示织物越紧密、越厚实。

一、织物经纬密的设计与计算

(一)根据来样分析测算织物经纬密

在面料交易中,无论是成品织物还是白坯织物,客户在下订单时往往会附上织物样品。

设计者可以根据来样分析,采用密度镜或照布镜测定织物的经纬密,以此作为依据,计算成品织物、坯布或上机的经纬密。

1. 根据成品经纬密计算坯布及上机经纬密

从成品织物来样分析中测定成品织物的经纬密后,按式(2-45)、(2-46)可计算坯布的经纬密,按式(2-47)、(2-48)可计算上机经纬密。

$$P_{j(w)}'=\frac{P_j}{1-b_1}=P_j\times B_1 \tag{2-45}$$

$$P_w'=\frac{P_w}{1-a_1}=P_w\times A_1 \tag{2-46}$$

$$P_j''=\frac{P_j}{(1-b_1)(1-b_2)}=P_j\times B=P_j\times B_1\times B_2 \tag{2-47}$$

$$P_{j(w)}''=\frac{P_w}{(1-a_1)(1-a_2)}=P_w\times A=P_w\times A_1\times A_2 \tag{2-48}$$

式中:$P_{j(w)}$ 为织物的成品经(纬)密(根/10cm 或根/英寸);$P_{j(w)}'$ 为坯布经(纬)密(根/10cm 或根/英寸);$P_{j(w)}''$ 为上机经(纬)密(根/10cm 或根/英寸)。

2. 根据坯布经纬密计算上机经纬密及成品经纬密

在已知坯布经纬密的情况下,可以通过式(2-49)、(2-50)、(2-51)、(2-52)计算上机经纬密及成品经纬密。

$$P_j=P_j'\times(1-b_1)=\frac{P_j'}{B_1} \tag{2-49}$$

$$P_w=P_w'\times(1-a_1)=\frac{P_w'}{A_1} \tag{2-50}$$

$$P_j''=\frac{P_j'}{B_2}=P_j'\times(1-b_2) \tag{2-51}$$

$$P_w''=\frac{P_w'}{A_2}=P_w'\times(1-a_2) \tag{2-52}$$

3. 根据筘号计算织物的经密

在选定筘号的条件下,若已知上机时布身经纱的每筘穿入数,可以计算上机经密,并预测成品及坯布的经密,计算方法见式(2-53)、(2-54)、(2-55)。

$$P_j''=H\times d_s \tag{2-53}$$

$$P_j'=H\times d_s\times B_2=\frac{H\times d_s}{1-b_2} \tag{2-54}$$

$$P_j=H\times d_s\times B_1\times B_2=H\times d_s\times B=\frac{H\times d_s}{(1-b_1)(1-b_2)} \tag{2-55}$$

4. 织物平均经纬密度的计算

一般,织物布身的经纬密是一致的,在来样分析时,分析出其中一部分的经纬密,就知道了整匹织物布身的经纬密。但随着织物品种越来越丰富,为了增加织物的外观效应,越来越多的织物采用不同部分的经纬密不同的设计方式,尤其是提花织物、泡泡纱织物、花式纱织物等,在来样分析时,就必须逐部分地分析经纬密,得到一个完整织物组织循环的系列数值,并计算出织物的平均经纬密。

织物平均经纬密的计算一般按一定长度或宽度内纱线的根数来进行。

(1)若已知整匹织物的总经根数及幅宽,则织物的平均经密可按式(2-56)计算:

$$\overline{P_j} = \frac{总经根数}{幅宽(cm)} \times 10 \tag{2-56}$$

坯布的平均经密也可按上式计算,只是幅宽改为坯布幅宽。

(2)若不知织物的幅宽,则在分析织物各部分经纬密时要测量出各部分的长度或宽度,再通过式(2-57)、(2-58)计算出一个完整组织循环内纱线的平均经、纬密。

$$\overline{P_j} = \frac{\sum P_{ji} \times w_i}{\sum w_i} \tag{2-57}$$

式中:P_{ji} 为一个完整组织循环内各部分经纱的密度(根/10cm);w_i 为一个完整组织循环内各部分经纱所占的宽度(cm)。

$$\overline{P_w} = \frac{\sum P_{wi} \times l_i}{\sum l_i} \tag{2-58}$$

式中:P_{wi} 为一个完整组织循环内各部分纬纱的密度(根/10cm);l_i 为一个完整组织循环内各部分纬纱所占的长度(cm)。

如果整匹织物的组织循环是整数,则所计算出的一个完整组织循环内的平均经纬密可以作为织物布身的平均经纬密。若织物经纱的组织循环不为整数,整匹织物的平均经密时应按式(2-56)计算。

(3)织物生产中,织物布边一般数较布身结构略紧密,因此,布边的经密一般较布身的经密略大一些。因此,在工艺设计中,大部分织物布边的经密都单独设计,而布身经纬密的设计按上述方法进行,只是在代入总经根数时要先除去边经纱的根数。

二、经纬密与紧度的关系

织物的紧度并不属于织物规格必须包含的内容,但紧度可以直接反映织物的手感风格。因此,织物设计中,织物的紧度设计也是需要的。

1. 织物紧度的计算

(1)织物的经向紧度

$$E_j(\%) = P_j \times d_j = C \times P_j \sqrt{N_{tj}} = C' \frac{P_j}{\sqrt{N_{mj}}} = C'' \frac{P_j}{\sqrt{N_{ej}}} \tag{2-59}$$

式中:E_j 为经向紧度(%);d_j 为经纱直径(mm);N_{tj} 为经纱线密度(tex);N_{mj} 为经纱公制支数;N_{ej} 为经纱英制支数;C、C'、C''为纱线的直径系数,不同种类的纱线取不同的值,可参照表2-9。

表 2-9　部分棉型和毛型纱线的直径系数表

纱线种类	C	C'	C''	纱线种类	C	C'	C''
纯棉细特纱	0.037	1.16	0.89	涤腈 50/50	0.0411	1.29	0.99
纯棉中特纱	0.040	1.27	0.97	涤粘 50/50	0.038	1.19	0.92

纱线种类	C	C'	C''	纱线种类	C	C'	C''
纯棉粗特纱	0.045	1.41	1.09	涤粘 65/35	0.0389	1.22	0.94
纯棉股线	0.045	1.41	1.09	纯涤纶纱	0.0395	1.24	0.95
涤棉 65/35	0.0389	1.22	0.94	精纺毛纱	0.040	1.27	0.97
纯粘胶纱	0.0376	1.18	0.91	粗纺毛纱	0.043	1.36	1.04
纯腈纶纱	0.043	1.36	1.04	—	—	—	—

（2）织物的纬向紧度

$$E_w(\%) = P_w \times d_w = C \times P_w \sqrt{N_{tw}} = C' \frac{P_j}{\sqrt{N_{mw}}} = C'' \frac{P_j}{\sqrt{N_{ew}}} \tag{2-60}$$

式中：E_w 为纬向紧度（%）；d_w 为纬纱直径（mm）；N_{tw} 为纬纱线密度（tex）；N_{mw} 为纬纱公制支数；N_{ew} 为纬纱英制支数。

（3）织物的总紧度 E

$$E(\%) = E_j + E_w - \frac{E_j \times E_w}{100} \tag{2-61}$$

注意：该公式存在明显缺陷，即当经向紧度或纬向紧度为 100% 时，总紧度将恒等于 100%，但在纬向紧度或经向紧度取不同值时，织物的紧密程度是完全不同的。

（4）织物的紧度系数

紧度系数又称覆盖度、覆盖系数，是由紧度公式获得的，分经向紧度系数（K_j）和纬向紧度系数（K_w）。

$$K_j = P_j \sqrt{N_{tj}} = \frac{P_j}{\sqrt{N_{mj}}} = \frac{P_j}{\sqrt{N_{ej}}} \tag{2-62}$$

$$K_w = P_w \sqrt{N_{tw}} = \frac{P_j}{\sqrt{N_{mw}}} = \frac{P_j}{\sqrt{N_{ew}}} \tag{2-63}$$

织物的总紧度系数 K_z 一般采用式（2-64）表示：

$$K_z = K_j + K_w \tag{2-64}$$

若织物的经纬纱线密度相同，则：

$$K_z = (P_j + P_w) \sqrt{N_t} = \frac{P_j + P_w}{\sqrt{N_m}} = \frac{P_j + P_w}{\sqrt{N_e}} \tag{2-65}$$

如果织物的经纬纱线密度不相同，则可按式（2-66）、（2-67）计算织物经纬纱的平均线密度，再按式（2-57）进行相似计算。

$$\overline{N} = \frac{2 \times N_j \times N_w}{N_j + N_w} \tag{2-66}$$

$$\overline{N_t} = \frac{N_{tj} + N_{tw}}{2} \tag{2-67}$$

2. 经纬密与紧度的关系

织物的经纬密是表示织物紧密程度的绝对值，与经、纬纱线的粗细无关，只能比较具有相同经纬纱细度的不同织物的紧密程度。而紧度是表示织物紧密程度的相对值,与织物所用经纬纱的粗细有关,无论织物所采用的经、纬纱细度如何,均可对织物的紧度程度、厚薄进行比较。

从式(2-59)、(2-60)可以看出,织物的紧度又是织物经、纬密的直观反映,在织物经、纬纱细度不变时,织物的经、纬向紧度与经、纬密呈线性关系,随着经、纬密的增大,织物的经、纬向紧度随之增大。

三、毛型机织物的工艺密度设计法

工艺密度就是指织物的经纬密度,主要有成品密度和上机密度。工艺密度设计法主要用于毛织物的工艺设计,尤其适用于粗纺毛织物的仿样设计。

(一)紧密结构法

织物组织对织物紧密程度也有影响,在经纬纱细度及经纬密相同的条件下,一般斜纹组织的织物较平纹组织的织物紧密。因此,在仿样设计中,在改变织物组织的情况下,要保持织物紧密程度不变,就需要改变织物的经纬密或纱线的细度。

紧密结构法就是通过改变织物的经纬密来保持织物紧密程度的设计方法,不同组织的织物密度换算法见表2-10。

表 2-10　不同组织的织物密度换算表

平纹密度×1.2=$\frac{1}{2}$斜纹密度	$\frac{1}{2}$斜纹密度×0.833=平纹密度
平纹密度×1.33=$\frac{2}{2}$斜纹密度	$\frac{2}{2}$斜纹密度×0.75=平纹密度
平纹密度×1.5=$\frac{3}{3}$斜纹密度	$\frac{3}{3}$斜纹密度×0.667=平纹密度
平纹密度×1.43=$\frac{3}{2}$斜纹密度	$\frac{3}{2}$斜纹密度×0.699=平纹密度
$\frac{1}{2}$斜纹密度×1.11=$\frac{2}{2}$斜纹密度	$\frac{2}{2}$斜纹密度×0.9=$\frac{1}{2}$斜纹密度
$\frac{1}{2}$斜纹密度×1.25=$\frac{3}{3}$斜纹密度	$\frac{3}{3}$斜纹密度×0.8=$\frac{1}{2}$斜纹密度
$\frac{1}{2}$斜纹密度×1.19=$\frac{3}{2}$斜纹密度	$\frac{3}{2}$斜纹密度×0.84=$\frac{1}{2}$斜纹密度
$\frac{2}{2}$斜纹密度×1.125=$\frac{3}{3}$斜纹密度	$\frac{3}{3}$斜纹密度×0.889=$\frac{2}{2}$斜纹密度
$\frac{2}{2}$斜纹密度×1.108=$\frac{3}{2}$斜纹密度	$\frac{3}{2}$斜纹密度×0.903=$\frac{2}{2}$斜纹密度
$\frac{3}{3}$斜纹密度×0.953=$\frac{3}{2}$斜纹密度	$\frac{3}{2}$斜纹密度×1.049=$\frac{3}{3}$斜纹密度

例6:某混纺法兰绒,平纹组织,经纬纱均为10公支,上机密度为102根/10cm×106根/10cm,现要求改织$\frac{2}{2}$斜纹法兰绒,上机紧密程度不变,求新产品的上机经纬密。

解:已知 P_j=102 根/10cm,P_w=106 根/10cm

根据表2-10可知,其换算系数为1.33。则新产品:

$$P_j{}'=1.33×102=136(根/10cm)$$
$$P_w{}'=1.33×106=141(根/10cm)$$

(二)勃利莱经验公式法

织物紧度的大小对织造工艺与染整工艺都有较大的影响，如果过度紧密，会造成织造时开口不清，织物易折皱，修补困难，因此必须合理地选择织物的上机密度。

织物的最大密度取决于：(1)线密度；(2)组织结构；(3)纤维比重；(4)纤维在纱线中的压缩程度和纱线在织物中的变形情况；(5)织机条件。

勃利莱公式是计算织物上机密度的经验公式：

$$t=\sqrt{KN\times F^m} \tag{2-68}$$

式中：t 为织物的上机密度(根/10cm)；K 为纱线按不同纺纱方法和不同线密度时的常数；N 为织物中经纬纱的平均支数(公支)；F 为纱线在织物中的平均浮长；m 为不同织物组织的实际常数。

该公式计算结果与实际生产比较接近，其关键是 F^m 值，具体见表 2-11。

表 2-11 常见织物组织的 F^m 值

组织	$\dfrac{F}{m}$	1	1.5	2	2.5	3	3.5	4	4.5	5	5.5	6
平纹	0	1	—	—	—	—	—	—	—	—	—	—
斜纹	0.39	—	1.17	1.31	1.43	1.54	1.63	1.72	1.8	1.87	1.94	2
缎纹、急斜纹	0.42			1.34	1.46	1.59	1.68	1.78	1.88	1.96	2.04	2.12
方平、纬重平	0.45			1.37	—	1.64	—	1.87	—	2.06	—	2.25

在利用 F^m 值进行产品设计时，无论精纺还是粗纺毛织物，都应注意平均浮长的应用。

(1)各类变化斜纹组织的平均浮长与原组织接近时，可不必计算其平均浮长，只需按原组织的紧度系数作适当调节即可；

(2)各类联合组织，若织物性质相差较远，则应按不同的 F^m 值分别计算，取其平均值；若是平均浮长相同、组织性质接近的联合组织，可不必计算其平均 F^m，只需按其中一个组织的紧度系数并结合产品的风格要求确定 F^m 值；

(3)粗纺花呢中的变化组织、联合组织较多，有些组织浮长参差不齐，比较复杂，在计算时，可按其中占主导地位的 1~2 种组织的平均浮长或相对较短的组织点浮长计算；

(4)若以急斜纹组织制织高经密品种，在确定浮长时，应按其经、纬向平均浮长中较大的一项来计算 F^m 值；

(5)在双层或双重组织中，若表、里组织浮长不同，应分别计算，取其平均值；若相同，则任取一个。

1. 勃利莱公式在粗纺毛织物设计中的应用

粗纺毛织物设计习惯上多用上机密度经验法，即先计算出最大上机经纬密度，然后根据不同产品的具体风格要求选择充实率，再确定上机密度，选择缩率，进行相关的规格计算，最后获得成品规格。因此，合理选择充实率，正确制定上机经纬密度，是粗纺毛织物设计的关键之一。

对于粗纺毛织物，勃利莱公式可改写为：

$$P_{\max}=41\sqrt{N_m\times F^m} \tag{2-69}$$

式中：P_{max} 为织物的最大上机经（纬）密度（根/10cm）；N_m 为织物中经纬纱的平均支数（公支）。

根据式（2-69），可计算出粗纺毛织物的最大理论上机密度。

粗纺毛织物的充实率是指实际上机密度与最大理论密度之比，用百分率表示，它在毛织物中一般只用于衡量呢坯的上机紧密程度。一般情况下，实际的上机密度必须小于理论的最大上机密度，以保证织造的顺利进行和成品的质量。实际上机经、纬密度越小，说明该织物的结构越松；反之，充实率越大，说明该织物的结构越紧密。若充实率超过100%，将对织造带来困难。

粗纺毛织物的充实率可用实际上机密度与理论最大上机密度之比表示。

例7：某麦尔登织物，$\frac{2}{2}$ 斜纹组织，经纬纱均为14公支，实际上机密度为172根/10cm×162根/10cm，求其经、纬向的上机充实率。

解：查表2-11可知，$\frac{2}{2}$ 斜纹组织的 F^m 值为1.31，则：

$$P_{max}=41\sqrt{N_m}\times F^m=41\sqrt{14}\times1.31=201（根/10cm）$$

$$经向上机充实率=\frac{P_j}{P_{max}}\times100\%=\frac{172}{201}\times100\%=85.6（\%）$$

$$纬向上机充实率=\frac{P_w}{P_{max}}\times100\%=\frac{162}{201}\times100\%=80.6（\%）$$

由计算可知该织物属于比较紧密的织物。

在粗纺毛织物的设计中，一般都要先根据产品的风格特征和织物组织、原料性能等选择经纬向充实率，然后计算上机密度。

例8：某松结构女衣呢产品，平纹组织，经纬纱为16公支×9公支，经纬向充实率分别为68%和62%，求实际上机经纬密。

解：查表2-11可知，平纹组织的 F^m 值为1。

$$经纬平均纱支=\frac{2\times16\times9}{16+9}=11.52（公支）$$

$$P_{max}=41\sqrt{11.52}\times1=139.16（根/10cm）$$

则：

$$上机经密\ P_j=139.16\times68\%=94.63（根/10cm）$$

$$上机纬密\ P_w=139.16\times62\%=86.28（根/10cm）$$

各类粗纺毛织物的充实率选择范围见表2-12。

表2-12　粗纺毛织物的经向上机充实率

织物紧密程度	充实率（%）	适用品种
特密织物	95以上	军服呢、合股花呢、平纹花呢、精经粗纬或棉经毛纬产品等。
紧密织物	90.1～95	平纹法兰绒、海军呢、粗服呢、纱毛呢等。
较紧密织物	85.1～90	麦尔登、海军呢、制服呢、平纹法兰绒、高支粗花呢、高支平素女衣呢、大众呢、大衣呢、拷花大衣呢等。

织物紧密程度		充实率(%)	适用品种
适中	偏紧	80.1～85	制服呢、拷花大衣呢、羊绒大衣呢、法兰绒、大众呢、雪花大衣呢。
	偏松	75.1～80	粗花呢、学生呢、平厚大衣呢、制服呢、法兰绒、女式呢、花式大衣呢、海力斯。
(较)松织物		65.1～75	花式大衣呢、平厚大衣呢、海力斯、花色女式呢、粗花呢。
特松织物		65 以下	双层花色织物、松结构女式呢、稀松结构($F \geqslant 3$)织物。

在选择充实率时必须注意以下几点：

(1)大部分粗纺缩绒产品的充实率均在适中范围，但对具体品种而言，又有较大区别：如海军呢、学生呢、大衣呢等可取"适中，偏紧"；法兰绒、粗花呢等，深色的宜"偏紧"，中浅色的宜"偏松"；海力斯、女衣呢、花式大衣呢等可"偏松"掌握。

(2)四枚以上的斜纹组织、长浮长组织，均宜取表中下限数值。

(3)一般缩绒产品，经、纬向的上机充实率较接近，经充实率约为纬充实率的 1.05～1.10 倍；不缩绒及轻缩绒的纹面织物，经充实率约为纬充实率的 1～1.07 倍，但急斜纹产品的经密应高些，约为纬充实率的 1.1～1.2 倍；单层起毛织物，纬充实率应高于经充实率5%～50%左右，其中，斜纹组织织物在-5%～5%，缎纹组织织物在 5%～15%，纬二重组织织物在 15%～45% 之间；经纬双层纬起毛组织，一般纬充实率大于经充实率50%～100%；棉经毛纬产品，纬充实率应大于经充实率6%左右。

(4)选择坯布上机充实率时，可先定经充实率，再按上述原则并结合产品的具体情况来确定纬充实率。

例 9：某 $\frac{2}{2}$ 斜纹组织的全毛麦尔登，经、纬纱均为 12 公支，试求上机密度。

解：织物经、纬纱同支，根据表 2-12，取经充实率为 88.5%，纬充实率 85%。

查表 2-11，$\frac{2}{2}$ 斜纹组织的 F^m 值为 1.31，

$$P_{max} = 41\sqrt{12} \times 1.31 = 186（根/10cm）$$
$$上机经密 P_j = 186 \times 85\% = 164.7（根/10cm），取 165（根/10cm）$$
$$上机经密 P_w = 186 \times 85\% = 158.1（根/10cm），取 158（根/10cm）$$

即上机密度为 165 根/10cm×158 根/10cm。

2. 勃利莱公式在精纺毛织物设计中的应用

在精纺毛织物设计中，勃利莱公式可用于验算上机最大纬密和织物的最大上机紧密程度。对于精纺毛织物，勃利莱公式可改写为：

$$P = 42.7\sqrt{N_m F^m} \tag{2-70}$$

式中：P 为织物经纬密及纱支完全相同时的上机最大密度(根/10cm)。

但在长期的实践过程中，发现了一些问题，需要作如下的修正：花式斜纹按平均浮长计算 F^m 值时，其值可下降 5%；缎纹组织的 F^m 值可下降 5%～8%；方平织物的 F^m 值可增加5%～10%；破斜纹组织的切破点多时，F^m 值应下降 5%～6%；高经密品种的 F^m 值可增加5%～10%。

当织物经纬密度不同且经纬纱支不同时，可通过式(2-71)计算织物的最大上机纬密。

$$P_w = k \times P_j^{-\frac{2}{3}} \sqrt{\frac{N_w}{N_j}} \qquad (2\text{-}71)$$

式中：k 为计算常数，可按式(2-72)计算得出。

$$k = P^{1+\frac{2}{3}} \sqrt{\frac{N_w}{N_j}} \qquad (2\text{-}72)$$

织物的上机紧密程度可以根据式(2-73)算出。

$$\gamma = \frac{P'}{P} \times 100\% \qquad (2\text{-}73)$$

式中：P' 为实际上机密度(根/10cm)

例10：某织物采用 54/2 公支经纱，27/2 公支纬纱，$\frac{2}{2}$ 方平组织，求：(1)织物在经纬密及纱支相同时的上机最大密度；(2)若上机经密为 300 根/10cm，求上机纬密。

解：(1)$\overline{N} = \dfrac{\dfrac{54}{2} \times \dfrac{27}{2}}{\dfrac{54}{2} + \dfrac{27}{2}} \times 2 = 18$(公支)

查表 2-11 得，$\frac{2}{2}$ 方平组织 $F^m = 1.37$，但方平组织应增加 5%，故：

$$F^m = 1.37 \times (1 + 5\%) = 1.44$$
$$P = 42.7\sqrt{18} \times 1.44 = 259.4(\text{根}/10\text{cm})$$

即织物在经纬密及纱支相同时的上机最大密度为 259.4 根/10cm。

(2)$k = 259.4^{1+\frac{2}{3}} \sqrt{\frac{27/2}{54/2}} = 3536$

$$P_w = 3536 \times 300^{-\frac{2}{3}} \sqrt{\frac{27/2}{54/2}} = 242(\text{根}/10\text{cm})$$

即上机纬密为 242 根/10cm。

例11：38/2 公支毛纱为经、纬纱，$\frac{2}{2}$ 变化斜纹组织。设计上机经密为 260 根/10cm，上机纬密为 220 根/10cm，问：织制有无困难？织物是否太松？

解：(1)查表 2-11 可知，$\frac{2}{2}$ 变化斜纹组织的 F^m 值为 1.31，则

$$P = 42.7\sqrt{38/2} \times 1.31 = 244(\text{根}/10\text{cm})$$
$$k = 244^{1+\frac{2}{3}} = 9545$$

当上机经密为 260 根/10cm 时，

最大上机纬密 $P_w = 9545 \times 260^{-\frac{2}{3}} = 234(\text{根}/10\text{cm})$

现取上机纬密为 220 根/10cm，小于最大上机纬密，故织制无困难。

(2)上机经、纬密分别为 260 根/10cm、220 根/10cm，代入式(2-71)可得织物上机密度 $P' = 235$ 根/10cm。

则：$\gamma = 235/244 = 96\%$，即织物的紧密程度为 96%，故织物不会太松。

四、毛织物的紧度系数设计法

织物的经向紧度系数和纬向紧度系数的大小可以用来表示同类产品在纬经比基本相同的情况下的结构紧密程度。紧度系数设计法是以成品规格为基础，根据染整缩率和织造缩率逐步推算到上机密度。该法认为，当织物组织相同时，若两种织物的总紧度系数和纬经比相等，则其紧密程度一致。紧度系数设计法主要用于精纺毛织物的设计，但也可用于粗纺毛织物的设计。

1. 相似织物计算法

（1）同原料同组织的相似织物

新织物的原料成分和织物组织与原织物相同，要求更改织物的重量，并使新织物的手感身骨与原织物相似，在此条件下，可以认为新织物的经纬紧度系数与原织物相同，且新织物在织造加工过程中的缩率、重耗也与原织物相同，则存在如下关系式：

$$\frac{新织物重量}{原织物重量}=\frac{原织物密度}{新织物密度}=\frac{\sqrt{原织物纱支}}{\sqrt{新织物纱支}} \tag{2-74}$$

即：

$$新织物纱支=\frac{(原织物重量)^2}{(新织物重量)^2}\times 原织物纱支 \tag{2-75}$$

$$新织物密度=\frac{原织物重量}{新织物重量}\times 原织物密度 \tag{2-76}$$

由式（2-75）、（2-76）可算出新织物的密度及所用纱支。

例 12：原织物每米重量为 248g/m，经纬密度为 254 根/10cm×216 根/10cm，经纬均为 60/2 公支纯毛纱。现改做每米重量为 279g/m 的纯毛织物，要求手感身骨与原织物相似，求新织物的规格。

解：新织物纱支 $=\dfrac{(原织物重量)^2}{(新织物重量)^2}\times 原织物纱支 =\dfrac{248^2}{279^2}\times 60/2 = 47.4/2(公支)$

新织物经密 $=\dfrac{原织物重量}{新织物重量}\times 原织物经密 =\dfrac{248}{279}\times 254 = 226(根/10cm)$

新织物纬密 $=\dfrac{原织物重量}{新织物重量}\times 原织物纬密 =\dfrac{248}{279}\times 216 = 192(根/10cm)$

即新织物的规格为 47.4/2×47.4/2×226×192。

（2）不同组织织物计算法

在原料相同、纱支相同的条件下，改变织物组织，使新织物的手感、身骨与原织物相似时，可以查表 2-10，按例 6 来计算织物的经、纬密。

2. 织物紧密结构紧度转换法

织物紧密结构紧度指织物达到某一紧密程度时的紧度值。实践表明，不同组织的织物达到相同紧密程度所需要的紧度是不相同的，因此可按式（2-77）来计算新织物的紧度。

$$新织物紧度=\frac{新织物紧密结构紧度值}{原织物紧密结构紧度值}\times 原织物紧度 \tag{2-77}$$

表 2-13 提供了几种组织的紧密结构紧度的换算关系。

表 2-13 不同组织的紧密结构紧度的换算关系

平纹组织紧度×1.164＝3 枚斜纹组织紧度	3 枚斜纹组织紧度×0.859＝平纹组织紧度
平纹组织紧度×1.267＝4 枚斜纹组织紧度	4 枚斜纹组织紧度×0.789＝平纹组织紧度
3 枚斜纹组织紧度×1.089＝4 枚斜纹组织紧度	4 枚斜纹组织紧度×0.919＝3 枚斜纹组织紧度

例 13：用平纹组织仿制 $\frac{2}{2}$ 啥味呢织物，原产品规格为 56/2 公支×56/2 公支×342×300，要求织物的紧密程度不变，求新产品的规格。

解：(1)原织物

$$E_j(\%)=C'\frac{P_j}{\sqrt{N_{mj}}}=1.27\times\frac{342}{\sqrt{56/2}}=82(\%)$$

$$E_w(\%)=C'\frac{P_w}{\sqrt{N_{mw}}}=1.27\times\frac{300}{\sqrt{56/2}}=72(\%)$$

(2)新织物

$$E_j{}'=0.789\times82\%=64.7(\%)$$
$$E_w{}'=0.789\times72\%=56.8(\%)$$

若与原织物使用相同的纱支，则：

$$P_j{}'=\frac{E_j{}'\sqrt{N_{mj}}}{1.27}=\frac{64.7\sqrt{56/2}}{1.27}=270(根/10cm)$$

$$P_w{}'=\frac{E_w{}'\sqrt{N_{mw}}}{1.27}=\frac{56.8\sqrt{56/2}}{1.27}=237(根/10cm)$$

五、织物紧度系数的选择

织物的紧度系数在通过理论计算得出后，在实践操作中还应根据不同因素进行选择。

(1)产品风格与身骨：产品风格不同应配置不同的紧度系数，对要求手感丰满、弹性充足、身骨挺爽的织物就必须加大紧度系数。

(2)原料成分：原料刚度大、初始模量高的产品，其紧度系数必须适当下降。

(3)纱线细度：低支纱织物的紧度系数比高支纱产品的要高些。

(4)捻度：当纱线的捻度较高时，应适当降低紧度系数，以免织物手感板硬。

(5)纬经比：织物的纬经比是指织物的纬向紧度系数与经向紧度系数的比值，即 K_w/K_j。织物的总紧度系数相同而纬经比不同时，织物的身骨和紧密程度也会完全不同。一般来说，如果纬经比高，紧度系数可小些；反之，若纬经比低，则紧度系数可大些。

(6)销售对象：要根据产品的销售对象的喜好来选择适当的织物紧度系数。

六、织物纬经比的确定

不同织物的风格不同，其纬经比的区别也很大。归纳起来，纬经比的确定与下述几种因素有关：

(1)身骨与手感：在织物的总紧度系数不变时，纬经比越接近于 1，其紧密程度就越高。当纬经比等于 1 时，单位面积内经纬纱的交织点最多，交织最紧密。反之，当纬经比下降时，交织点减少，织物的结构就变得松软。因此，要使织物紧密，在总紧度系数不变时应选择较高的纬经比；反之，则应选择较低的纬经比。

（2）呢面效应：经纱密度增加，经纱织缩率也增加，呢面饱满。因此，要使织物斜纹角度增大、手感丰满、弹性充足，应选择较低的纬经比，并提高总紧度系数。

（3）产品风格：在单层精纺织物中，薄型织物一般要求滑爽、身骨好、手感挺、质地紧密，故纬经比宜大；中厚型的织物要求丰满、滑糯，故纬经比宜低些。

（4）织物组织：织物组织是决定纬经比的重要因素之一，它与织物的风格和身骨等有着直接的联系。

第五章　织物重量

织物重量是织物的基本规格参数之一。按照织物的状况，织物重量有成品织物重量和坯布织物重量之分；按照织物重量的表示方法，织物重量可分为织物匹重、单位长度织物的重量、单位面积织物的重量等。

一、织物重量的表示方法及换算

1. 匹重

匹重是指整匹织物的重量，可分为成品织物匹重和坯布织物匹重。织物的匹重一般以千克（kg）为单位，也有以磅（b）和盎司（oz）为单位的。其换算关系为：

$$1b=0.4536kg；1oz=0.0284kg；1kg=2.205b；1kg=35.27oz$$

2. 单位长度织物的重量

单位长度织物的重量是指一定长度织物的重量，常用的有每米长织物的重量克数（g/m）和每千米长织物的重量千克数（kg/km）。在外销业务中，还会经常遇到每码（yd）长织物的重量磅数（b/yd）、每码长织物的重量盎司数（oz/yd）及磅重，磅重（lb）是指 50 码织物的重量磅数。其换算关系如下：

$$1g/m=1kg/km；1b/yd=496g/m；1oz/yd=31g/m；1lb=10g/m$$

3. 单位面积织物的重量

织物单位面积的重量是指单位面积的织物所具有的重量，它是织物规格中非常重要的一个指标，也是面料采购商非常重视的一个指标，在织物规格设计与计算中是一个必不可少的参数。织物单位面织的重量在一定程度上可以反映织物原料的使用量、织物的厚薄、织物的舒适性、织物的用途等。

织物单位面积的重量一般以每平方米织物的重量克数即面密度（g/m²）来表示，保留两位小数。

但在丝绸织物对外贸易中，常用姆米（m/m）来表示，织物宽 1 英寸、长 25 码、重量为 2/3 日钱为 1m/m。其换算关系如下：

$$1yd=0.9144m；1 日钱=3.75g；1m/m=4.3056g/m²$$

姆米的最小值取到 0.5m/m，计算时保留一位小数，该小数采用二舍八入、三至七作五的规定进位。例如：$40g/m^2 = 40/4.3056 = 9.2m/m$，根据进位规则取 $9m/m$，即 $40g/m^2$ 相当于 $9m/m$。又如：$50g/m^2 = 50/4.3056 = 11.6m/m$，则取 $11.5m/m$，即 $50g/m^2$ 相当于 $11.5m/m$。

二、成品织物的重量

成品织物的重量包括成品织物的匹重、成品织物单位长度的重量、成品织物单位面积的重量、成品织物中经纱及纬纱的重量等。

1. 成品匹重

成品匹重是指每匹成品织物的重量，可以通过成品织物的匹长、幅宽及成品织物单位长度的重量、成品织物单位面积的重量进行计算：

$$G_1 = \frac{L_1 \times G_{c1}}{1000} = \frac{L_1 \times W_1 \times G_{cp1}}{10^5} \tag{2-78}$$

成品匹重还可根据坯布的匹重进行计算：

$$G_1 = G_2 \times W_d = G_2(1 - w_d) \tag{2-79}$$

2. 成品织物单位长度的重量

成品织物单位长度的重量常用成品每米的重量克数来表示。

（1）根据织物每米经、纬纱的重量求成品的每米重量

$$G_{c1} = G_{c1j} + G_{c1w} = G_{c2} \times \frac{W_d}{A_1} = \frac{(G_{c2j} + G_{c2w}) \times W_d}{A_1} \tag{2-80}$$

式中：G_{c1}、G_{c1j}、G_{c1w} 分别表示每米成品织物的重量、每米成品经纱重量、每米成品纬纱重量（g/m）；G_{c2}、G_{c2j}、G_{c2w} 分别表示每米坯布的重量、每米坯布经纱重量、每米坯布纬纱重量（g/m）。

每米成品经纱重量可按式（2-81）计算：

$$G_{c1j} = \frac{(P_d \times N_{td} + P_b \times N_{tb}) \times W_d}{1000 \times A} = \frac{G_{c2j} \times W_d}{A_1} \tag{2-81}$$

式中：P_d 为布身经纱根数（根）；P_b 为布边经纱根数；N_{td} 为布身经纱线密度（tex）；N_{tb} 为布边经纱线密度（tex）；A 为总净长率（%）；A_1 为染整净长率（%）。

每米成品纬纱重量可按式（2-82）计算：

$$G_{c1w} = P_w \times W_1 \times N_{tw} \times W_d \times 10^{-4} = \frac{G_{c2w} \times W_d}{A_1} \tag{2-82}$$

式中：P_w 为成品纬密（根/10cm）；N_{tw} 为纬纱线密度（tex）。

（2）根据织物单位面积重量求成品的每米重量

$$G_{c1} = \frac{G_{cp1} \times W_1}{100} = \frac{G_{cp2} \times W_2 \times W_d}{100 \times A_1} \tag{2-83}$$

（3）根据织物匹重求成品的每米重量

$$G_{c1} = \frac{G_1}{L_1} \times 1000 = \frac{G_2 \times W_d}{L_2 \times A_1} \times 1000 \tag{2-84}$$

3. 成品织物单位面积的重量

成品织物单位面积的重量常用成品织物每平方米的重量克数来表示。

（1）根据织物的每米重量计算

$$G_{cp1} = \frac{G_{c1}}{W_1} \times 100 = \frac{G_{c2} \times W_d}{W_2 \times A_1 \times B_1} \times 100 \tag{2-85}$$

（2）根据织物匹重计算

$$G_{cp1} = \frac{G_1}{L_1 \times W_1} \times 100 = \frac{G_2 \times W_d}{L_2 \times A_1 \times W_2 \times B_1} \times 100 \tag{2-86}$$

（3）根据坯布平方米克重计算

$$G_{cp1} = \frac{G_{cp2} \times W_d}{A_1 \times B_1} \tag{2-87}$$

三、坯布的重量

坯布的重量包括坯布的匹重、坯布单位长度的重量、坯布单位面积的重量、坯布中经纱及纬纱的重量、无浆干燥重量等。

1. 坯布匹重

坯布匹重是指每匹坯布的重量，可以通过坯布的匹长、幅宽及坯布单位长度的重量、坯布单位面积的重量进行计算：

$$G_2 = \frac{L_2 \times G_{c2}}{1000} = \frac{L_2 \times W_2 \times G_{cp2}}{10^5} \tag{2-88}$$

坯布匹重还可根据成品的重量进行计算：

$$G_2 = \frac{G_1}{W_d} = \frac{G_1}{(1-w_d)} = \frac{G_{cp1} \times L_1 \times W_1}{10^5 \times W_d} = \frac{G_{c1} \times L_1}{10^3 \times W_d} \tag{2-89}$$

2. 坯布单位长度的重量

坯布单位长度的重量常用坯布每米的重量克数来表示。

（1）根据坯布每米经、纬纱的重量求坯布的每米重量

$$G_{c2} = G_{c2j} + G_{c2w} = G_{c1} \times \frac{A_1}{W_d} = \frac{(G_{c1j} + G_{c1w}) \times A_1}{W_d} \tag{2-90}$$

每米坯布经纱重量可按公式 2-91 计算：

$$G_{c2j} = \frac{P_d \times N_{td} + P_b \times N_{tb}}{1000 \times A_2} = \frac{G_{c1j} \times A_1}{W_d} \tag{2-91}$$

每米坯布纬纱重量可按式（2-92）计算：

$$G_{c2w} = P_w' \times W_2 \times N_{tw} \times 10^{-4} = P_w'' \times W_3 \times N_{tw} \times 10^{-4} \times B_2 = \frac{G_{c1w} \times A_1}{W_d} = \frac{G_{w2}}{L_2} \times 1000 \tag{2-92}$$

式中：P_w' 为坯布纬密（根/10cm）；P_w'' 为上机纬密（根/10cm）；G_{w2} 为每匹坯布内纬纱重量（kg）。

（2）根据织物单位面积重量求坯布的每米重量

$$G_{c2}=\frac{G_{cp2}\times W_2}{100}=\frac{G_{cp1}\times W_1\times A_1}{100\times W_d} \tag{2-93}$$

（3）根据织物匹重求坯布的每米重量

$$G_{c2}=\frac{G_2}{L_2}\times1000=\frac{G_1\times A_1}{L_1\times W_d}\times1000 \tag{2-94}$$

3. 坯布单位面积的重量

坯布单位面积的重量常用成品织物每平方米的重量克数来表示。

（1）根据织物的每米重量计算

$$G_{cp2}=\frac{G_{c2}}{W_2}\times100=\frac{G_{c1}\times A_1\times B_1}{W_1\times W_d}\times100 \tag{2-95}$$

（2）根据织物匹重计算

$$G_{cp2}=\frac{G_2}{L_2\times W_2}\times100=\frac{G_1\times A_1\times B_1}{L_1\times W_1\times W_d}\times100 \tag{2-96}$$

（3）根据成品织物面密度计算

$$G_{cp2}=\frac{G_{cp1}\times A_1\times B_1}{W_d} \tag{2-97}$$

4. 无浆干燥重量

织物的无浆干燥重量是指坯布在无浆干燥时的净重,常用每平方米无浆干燥织物的重量克数（G'）来表示,常用于棉型织物工艺设计。

$$G'=G_j'+G_w' \tag{2-98}$$

式中：G_j'为一平方米织物的经纱干燥重量（g）,计算方法见式（2-99）；G_w'为一平方米织物的纬纱干燥重量（g）,计算方法见式（2-100）。

$$G_j'=\frac{P_j'\times g_j\times(1-F_j)}{10\times(1-a_2)(1-S_{jz})} \tag{2-99}$$

$$G_w'=\frac{P_w'\times g_w}{10\times(1-b_2)} \tag{2-100}$$

式中：g_j、g_w分别为经、纬纱纺出标准干燥重量（g/100m）；F_j为经纱总飞花率（%）；S_{jz}为经纱在准备工艺中的总伸长率（%）。

说明：（1）经、纬纱纺出标准干燥重量：

$$g_{j(w)}=\frac{N_{tj(w)}}{10.85}（纯棉）=\frac{N_{tj(w)}}{10.32}（涤棉65/35） \tag{2-101}$$

计算时应精确至四位小数,再四舍五入为两位小数。

（2）股线的重量应按折合后的重量计算。

（3）经纱的总伸长率 S_{jz}

上浆单纱为1.2%；上水股线：$9.7\times2\text{tex}(60^s/2)$以下为0.3%,$9.7\times2\text{tex}(60^s/2)$以上为0.7%；涤/棉：单纱为1%,股线为0。

（4）经纱总飞花率 F_j

涤棉织物：高特纱 0.6％，中低特纱 0.3％；

纯棉织物：高特纱 1.2％，中特平纹织物 0.6％，中特斜纹、缎纹织物 0.9％，低特纱 0.8％，线织物 0.6％。

（5）一平方米经、纬纱干燥重量取两位小数，一平方米织物无浆干燥重量取一位小数。

第六章　总经根数及用纱量计算

总经根数和用纱量不属于织物规格的范畴，但这两个指标对织物的织造工艺有着重大的指导意义。

一、总经根数的计算

总经根数是指织物在全幅范围内的经纱总根数。总经根数一般根据经纱密度、幅宽、边纱根数来确定。

1. 根据织物幅宽及经密计算总经根数（P_z）

$$P_z = \frac{P_j \times W_1}{10} + P_b = \frac{P_j{}' \times W_2}{10} + P_b \tag{2-102}$$

式中：P_j、$P_j{}'$ 为成品织物、坯布的布身经密（根/10cm）；W_1、W_2 为成品织物、坯布织物的布身幅宽（cm）；P_b 为边经根数（根）。

2. 根据织物花型计算总经根数

$$P_z = 每花循环经纱数 \times 总花数 + 整花剩余经纱数 + P_b$$

或：　　$$P_z = 每花循环经纱数 \times 总花数 - 整花不足经纱数 + P_b \tag{2-103}$$

3. 根据所用筘齿数计算总经根数

$$P_z = n_d \times d_s + n_{di} \times d_b \tag{2-104}$$

式中：n_d 为布边占用筘齿数（齿）；n_{di} 为布边占用筘齿数（齿）。

二、用纱量计算

用纱量是一项技术与管理相结合的综合指标，对织造企业的生产成本有很大的影响。计算用纱量时，必须正确处理好用纱量与质量之间的关系，在保证产品质量的前提下，合理节约用纱。

织物用纱量的表示方法很多，千米长织物用纱量（kg/km）常用于毛型织物的生产和设计，百米长织物用纱量（kg/100m）常用于棉型织物的生产和设计，每米织物用纱量（g/m）常用于丝型织物的生产和设计。为了计算简便，本教材中全部采用 kg/km 来表示织物的用纱量。

千米长织物用纱量可按式（2-105）、（2-106）、（2-107）计算：

$$千米织物经纱用量(\mathrm{kg/km})=\frac{N_{\mathrm{tj}}\times P_z}{k_{\mathrm{j}}\times 10^3} \tag{2-105}$$

$$千米织物纬纱用量(\mathrm{kg/km})=\frac{N_{\mathrm{tw}}\times P_{\mathrm{w}}\times W}{k_{\mathrm{w}}\times 10^4} \tag{2-106}$$

$$千米织物总用纱量=千米织物经纱用量+千米织物纬纱用量 \tag{2-107}$$

式中：k_{j} 为经纱用量计算系数，见式(2-108)；k_{w} 为纬纱用量计算系数，见式(2-109)。

$$k_{\mathrm{j}}=\frac{(1+S_{\mathrm{jz}})(1-a_2)(1-经纱回丝率)}{(1+放长率)(1+损失率)} \tag{2-108}$$

$$k_{\mathrm{w}}=\frac{(1-b_2)(1-纬纱回丝率)}{(1+放长率)(1+损失率)} \tag{2-109}$$

式中：放长率为纱线自然回缩率，一般为 0.5%～0.7%；损失率一般为 0.05%；总伸长率 S_{jz} 与 $1\mathrm{m}^2$ 无浆干燥织物重量的计算相同。

部分纱线的伸长率见表 2-14；部分机织物的回丝率见表 2-15、2-16。

表 2-14　部分纱线的伸长率

纱线种类		单纱色纱	股线色纱	本白纱线	人造丝
伸长率(%)	经纱	0.6	0.6	股线 0	0
	纬纱	1.7	0.7	单纱 0.4	0

表 2-15　棉型织物回丝率

纱线线密度(tex)	经纱回丝率(%)	纬纱回丝率(%)	并线回丝率(%)
32 及 32×2 及以上	0.6	0.7	0.6
29 及 29×2 及以上色纱	0.5	0.6	0.6
用于花线内的人造丝	0.5	0.6	0.6
8.3～13.3 人造丝用于经纱嵌线	0.2	—	—
本色纱线	0.2	0.5	—

在企业生产中，常用用纱量计算系数进行计算，而用纱量计算系数通常根据企业的生产经验来确定。也有些企业采用 $1/k_{\mathrm{j}}$、$1/k_{\mathrm{w}}$ 的经验值来计算，其数值一般在 0.96～0.99 之间。

表 2-16　丝型织物常用回丝率(%)

原料类别		原　丝 (包括并丝)	色　丝 (包括并丝)	原丝加捻 (包括并丝)	色丝加捻 (包括并丝)
桑蚕丝	经丝	0.34	0.97	0.57	1.39
	纬丝	0.98	1.59	1.20	2.04
粘胶丝及 其他纤维	粘胶丝经 11.1tex 以下	0.63	1.23	0.72	1.52
	粘胶丝经 11.1tex 以上	0.56	1.02	0.65	1.46
	粘胶丝纬 11.1tex 以下	1.16	1.75	1.25	2.24
	粘胶丝纬 11.1tex 以上	1.20	1.64	1.29	2.18
	天然棉纤及粘纤纬纱	1.34	1.75	—	—
	金银铝皮经	0.90	—	—	—
	金银铝皮纬	1.75	—	—	—

通过式(2-105)、(2-106)、(2-107)可以计算织物的总用纱量。但在色织物及花式织物中，经纬纱的色彩及粗细可能不同，这时可以将式(2-105)、(2-106)进行相应的改动，就可以计算各种经纱及各种纬纱的用纱量。

$$千米织物\ x\ 类经纱用量(kg/km) = \frac{N_{tjx} \times P_x}{k_j \times 10^3} \tag{2-110}$$

$$千米织物\ y\ 类纬纱用量(kg/km) = \frac{N_{twy} \times P_{wy} \times W}{k_w \times 10^4} \tag{2-111}$$

式中：P_x 为整幅织物内 x 类经纱根数；P_{wy} 为 y 类纬纱的密度(根/10cm)。

由式(2-110)、(2-111)可以得出同匹织物中不同经纱或纬纱用量的关系式。

$$\frac{经纱\ A\ 用量}{经纱\ B\ 用量} = \frac{A\ 纱根数 \times N_{tA}}{B\ 纱根数 \times N_{tB}} \tag{2-112}$$

$$\frac{纬纱\ A\ 用量}{纬纱\ B\ 用量} = \frac{P_{wA} \times N_{tA}}{P_{wB} \times N_{tB}} \tag{2-113}$$

例14：某色织物中，黄色经纱根数为1500根，线密度为13tex，白色经纱根数为500根，线密度为13tex×2。已求得黄色经纱千米织物用量为30kg，求白色经纱的用量。

解：由式(2-112)得，

$$白色经纱用量 = \frac{白色纱线根数 \times N_{t白}}{黄色纱线根数 \times N_{t黄}} \times 黄色经纱用量 = \frac{500 \times 13 \times 2}{1500 \times 13} \times 30 = 20(kg/km)$$

例15：某色织物中，所有经纱细度完全一致，总经根数为5400根，白色经纱根数为900根。已求得千米织物经纱用量为90kg，求白色经纱的用量。

解：由式(2-112)得，

$$白色经纱用量 = \frac{白色纱线根数}{总经根数} \times 总经纱用量 = \frac{900}{5400} \times 90 = 15(kg/km)$$

式(2-112)、(2-113)在计算色纱或花式纱用量时比较简便，但由于不同纱线的性质有所不同，织缩率、伸长率、损耗率等会有差别，可能会造成 k_j 或 k_w 的不同。但这个差别并不太大，所以采用这两个公式所计算出的用纱量也可在生产实践中使用，但双经轴织造织物不能采用。

第七章　布边设计

布边的作用是增加边部强度，防止织物沿宽度方向过分收缩，保持织物平整，并起到一定的装饰美化作用。

织物的布边，要求外观平直整齐，组织简单，交织数与地组织相协调，以防止染整时卷边、紧边、松边等。布边组织应尽可能地与地组织一致，以减少用综数。

一、布边原料的选用

在设计时,边经原料应考虑织物的用途、织物的产品特性、布身及整个织物的后处理工艺,尤其要考虑到边经能承受住织造加工过程中的各种摩擦。

(1)单经单纬织物:在一般情况下,单经单纬织物的布边原料与布身经纱相同,这样可以减少准备工序,便于挡车工的操作。如果布身经纱的强力较低,也可采用相同细度且强力较高的其他原料来代替。若布身为两种不同原料,且一组捻度较高,另一组捻度较低。一般来说,应选用强力高且耐磨性好的捻度较高的纱线作边经。若布身是长丝与短纤纱按照一定比例排列与纬纱交织时,一般选用耐磨的长丝作边经。有时纱线比长丝稍粗些,为了使织物边部与布身有相同的厚薄和平整度,也可选用稍粗的混纺纱线作边经。

(2)重经织物:一般用布身经纱中经密较大或强力较好的一组纱线为边经。

(3)烂花织物:采用底板经作边经。

(4)高花、起绒织物:经起绒、经高花、袋织高花及挂经织物均采用地经作边经。

(5)高档织物:高档织物的边经可选用与布身不同色彩或不同细度、性能相近而染色性不同的其他原料。

(6)无捻上浆合纤织物:边经可采用加弱捻的同种规格原料,这样可提高布边的强力,有利于生产的正常运转。

边经原料的选择,除考虑织物本身效果外,同时要考虑准备及织造工序简便易行。

二、边密及边幅

布边密度设计不当会产生过稀或过密等问题。密度过稀,布边不仅太薄,外观不好看,而且易披裂,影响后道工序的进行;如果过密,不仅织物外观不平整、不美观,而且手感很硬,影响染色的吸色程度。布边密度应根据边经与布身经密的比值来确定。布边密度一般比布身略高。对于某些布身密度较大的织物,布边经密可与布身相同。

边幅是指织物布边的宽度,主要根据产品大类、生产工艺、品种价值及用途等确定。在满足要求的前提下,越经济越好。一般边幅为布身幅宽的 0.5%～1.5%。绒类织物为便于撑幅和割线,布边可稍宽一些。

三、布边组织

按照布边的构成要求,为了得到一个边部缩率与布身缩率基本一致的布边,除考虑原料外,还应注意布边组织的影响。

任何一种组织在其经纬交织过程中都要产生一定的织缩,且织缩与交织点的数量相关。因此,为了保持布边平挺、缜密,防止因布身与边部缩率不一致而产生的紧边、松边、断经等问题,应合理地选择满足上述要求的布边组织。

根据生产经验,简单组织织物的布边选择如表 2-17 所示。

表 2-17　简单组织织物的布边选择

织物品种	布边组织
平布	纬重平
府绸	无布边或与布身地组织相同
斜纹布	与布身相同

续表

织物品种	布边组织
缎纹织物	变化纬重平
哔叽、华达呢、卡其	平纹、$\frac{2}{2}$方平、$\frac{2}{1}$斜纹、$\frac{1}{2}$斜纹、$\frac{2}{2}$纬重平等

四、边字设计

为了表明产品的名称、原料含量及生产厂家，以达到宣传产品和维护产品信誉的目的，防止以假充真，许多织物都会加上边字。

边字分为有衬底和无衬底两种，一般有衬底的用于中厚织物，无衬底的用于轻薄型织物。

1. 边字高度

边字高度取决于起字经纱根数与穿筘数，起字经纱常用 10～13 根，厚重织物可用 15～20 根，要求字体粗壮、稳定；轻薄织物一般采用 7～8 根，字体细巧、精致。

$$字高(cm) = \frac{起字经纱实际占用筘齿数}{公制筘号} \times 10 \qquad (2\text{-}114)$$

2. 边字宽度

边字宽度取决于起字纬纱根数和成品纬密，还要注意成品纬密和字体高度与字体宽度的配合，应力求边字匀称大方。边字宽度按式(2-115)计算：

$$字宽(cm) = \frac{起字纬纱根数}{成品纬密} \times 10 \qquad (2\text{-}115)$$

3. 有衬底边字的设计

(1)绘出字型：即将边字或商标图案画在意匠纸上，根据每个字符的经纬纱根数来确定字体的大小。要求每个字符间隔一般为 2～3 根纬纱，字与字之间约空 1～2 个字符的格数，但间距不宜一样，字间隔距一般为 15～20cm。

(2)确定织字经纱：可选用 13.3tex×2(120d×2)的人造丝。

(3)确定天地头经纱数：人造丝除织字边而全部浮于上面外，不织字。

4. 无衬底边字的设计

(1)绘出字型：与有衬底边字设计相同。

(2)确定织字经纱。

(3)确定天地头经纱数：画上地组织，人造丝在织字处全部浮在上面。

第八章　素织物仿样设计

　　素织物一般指白坯织物及匹染织物,从花型组织来看,主要采用平纹、斜纹、缎纹及小提花组织。素织物的设计较简单,除设计规格外,工厂里通常还对部分工艺内容进行设计和计算。根据织物的使用要求、服用性能及风格特征,其设计内容主要包括以下几个方面:

　　确定经纬纱原料;确定织物匹长与幅宽;选择织物组织;确定经纬纱细度;确定经纬密;初步确定经纬纱缩率等有关技术项目。

一、素织物仿样设计的基本步聚

1. 原料的选择与确定

　　从布样分析结果来确定;根据产品标准规定来确定;按纱线的细度选择;按纱线的用途选择。

2. 纱线规格的确定

　　(1)称重法测定织物中纱线的细度

$$N_t = \frac{100G_k}{L} \tag{2-116}$$

式中:G_k 为纱线重量(mg);L 为纱线的长度(cm);N_t 为纱线线密度(tex)。

　　计算结果要进行适当调整,使纱线线密度与常用纱线的规格对应起来。

　　(2)根据产品标准规定确定。

　　(3)捻度与捻向按布样纱线实测或按织物的外观及风格特征设计。

3. 织造参数的设计与计算

　　(1)确定织物的幅宽。

　　(2)确定织物的匹长。

　　(3)织物组织:通过布样分析获得;根据产品风格进行设计;根据产品的种类要求确定。

　　(4)确定经纬纱织缩率。

　　(5)布边设计:一般棉织物边纱常采用 32×2=64 根或 24×2=48 根,也可根据布身宽度计算。

　　(6)确定总经根数:在计算过程中,一定要注意各参数的单位要统一。 如穿花筘,则布身每筘齿穿入数取平均值。

　　例 15:布身穿筘为 3 根 4 筘,5 根 2 筘,4 根 2 筘,2 根 2 筘,求其每筘平均穿入数。

$$平均每筘穿入数 = \frac{3×4+5×2+4×2+2×2}{4+2+2+2} = 3.4(根/筘)$$

　　(7)确定筘号:① 根据公式 2-41、2-42、2-43 或 2-44 计算筘号,并修正为标准筘号;②计算筘号与标准筘号相差 0.4 号内可不修正总经根数,只需修改筘幅或纬织缩率,筘幅相差 6mm 以内可以不修正。

(8)确定筘幅：根据式(2-39)计算筘幅，再利用式(2-37)，通过纬织缩率的调整进行修正。筘幅要求取两位小数。

(9)计算 1m² 织物无浆干燥重量。

(10)计算织物断裂强力：织物的断裂强力以 5cm×20cm 布条的断裂强力表示，可根据式(2-117)进行计算。

$$断裂强力(N) = \frac{D \times B \times P \times K \times N_t}{2 \times 1000 \times 1000} \times 9.8 \tag{2-117}$$

式中：D 为棉纱一等品品质指标，参见 GB398-77 的棉纱线技术指标规定；B 为由品质指标换算单纱断裂强力的系数(表 2-18)；P 为经(纬)密(根/10cm)；K 为纱线在织物中的强度利用系数(表 2-19)；N_t 为纱线线密度(tex)。

表 2-18　由品质指标换算单纱断裂强度的系数表

普梳棉纱	tex	25 及以下	21～30	30 及以上	
	英支	29 及以上	19～28	18 及以下	
	B	6.5	6.25	6.0	
精梳棉纱	tex	8 及以下	8～10	11～20	21 及以上
	英支	71 及以上	56～70	29～55	28 及以下
	B	6.3	6.2	6.1	6.0

表 2-19　纱线在织物中的强度利用系数表

织物组织		经向		纬向		
		紧度(%)	K	紧度(%)	K	
平布	高特纱	37～55	1.06～1.15	35～50	1.10～1.25	
	中特纱	37～55	1.01～1.10	35～50	1.05～1.20	
	低特纱	37～55	0.98～1.07	35～50	1.05～1.20	
纱府绸	中特纱	62～70	1.05～1.13	33～45	1.10～1.22	
	低特纱	62～75	1.13～1.26	33～45	1.10～1.22	
线府绸		62～70	1.00～1.08	33～45	1.07～1.19	
哔叽、斜纹	高特纱	55～75	1.06～1.26	40～60	1.00～1.25	
	中特及以上	55～75	1.01～1.21	40～60	1.00～1.20	
	线	55～75	0.96～1.12	40～60	高特纱	1.00～1.20
					中特及以上	0.96～1.16
华达呢、卡其	高特纱	80～90	1.07～1.37	40～60	1.04～1.24	
	中特及以上	80～90	1.20～1.30	40～60	0.96～1.16	
	线	90～110	1.13～1.30	40～60	高特纱	1.04～1.24
					中特及以上	0.96～1.16
直贡	纱	65～80	1.08～1.23	45～55	0.97～1.07	
	线	65～80	0.98～1.13	45～54	0.97～1.07	
横贡		44～52	1.02～1.10	70～77	1.18～1.27	

(11)计算织物紧度。

(12)织物用纱量计算。

(13)准备工艺参数设计与计算。

(14)上机工艺参数设计与计算。

二、棉白坯织物设计

例16:纯棉中平布技术要求与计算

规格:经纬密 236根/10cm×228根/10cm,经纬纱均为 28tex,幅宽 150cm,联匹布长 120^{+2}_{-1}m。经纱品质指标 2050,纬纱品质指标 1950。参考类似品种,经纱织缩率 7.5%,纬纱织缩率 7%。

解:1.确定总经根数

根据企业经验,边经根数为 24×2=48 根,布边采用 $\frac{2}{2}$ 纬重平组织。地经每筘 2 入,边经每筘 4 入。

$$总经根数=经密×幅宽+边纱根数×(1-\frac{布身每筘穿入数}{布边每筘穿入数})$$

$$=236×\frac{150}{10}+48×(1-\frac{2}{4})=3564(根)$$

2.确定筘号

$$公制筘号=\frac{坯布经密×(1-纬纱织缩率)}{平均每筘齿穿入数}=\frac{236×(1-7\%)}{2}=109.74^{\#},\quad 取 110^{\#}。$$

计算筘号与标准筘号相差小于 0.4,故不必修正总经根数。

3.确定筘幅

$$筘幅=\frac{总经根数-边纱根数×(1-\frac{布身每筘穿入数}{布边每筘穿入数})}{布身每筘穿入数×公制筘号}×10$$

$$=\frac{3564-48×(1-\frac{2}{4})}{2×110}×10=160.91(cm)$$

由筘幅 $=\frac{坯布幅宽}{1-纬纱织缩率}$ 得:$160.91=\frac{150}{1-纬纱织缩率}$

求得纬纱织缩率=6.8%,故纬纱织缩率取 6.8%。

4.1m² 织物无浆干重

28tex 棉纱的纺出标准干燥重量为:

$$\frac{纱线线密度}{10.85}=\frac{28}{10.85}=2.5806(g/100m)$$

$$1m² 织物的经纱干燥重量=\frac{P_j'×g_j×(1-F_j)}{10×(1-a_2)(1-S_{jz})}=\frac{236×2.5806×(1-0.6\%)}{10×(1-7.5\%)(1-1.2\%)}$$

$$=64.67(g/m²)$$

$$1m² 织物的纬纱干燥重量=\frac{纬密×纬纱纺出标准干燥重量}{(1-纬纱织缩率)×100}$$

$$=\frac{228×10×2.5806}{(1-6.8\%)×100}=63.13(g/m²)$$

1m² 织物无浆干燥重量=1m² 织物经纱干燥重量+1m² 织物纬纱干燥重量

$$=64.67+63.13=128.90(g/m²)$$

5. 织物断裂强力

查表 2-19 可得，$B=6.25$，$K_j=1.05$，$K_w=1.15$

$$经向断裂强力=\frac{2050\times6.25\times236\times1.05\times28}{2\times1000\times1000}\times9.8=435.6(N)$$

$$纬向断裂强力=\frac{1950\times6.25\times228\times1.15\times28}{2\times1000\times1000}\times9.8=438.4(N)$$

6. 紧度

28tex 纱线为中特纱，故 A 值取 0.040。

$$E_j=P_j\times A\sqrt{N_{tj}}=236\times0.04\sqrt{28}=50(\%)$$

$$E_w=P_w\times A\sqrt{N_{tw}}=228\times0.04\sqrt{28}=48(\%)$$

$$E_z=E_j+E_w-E_j\times E_w=50\%+48\%-50\%\times48\%=74(\%)$$

7. 百米织物用纱量

查表可知，经纱放长率为 0.5%，损失率为 0.05%，经纱总伸长率为 1.2%，回丝率为 0.263%；纬纱放长率为 0.5%，损失率为 0.05%，回丝率为 0.647%。

$$k_j=\frac{(1+放长率)(1+损失率)}{(1+经纱总伸长率)(1-经纱织缩率)(1-经纱回丝率)}$$

$$=\frac{(1+0.5\%)(1+0.05\%)}{(1+1.2\%)(1-7.5\%)(1-0.263\%)}=1.0770$$

$$百米织物经纱用量=\frac{100\times N_{tj}\times总经根数}{1000\times1000}\times k_j$$

$$=\frac{100\times28\times3564}{1000\times1000}\times1.0770=10.748(kg/100m)$$

$$k_w=\frac{(1+放长率)(1+损失率)}{(1-纬纱织缩率)(1-纬纱回丝率)}=\frac{(1+0.5\%)(1+0.05\%)}{(1-6.8\%)(1-0.647\%)}=1.0859$$

$$百米织物纬纱用量=\frac{100\times N_{tw}\times10\times P_w\times幅宽}{1000\times1000}\times k_w$$

$$=\frac{100\times28\times228\times1.5}{1000\times1000}\times1.0859=10.399(kg/100m)$$

$$总用纱量=经纱用量+纬纱用量=10.748+10.399=21.147(kg/100m)$$

8. 准备工艺略

9. 上机工艺略

三、毛匹染织物设计

例 17：某纯毛海军呢，成品每米重量 700g，要求成品质地较紧密，幅宽 143cm，试设计上机规格。

解：1. 查《毛织物设计》手册

可知原料选用 100%二级改良毛，经、纬纱均为 10 公支，捻度均为 46 捻/10cm，捻向均为 Z 捻，织物组织为 $\frac{2}{2}$ 斜纹。

2. 确定上机充实率

要求质地较紧密，故呢坯要求适中偏紧。查表 2-12，选定上机密度充实率为：经向 85%，纬向 80%。

3. 呢坯上机最大密度

$$P_k = 41\sqrt{10} \times 1.31 = 169.85(根/10cm)$$

$$上机经密: P_j = 85\% \times 169.85 = 144(根/10cm)$$

$$上机纬密: P_w = 80\% \times 169.85 = 136(根/10cm)$$

4. 穿筘: 每筘 4 入

$$筘号 = P_j/4 = 144/4 = 36^{\#}$$

5. 查表 2-4

织造净长率 94%, 上机筘幅 188cm, 下机幅宽 179cm, 染整净缩率 92%。

6. 总经根数 $= 188 \times 144/10 = 2708$(根)

布边采用 $\frac{2}{2}$ 纬重平, 每边 $16 \times 2 = 32$ 根, 包含在总经根数内。

7. 成品经密 $= 2708/14.3 = 189.4$(根/10cm)

8. 总净宽率 $= 143/188 = 76(\%)$

9. 呢坯每米经纱重量 $= 2708 \times (1000/10)/(10^3 \times 94\%) = 288(g/m)$

10. 织造净宽率 $= 179/188 = 95(\%)$

11. 染整净宽率 $= 76\%/95\% = 80(\%)$

12. 呢坯纬密 $= 136/95\% = 143.2$(根/10cm)

13. 呢坯每米纬纱重量 $= 143.2 \times 179 \times 1000/(10 \times 10^4) = 256(g/m)$

14. 呢坯每米重量 $= 288 + 256 = 544(g/m)$

15. 染整净长率 $= 544 \times 92\%/700 = 71.5(\%)$

16. 成品纬密 $= 136/71.5\% = 190.2$(根/10cm)

17. 总净长率 $= 94\% \times 71.5\% = 67.2(\%)$

四、简单组织平素丝织物设计

丝型织物的幅宽有内幅和外幅之分, 外销产品的幅宽通常指内幅, 内销产品则通常指外幅。内外幅之间的关系为:

$$外幅 = 内幅 + 边幅 \times 2 \tag{2-118}$$

其中, 边幅指丝型织物每条布边的宽度。

例 18: 电力纺真丝织物设计: 织物经纬丝均采用 $(2.2 \sim 2.5\text{tex}) \times 2(2/20/22d)$ 的桑蚕丝, 成品匹长 46m, 外幅 115cm, 内幅为 114cm, 经纬密为 50 根/cm × 45 根/cm, 边经密为 144 根/cm。

解: 查表 2-7、2-8 可得, 染整长缩率为 1.2%; 织造长缩率为 8%; 染整幅缩率为 1.8%; 织造幅缩率为 3%; 捻缩率为 0; 泡缩率为 2.2%; 不浆丝; 练减率为 20%; 损丝率: 经丝为 0.34%, 纬丝为 0.98%; 下机长缩率为 8%。

1. 长度计算

(1) 坯绸匹长 $= \dfrac{成品匹长}{1-染整长缩率} = \dfrac{46}{1-1.2\%} = 46.56(m)$

(2) 整经匹长 $= \dfrac{坯绸匹长}{1-织造长缩率} = \dfrac{46.56}{1-8\%} = 50.61(m)$

2. 幅宽计算

(1)坯绸内幅 $=\dfrac{\text{成品内幅}}{1-\text{染整幅缩率}}=\dfrac{114}{1-1.8\%}=116.09(\text{cm})$

(2)坯绸外幅 $=\dfrac{\text{成品外幅}}{1-\text{染整幅缩率}}=\dfrac{115}{1-1.8\%}=117.10(\text{cm})$

(3)钢筘内幅 $=\dfrac{\text{坯绸内幅}}{1-\text{织造幅缩率}}=\dfrac{116.09}{1-3\%}=119.68(\text{cm})$

(4)钢筘外幅 $=\dfrac{\text{坯绸外幅}}{1-\text{织造幅缩率}}=\dfrac{117.1}{1-3\%}=120.72(\text{cm})$

3. 密度计算

(1)坯绸经密＝成品经密×(1－染整幅缩率)＝50×(1－1.8%)＝49.1(根/cm)

(2)坯绸纬密＝成品纬密×(1－染整长缩率)＝45×(1－1.2%)＝44.46(根/cm)

(3)上机经密＝坯绸经密×(1－织造幅缩率)＝49.1×(1－3%)＝47.63(根/cm)

(4)上机纬密＝坯绸纬密×(1－织造长缩率)＝44.46×(1－8%)＝40.9(根/cm)

4. 组织

布身为平纹，边组织为 $\dfrac{2}{2}$ 方平。

5. 经丝数计算

初定内经丝数＝成品经密×成品内幅＝50×114＝5700(根)

因是平纹组织，此数值正好是偶数，故可不修正。

边经丝数＝成品边幅×成品边密×2 $=\dfrac{115-114}{2}\times144\times2=144(\text{根})$

6. 确定筘号及穿入数

平纹组织可采用 2 人。

筘号 $=\dfrac{\text{内经丝数}}{\text{钢筘内幅}\times\text{每筘穿入数}}=\dfrac{5700}{119.68\times2}=23.8(\text{羽/cm})$，　取 24(羽/cm)。

调整内经丝数＝选定筘号×每筘穿入数×钢筘内幅

　　　　＝24×2×119.68＝5744(根)

总经丝数＝5744＋144＝5888(根)

7. 重量估算

(1)每米坯绸经丝重量 $=\dfrac{\text{总经丝数}\times\text{经丝细度}\times(1-\text{浆伸率})}{10^4\times(1-\text{织缩率})\times(1-\text{捻缩率})\times(1-\text{泡缩率})}$

　　　　　　$=\dfrac{5888\times23.3\times2}{10^4\times(1-8\%)\times(1-0)\times(1-2.2\%)}=30.49(\text{g/m})$

(2)每米坯绸纬丝重量 $=\dfrac{\text{坯绸纬密}\times\text{筘外幅}\times\text{纬丝细度}}{10\times(1-\text{捻缩率})\times(1-\text{泡缩率})}$

　　　　　　$=\dfrac{44.46\times120.72\times23.3\times2}{10^4\times(1-0)\times(1-20\%)}=25.57(\text{g/m})$

(3)每米坯绸重＝每米坯绸经丝重＋每米坯绸纬丝重＝30.49＋25.57＝56.06(g/m)

(4)每平方米坯绸重 $=\dfrac{\text{每米坯绸重}\times100}{\text{坯绸外幅}}=\dfrac{56.06\times100}{117.1}=47.87(\text{g/m}^2)$

(5)每米成品绸重 $=\dfrac{\text{每米坯绸重}\times(1-\text{练减率})}{\text{染整长缩率}}=\dfrac{56.06\times(1-20\%)}{1-1.2\%}=45.39(\text{g/m})$

(6)每匹成品绸重$=\dfrac{每米成品绸重\times成品匹长}{1000}=\dfrac{45.39\times46}{1000}=2.09(\text{kg})$

(7)每平方米成品绸重$=\dfrac{每米成品绸重\times100}{成品外幅}=\dfrac{45.39\times100}{115}=40(\text{g/m}^2)$

8. 每米坯绸原料用量计算

$$某原料用量=\dfrac{每米坯绸该原料重}{1-损失率} \qquad (2\text{-}119)$$

每米坯绸经丝用量$=\dfrac{30.49}{1-0.34\%}=30.59(\text{g/m})$

每米坯绸纬丝用量$=\dfrac{25.57}{1-0.98\%}=25.82(\text{g/m})$

每米坯绸总用丝量$=30.59+25.82=56.41(\text{g/m})$

练 习

1. 已知某色织缎条精梳府绸的成品匹长为43.4m,纬密为262根/10cm,查表计算该织物的整经长度及上机纬密。

2. 已知某色织缎条精梳府绸的成品幅宽为91.3cm,经密为465根/10cm,查表计算该织物的上机幅宽及上机经密。

3. 已知粗花呢为$\frac{2}{2}$斜纹,经、纬纱均为8公支,经纬上机密度为:117根/10cm×113根/10cm。今用12公支毛纱、平纹组织织成与上述紧密度相同的织物,求其经、纬上机密度。

4. 某顺毛大衣呢,产品原用$\frac{2}{2}$斜纹制织,经纬纱均为12公支。上机经纬密为158根/10cm×182根/10cm,现改为$\frac{5}{2}$纬面缎制织,纱线细度不变,织物紧密程度不变,求其上机经纬密度。

5. 某华达呢品种用50/2公支毛纱制织,$\frac{2}{2}$斜纹组织,试求其最大上机密度。若上机经密为420根/10cm,试求其上机纬密。

6. 某凡立丁面密度为187g/m²,规格为53/2公支×53/2公支×243根/10cm×204根/10cm,现将成品面密度改为176g/m²,要求织物风格不变。试求该织物的纱支和上机密度。

7. 某纯棉纱哔叽,测得成品织物的面密度为245g/m²,查表求该织物坯布的平方米重量。

8. 某花式女式呢,经织物分析可知,成品织物面密度为280g/m²,查表求该织物坯布的平方米重量。

9. 某色织物中,经纱采用三种颜色,分别是蓝、白、红,纱线细度相同,各色经纱按3:2:1排列,且全幅织物的色纱循环为整数。若已求得织物千米用纱量是126kg/km,分别求出各色纱的千米用纱量。

10. 某色织方格织物，纬纱采用黄、紫、浅绿三种颜色的纱线，纱线线密度分别为 13tex×2、33.3tex/72f、26tex，色纬的排列为黄 10、紫 8、浅绿 12，已知黄色纬纱的用量为 21kg/km，试求紫色和浅绿色纬纱的千米用纱量。

11. 设计一纱府绸坯布，规格：经纬纱均为 29tex 纯棉纱，经纬密 362 根/10cm×196.5 根/10cm，坯布幅宽 150cm，三联匹，布长 120^{+3}_{-2} m，经纱织缩率 7.6%，纬纱织缩率 7.2%（不计算断裂强力）。

项目 三

原料和纱线设计

主要内容：

　　主要介绍了机织物设计中原料选择及混纺纤维搭配的原理和方法，描述了纱线结构设计及生产的基本方法。通过原料及纱线对机织物风格及性能的影响，分析了机织物设计时原料与纱线设计的注意事项。

具体章节：

- 原料的选用
- 混料设计
- 纱线细度设计
- 纱线的捻度及捻向设计
- 纱线的结构设计

重点内容：

　　混纺织物的原料设计。

难点内容：

　　纱线的结构设计。

学习目标：

- 知识目标：掌握机织物原料设计的内容及设计方法，理解纱线规格及结构在机织物设计中的重要性，并学会根据成品织物的纤维组分计算原料配比的方法以及纱线规格及结构设计的具体方法。

- 技能目标：能够根据成品织物的纤维成分准确设计纤维混料配比，根据织物风格选择适当的原料及纱线结构与规格。

根据对纱线不同的质量需求,成纱的过程就是将各种不同性能、不同产地、不同包装且含有一定杂质和疵点的纤维,经过一系列的加工,纺制成粗细均匀、洁净并具有一定细度、一定物理机械性能的纱线。纱线的成纱过程主要包括原料的初步加工、原料的选配与混合、纤维的开松与除杂、纤维的梳理、须条的并合与牵伸、纱线的加捻与卷绕成形等工艺过程,所有的这些工艺过程都是《纺纱工艺学》的内容。这些工艺过程对纱线质量、纱线结构、纱线中的原料组分、纱线的外观风格、纱线的规格等有着直接的影响,而且与织造生产工艺、织物染整工艺的设计有着直接的关系。因此,机织产品设计人员有必要了解部分工艺过程,熟悉纺纱工艺对纱线的影响因素及影响的效果。

织物的基本原料是纤维,纤维制成的纱线则是织物的基本结构单元。纱线设计的内容很丰富,包括纱线原料的选择与混合、成纱工艺条件的设计、纱线结构的设计、纱线条干均匀度的设计、纱线的外观设计、纱线的规格设计等方面。

第一章　原料的选用

纺纱的原料是纤维,可供纺织用的纤维种类很多。不同原料所生产的织物具有不同的风格特点,其使用性能也不同。在同种纤维的织物生产过程中,为了使纱线的结构均匀、降低生产成本等,往往将不同等级、不同批次的同种纤维原料混合使用,而实际生活中,混纺、交织织物的使用也占了较大的比例。因此,原料的选择与配比的制定在织物设计过程中非常重要。

一、原料选配的目的

原料选配就是在纺纱之前对不同品种、等级、性能和价格的纤维原料进行选择,并按一定比例搭配组成混合原料,以满足最终产品的要求。纤维的主要性质,如细度、长度、强度、含杂、色泽等,随着纤维的品种、产地、生产条件、加工方法等的不同而有较大差异,而某些产品的性质却要求长期稳定,基本不变。因此,合理选择多种原料搭配使用,充分发挥每种原料各自的特点,取长补短,以达到提高产品质量、稳定生产、降低成本的目的。

1. 保持生产和成纱质量的相对稳定

为了保持生产和成纱质量的相对稳定,首先要求原料的综合性质长期稳定。如果只用单一品种的原料,由于数量有限,连续生产的时间不可能很长,势必导致频繁地更换原料,造成生产过程和纱线质量的波动。如果采用多种原料搭配使用,即按各批原料的不同特点配合使用,则可扩大混合料的数量,较长时期内保持混合料的性质稳定,从而使生产过程和纱线质量、织物质量保持长期的稳定。

2. 合理使用原料

不同用途的纱线和不同的纺纱工艺,对纤维性能要求不同。各种原料性质千差万别,好的原料并非一切都好,差的原料也不会是一切性能都差。要充分发挥各种原料的特点,合理使用。为此,应根据原料的性能和成品对原料的要求,按适当比例搭配,取长补短,充分利用各种原料的长处,满足不同成品的不同要求。例如在纯毛织物中,常混入比例不高于5%的锦纶,不仅可以提高纱线的强度,还可提高织物的耐磨性。

3. 节约原料与降低成本

一般织物的原料成本往往占纱线成本的65%~80%,若在纺纱过程中混入少量的低级原料,纱线成本会显著下降。因此,在保证纱线质量的前提下,尽可能使用价格较低的原料。如在纤维较短的混合棉中,混入少量纤维较长、价格较低的低级棉,不仅不会降低纱线质量,反而会使纱线强力提高;在粗纺毛织物的缩绒产品中,混入少量长度较短的精梳下脚毛,不仅不会影响织物的质量,反而能改善呢面的风格。在混料中,使用少量下脚料,对节约原料、降低成本有利。随着化纤工业的日益发展,各种化学纤维品种和规格越来越多,在混料时加入一定量的化学纤维,不但可以降低成本,还可提高织物的质量、风格或手感,增加织物的花色。

二、选配的原则

1. 根据织物的特征和品质要求选用原料

在选配原料前,要充分了解纱线及其最终生产的织物的风格特征、品质要求及其与原料性能的关系。例如细特纱,由于纱线横截面内包含的纤维根数少,纤维细度对纱线的条干均匀度影响很大,杂质也容易暴露在外面,因此所用的纤维应当细、长、含杂少;而粗特纱对原料的要求则可低一些。又如在生产浅色织物时对原料的要求也较高,要保证在染色时不出现染色不匀及条花等疵点。机织用纱中对经纱和纬纱的要求不同,经纱在织造时要反复承受张力和摩擦,而纬纱只在投纬时经受张力,故经纱的强力要求比纬纱高,表面的毛羽要少,故对织造时不经过浆纱的经纱,要选用纤维长度长、强力较高、整齐度和弹性均较好、色泽均匀的纤维。对纬面织物,纬纱多浮于织物表面,故宜选用外观好、疵点少、色泽好的纤维为原料。混纺纱在选择混纺的纤维时,应选用与主体纤维性能接近的纤维。

2. 原料的加工性能和生产稳定性

选择原料应考虑能否保证生产的正常进行。每种纤维原料都具有不同的纺纱性能,对于某种特定的纺纱工艺,不同的纤维能够纺制出的最细纱支是不同的。在当时的技术设备条件下,用某种原料所能纺出的最细纱支称为品质支数,即纤维的品质支数越高,纱线的纺纱性能越好,越容易纺出高质量的高支纱。

一般说来,纱线细度与纤维细度存在着如式(3-1)所示的关系。

$$N_y = \frac{N_f}{n} \tag{3-1}$$

式中:N_f 为纤维支数;N_y 为纱线支数;n 为纱线截面中纤维的根数。

而纤维支数与纤维的直径又存在如下关系:

$$d = \frac{1128}{\sqrt{\gamma \times N_{mf}}} \tag{3-2}$$

式中:d 为纤维直径(μm);γ 为纤维密度(g/cm^3),几种常用纤维的密度如表 3-1 所示;N_{mf} 为纤维可纺公制支数。

表 3-1　纤维密度表

纤维种类	棉	羊毛	脱胶丝	苎麻	粘胶	醋纤	涤纶	腈纶	锦纶
密度(g/cm^3)	1.50	1.32	1.25	1.51	1.52	1.32	1.38	1.17	1.14

由式(3-1)及(3-2)可以得出经验式(3-3)：

$$N_{my} = \frac{1273384}{n \times \gamma \times d^2} \tag{3-3}$$

为了保证纱线具有足够的强度和良好的纺纱性能,在纱线断面中的纤维根数应该有所保障。根据式(3-3)可以看出,纤维越细,纤维的支数就越高,所纺出的最高纱支就越高。

例 1：两种羊毛纤维,其主体直径分别为 $20\mu m$ 和 $25\mu m$,根据纺纱设备条件,纱线截面内的纤维根数均不能少于 30 根,求两种羊毛所能纺出的最高毛纱支数,并比较纤维主体直径与所纺最细纱线支数之间的关系。

解：根据式(3-3)可知：

$$N_{my1} = \frac{1273384}{30 \times 1.32 \times 20^2} = 80.4(公支)$$

$$N_{my2} = \frac{1273384}{30 \times 1.32 \times 25^2} = 51.5(公支)$$

从计算结果可知,纤维的主体直径越小,所能纺出的最细纺纱支数越高。

混纺时,混合原料的可纺细度是建立在各单一原料的可纺细度基础上的,其可纺细度计算如式(3-4)、(3-5)：

$$N = N_1 a_1 + N_2 a_2 + \cdots + N_n a_n \tag{3-4}$$

$$N_t = \frac{1}{\dfrac{1}{N_{t1}} a_1 + \dfrac{1}{N_{t2}} a_2 + \cdots + \dfrac{1}{N_{tn}} a_n} \tag{3-5}$$

式中：$N_1, N_2, \cdots, N_n$ 为各单一原料的可纺纱线支数；$a_1, a_2, \cdots, a_n$ 为各单一原料的混用比例；$N_{t1}, N_{t2}, \cdots, N_{tn}$ 为各单一原料的可纺纱线线密度(tex)。

例 2：某企业采用棉、涤纶、粘胶混纺纺纱,混纺比例为 50/35/15,已知该批棉纤维、涤纶、粘胶的可纺支数分别为 80^s、100^s、120^s,求混纺纱的可纺支数。

解：将数据代入式(3-4)可得,

混纺纱可纺支数 = $80 \times 0.5 + 100 \times 0.35 + 120 \times 0.15 = 93^s$

根据计算所得的最高细度,在实际纺纱时往往会有一定的难度,必须留有一定的余地。实纺细度与计算纺纱细度之差与计算纺纱细度的百分比称作纺纱能力贮存值,其表达式为：

$$纺纱能力贮存值 = \frac{N_{ts} - N_{tz}}{N_{ts}} \times 100\% \tag{3-6}$$

式中：N_{ts} 为实纺线密度(tex)；N_{tz} 为理论纺纱线密度(tex)；

混纺时,各混料成分的纤维在长度、细度等方面的差异不能过大,否则会造成加工困难,而且纱线条干的均匀度难以保证。

3. 降低生产成本

原料价格对生产的经济效益影响很大。可纺支数与成纱率是衡量纤维纺纱性能的一个方面,但不是绝对的。有时为了使织物布面光洁,需要采用更细的纤维生产线密度较大的纱线。而有些中低档或下脚原料的纺纱性能虽不太好,却有着经济效益好的优点。因此,在纺纱过程中,应尽量选用廉价的原料。

例如,在生产纬起毛单面织物时,由于起毛部分仅限于纬纱,经纱在织物的正面反映不出来,这样,纬纱就可以选择较好的原料,而经纱则可选低档原料形成的纱线或以廉价化纤为原料的纱线,但不能影响织造及染整加工。

天然纤维具有优良的纺织及服用性能,深受消费者的喜爱。但天然纤维的产品是有限的,全球天然纤维的总产量远远不能满足消费的需要。随着化纤工业的发展,许多性能优良的化学纤维被开发出来,这些纤维的价格较天然纤维低,但在性能及舒适性方面与天然纤维的差异并不大,因此可以选用部分化学纤维与天然纤维混纺,使织物在降低生产成本的同时还能保持天然纤维产品的风格特征及使用性能。

在实践生产中,常常在原料中适当掺入下脚料、回花、回丝、再生棉、再生毛等,只要适当控制使用比例,就可以在不影响产品质量的前提下,节约原料,降低生产成本。

同时,要降低原料成本,还要降低各生产工序中原料的损耗,即提高原料的制成率,这需要在工艺设计及生产管理方面更加科学、规范。

第二章 混料设计

原料是产品质量的基础,但并不是用高档原料就一定能做出好产品,而是要针对产品的风格特征选用合适的纤维原料。原料的细度对产品质量的影响虽然很大,但产品设计人员不能片面追求细度,而要全面综合地考虑原料的各种特性(如原料的细度、白度、含杂率、弹性、柔软度等)。

一般认为天然纤维的纯纺产品比混纺产品好,其实天然纤维的纯纺织物也需要多种纤维的混合,以发挥天然纤维的优良性能,取长补短,以达到确保成品质量、降低成本的目的。有时,为了保证某些固定品种织物能够长期持续地大批量生产且产品质量稳定不变,常采用多唛混合法。

利用化学纤维特别是合成纤维与天然纤维混纺,可使组分间取长补短,提高纺织品的使用性能。混纺纱的性质取决于各纤维组分的性质及其混纺比。

随着时代的发展,化纤混纺产品越来越为人们所接受,交织产品也越来越受到关注。织物设计者如果能够根据产品的品种特性和使用要求,适当掌握有关原料、染化料、工艺过程条件以及加工设备等各方面的基础技术知识,加以科学地综合运用,就能够提高产品质量并使产品适销对路。

一、各种纤维在成纱断面内的径向分布

纤维径向分布的概念是由纤维的混合应用引出的。纤维在纱线断面内的径向分布与纤维性质和加工工艺有关。在混料时,有的纤维易分布在内层,有的易分布在外层。如果较多的细而柔软的纤维分布在纱线的外层,则所织成的织物手感必然柔软;如果较多的粗而刚性大的纤维分布在纱线的外层,则所织成的织物手感必定粗硬;如耐磨性能好的纤维分布在纱的表层,织物必定耐用性能好,等等。为了充分发挥混纺产品中各种纤维的优良特性,对纤维在纱线的内层或外层的径向分布问题,在产品设计时应充分考虑,使纺纱过程中纤维的径向分布按需要进行。

纤维在纺纱过程中一般会受到张力和加捻的外力作用,这时纤维会发生从内层到外层或从外层到内层的转移,正是这种转移造成了不同纤维在纱线截面中的分布不均匀。

通过理论分析和实践检验,纤维的性状及加工工艺条件对纤维在成纱断面内的径向分布有着较大的影响。

1. 加工工艺条件的影响

当纤维的转移主要来自张力作用时,纤维沿成纱径向较多地按纺纱时其本身的初始位置分布;当加捻对纤维的转移起主要作用时,纺纱机罗拉输出纤维条的上层纤维较多地位于成纱的芯层。当纱的捻度和纺纱张力较大时,纤维容易发生内外转移。

2. 纤维性状的影响

(1)纤维长度:长纤维易向纱芯转移,这是因为长纤维容易同时被前罗拉和加捻三角区下端的成纱处握持,在纺纱张力作用下受到的力大,向心压力也大。短纤维则不易同时被两端握持,在纺纱张力作用下受到的力小,向心压力也小,所以不易向内转移而分布在纱的外层。

(2)纤维线密度:细纤维抗弯刚度小,容易弯曲,在向心压力作用下易向内转移而分布在纱的内层;粗纤维则相反,易分布在纱的外层。

(3)纤维截面形状:异形截面纤维抗弯刚度大,不易弯曲,在向心压力作用下不易向内转移而分布在纱的外层。圆形截面纤维则相反,易向内转移而分布在纱的外层。

(4)纤维小负荷下的伸长:在同样伸长情况下,小负荷下伸长大的纤维要比小负荷下伸长小的纤维所受的张力小,向心压力也小,不易转移而分布在纱的外层。

(5)纤维卷曲和表面状态:纤维的卷曲和表面状态会影响纤维间的转移阻力,因此,摩擦系数大的纤维不易向内转移而分布在纱的外层。

理论分析和实践证明,纱线中纤维在径向分布的规律大致是:

(1)在线密度和长度不同时,粗而短的纤维趋向于分布在外层,细而长的纤维则趋向于分布在内层;

(2)在线密度和长度相同时,密度小的纤维趋向于分布在外层,密度大的则趋向于分布在内层;

(3)在线密度和长度相同时,初始模量小的纤维趋向于分布在外层,模量大的则趋向于分布在内层;

(4)在线密度、长度、初始模量三个主要影响因素中,长度和线密度的影响最为显著,初始模量的影响较小;

(5)凡能增加纤维间摩擦、抱合力的纤维,会较多地分布在纱的外层。

在混纺纱中主动地运用纤维在纱中径向分布的规律,可以得到较理想的产品性能和经济效益。例如:涤棉混纺时选用较棉粗短些的涤纶,能使涤纶分布在纱的外层,制成的织物耐磨性较好,手感滑爽、挺括;锦纶混纺织物中选用较粗短的锦纶,可使锦纶分布在纱的外层,充分发挥锦纶耐磨性优良的特点，使织物耐磨；毛/粘混纺纱中选用比羊毛纤维细而长的粘胶纤维，既有利于成纱条干和强力，又因为羊毛分布在纱的外层而使织物更富有毛型感。

二、与天然纤维混纺时化纤规格的选择

天然纤维与化学纤维的混纺织物，一般希望在织物的外表保持天然纤维的特性，而化学纤维主要用于增强织物强力、耐用性等性能。

1. 化纤细度的选择

根据混纺纱各种纤维在纱线截面中的径向分布规律，在不采用特殊纺纱工艺的条件下，一般细的纤维分布在纱的内层，粗的纤维分布在纱的外层。为了保持织物的天然纤维外部特征，应使化学纤维尽量分布在纱的内层。因此，在化纤与天然纤维混纺时，化纤应较天然纤维细。纤维越细，在同线密度纱中横截面上的根数越多，纱的不匀率越小，强力越高；而且，较细的纤维可纺的纱线支数较高。

但是，如果化学纤维过细，与天然纤维的细度差异太大，则会造成混料的细度不匀率增大，在纺纱时易造成纤维断裂，形成大量毛羽，反而降低成纱的质量。因此，化学纤维细度的选择应与天然纤维的主体细度相适应，即比天然纤维的主体细度略细一些。如果天然纤维本身的细度不匀率较大，纤维的细度值分布范围较大，则可以考虑采用多档细度的化学纤维进行混纺。

2. 化纤长度的选择

根据混纺纱各种纤维在纱线截面中的径向分布规律，在不采用特殊纺纱工艺的条件下，一般长的纤维分布在纱的内层，短的纤维分布在纱的外层。要使天然纤维更多地分布在纱线的外层，则混纺的化学纤维的长度应比天然纤维的主体长度略长一些。如果天然纤维本身的长度不匀率较大，纤维的长度值分布范围较大，则可以考虑采用多档长度的化学纤维进行混纺。

另外，化纤长度和细度的选择与化纤的种类有关，因为不同纤维的刚度、收缩性能等是不同的，如涤纶、锦纶的刚度较大、弹性较好，而粘胶、腈纶等纤维比较柔软。因此，在对混纺化纤的长度和细度的选择上要综合考虑织物的用途、风格特点、性能、纤维的性能、与之混纺的天然纤维的特点等，使各种纤维在织物中能够扬长避短，在提高织物品质的同时还能有效地控制生产成本。

3. 混纺比的选择

与天然纤维混纺的化学纤维的含量，对生产的工艺过程和产品的质量有很大的影响。某些化纤即使含量很少，也能使制品的物理性质、化学性质及手感风格等产生很大的变化，而有些化纤在混料中含量很多时才能起作用。例如，在毛织物生产中，混入比例不超过10％的锦纶对织物的风格特点不会产生明显的影响，但纱线的强度却得到很大的提高，毛织物的强力和耐磨性都能够得到显著改善；但如果锦纶的比例超过15％，就会影响织物的毛型感。因此，各种纤维在混料中的比例应该适当。

混纺比的选择还应考虑到织物的用途及风格。一般外衣织物要求挺括，在选择混纺比时，刚度较大的化纤的含量应高一些；而内衣织物更注重服用舒适性，就应该减少化纤的比例，以突出天然纤维舒适性的特点；装饰织物如沙发布、靠垫等要求织物具有较好的耐磨性，应该增大混纺纱中涤纶、锦纶等耐磨性好的纤维比例。

三、混纺时各原料含量与成品中各原料含量的关系

由于在纺纱、织造及染整过程中，纤维会因各种原因产生损耗，而且不同纤维的损耗是不同的，如抱合性好的纤维损耗小，而抱合性较差的纤维损耗大；短纤维的损耗比长纤维的损耗大，强度低的纤维损耗比强度高的纤维损耗大。因此，在生产过程中，各种原料的制成率不同，从而导致混纺时各原料含量与成品织物中各种原料的含量不相等。

混纺时各原料含量与成品织物中各原料含量的关系可以通过式（3-7）、（3-8）进行计算。

$$P = \frac{\sum P_i a_i}{100} \tag{3-7}$$

$$E_i = \frac{P_i a_i}{P} = \frac{P_i a_i}{\sum P_i a_i} \tag{3-8}$$

式中：P_i 为各种原料的制成率（%）；P 为总制成率（%）；E_i 为成品中各种原料的含量（%）；a_i 为混纺时各原料的含量（%）。

例3：某粗纺毛织物采用羊毛、涤纶、锦纶混纺生产，原料配比为 5∶3∶2，羊毛、涤纶、锦纶的制成率分别是 95%、98%、97%，求总制成率及成品中各原料的含量。

解：各种原料在混合料中的含量分别为：

$$a_毛 = \frac{5}{5+3+2} \times 100\% = 50（\%）$$

$$a_涤 = \frac{3}{5+3+2} \times 100\% = 30（\%）$$

$$a_锦 = \frac{2}{5+3+2} \times 100\% = 20（\%）$$

则总制成率 $P = \dfrac{50 \times 95 + 30 \times 98 + 20 \times 97}{100} = 96.3（\%）$

根据式（3-8）可计算成品中各原料的含量：

$$E_毛 = \frac{50 \times 95}{96.3} = 49.3（\%）$$

$$E_涤 = \frac{30 \times 98}{96.3} = 30.5（\%）$$

$$E_锦 = \frac{20 \times 97}{96.3} = 20.2（\%）$$

从结果可以看出，由于羊毛的制成率较低而涤纶、锦纶的制成率较高，使得成品织物中，羊毛所占的比例下降了，而涤纶、锦纶的比例有所提高。

但在实践生产中，混纺产品中各成分的含量往往是根据成品样布分析得来的，然后通过各成分纤维在生产过程中的制成率求出混料时的原料配比。

例4：某来样加工产品，经分析发现，织物由棉、涤纶、粘胶三种纤维混纺织制，成品中各原料含量分别为：棉 40%、粘胶 40%、涤纶 20%。试求各纤维在配棉时的组成。

解：根据工厂生产经验，棉、粘胶、涤纶的制成率分别是 90%、95%、98%。

已知 $E_棉 = 40\%$，$E_粘 = 40\%$，$E_涤 = 20\%$，$P_棉 = 90\%$，$P_粘 = 95\%$，$P_涤 = 98\%$

将数据代入式（3-7）、（3-8）可得：

$$a_{棉}＋a_{粘}＋a_{涤}＝100 \tag{1}$$

$$40＝\frac{90a_{棉}}{P} \tag{2}$$

$$40＝\frac{95a_{粘}}{P} \tag{3}$$

$$20＝\frac{98a_{涤}}{P} \tag{4}$$

联立式(1)、(2)、(3)、(4)解方程组可得：

$$a_{棉}＝41.1\%；a_{粘}＝39.1；a_{涤}＝18.8；P＝92.9\%$$

即在配棉时,棉、粘胶、涤纶的配比为 41.1∶39.1∶18.8。

四、涤棉混纺的原料选配

1. 可纺支数

棉纱的可纺支数一般由棉纤维的细度和长度决定,对涤棉正比例混纺纱来说,涤纶为主体原料,其长度、细度对可纺支数和成纱品质起着重要作用。和中级棉混纺时,涤纶纤维长度、细度和可纺支数之间的关系可用如下经验公式表示：

$$N_e＝\frac{2l}{d} \tag{3-9}$$

式中：N_e 为可纺的涤棉纱支数(英支)；l 为涤纶纤维长度(mm)；d 为涤纶纤维细度(旦)。

图 3-1 表示涤棉纱可纺支数和涤纶长度、细度的关系。图中,a 为纱条截面中的纤维根数。涤棉混纺纱截面中纤维根数的适当范围是 $50＜a＜80$,故 $a＝50$、$a＝80$ 分别为可纺界限。

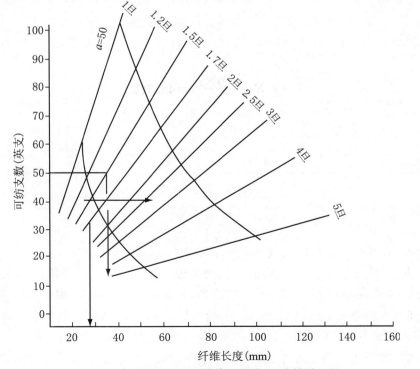

图 3-1　涤棉纱可纺支数与涤纶长度、细度的关系图

图 3-1 说明：(1)细度相同，纤维长度长，所纺支数高；(2)纤维长度相同，细度愈细，所纺支数愈高；(3)当涤纶纤维为 1.5 旦×38mm 时，$N_e = 57^s$；(4)纺 40^s 涤棉纱采用 1.5 旦，则长度最低 30mm；(5)纺 40^s 涤棉纱采用 2.5 旦，则纱条截面根数超出可纺界限，故不宜采用。

涤纶纤维长度和细度的选择，一般遵循 $L/D \approx 1$ 的原则，式中，L 为纤维的长度，用英寸表示；D 为纤维的细度，用旦表示。

随着织物风格的要求不同，对 L/D 数值，可予以适当调整。生产细薄织物，为了提高可纺能力，改善布面条干，并使布身手感柔软，可以取 $L/D > 1$，即选用细长的纤维；而生产外衣织物，要求富有毛型感，经久耐穿，可以取 $L/D < 1$，即选用较粗的纤维。

2. 强伸性能

在纤维的各种机械性能中，强伸性能是最重要的。低强高伸型与高强低伸型涤纶纤维质量对比见表 3-2。

表 3-2　低强高伸型与高强低伸型涤纶纤维质量对比

项　　目	线密度 （dtex）	强度 （N/tex）	断裂伸长率 （%）	初始模量 （N/tex）	熔点 （℃）	屈服功 （cN×m×10^{-2}）
低强高伸型	1.74	0.42	40.7	2.88	252	0.23
高强低伸型	1.64	0.54	28.9	4.26	256	0.10

在涤棉混纺纱中，棉纤维的断裂伸长率约 10%，低强高伸型涤纶纤维在伸长率为 8%～10% 时的抗张能力低于棉。那么混纺纱在外力作用下，虽然涤、棉两种纤维同时承受负荷，产生变形，但棉纤维的应力大于涤纶纤维，外力主要由棉承担，因而纱线强力低。高强低伸型涤纶在伸长率为 8%～10% 时的抗张能力高于棉，混纺纱在外力作用下，涤纶纤维的应力大于棉纤维，外力主要由涤纶纤维承担，因而纱线强力较高。

表 3-3 表示了两种配棉成分的成纱质量对比。表 3-4 为两种配棉成分纺纱织成坯布的质量对比。

表 3-3　两种配棉成分的成纱质量对比

项　　目	线密度 （dtex）	单强 （N/tex）	断裂伸长率 （%）	断裂功 （cN×m×10^{-2}）	细纱品质指标
低强高伸型	132.4	0.14	17.2	394	2050～2080
高强低伸型	130.2	0.20	10.3	296	2850～2900

表 3-4　两种配棉成分纺纱织成坯布的质量对比

项　　目		断裂强力（N）	断裂伸长率（%）	断裂功（N·m）	曲磨次数
低强 高伸型	经向	426.7	35.3	16.09	6140
	纬向	414.5	31.3	13.41	6653
高强 低伸型	经向	473.3	23.2	7.80	5295
	纬向	496.9	19.6	8.53	5915

高强低伸型涤纶与棉混纺时，断头少，单产高，有利于生产，但混纺纱上色差，织物易折裂，起毛起球现象严重，断裂功小，织物不耐磨，手感不够柔软。

低强高伸型涤纶与棉混纺时，断头多，产量低，其织物染色鲜艳，手感滑爽，织物断裂功大,耐磨性好,不易起毛起球。

为了兼顾纺织生产和织物服用性能,比较理想的是运用中强中伸型涤纶,其强度为44.1～52.9cN/tex,断裂伸长率为30%～40%。涤纶纤维一般选1.5旦,相当于6000公支,而棉纤维一般为6000公支,两种纤维线密度相近,可提高可纺性。涤纶纤维长度一般为38mm,过短会使成纱强力下降,织物易起毛起球;过长,则涤棉差异过大,不便加工。细绒棉的纤维长度以31mm为主,常用纱支有45ˢ、40ˢ、32ˢ。

3. 热收缩性能

将涤纶纤维置于沸水中一定时间后,纤维会发生一定的收缩。收缩长度与原始长度之比用百分率表示,称为纤维的沸水收缩率。涤纶纤维因产地不同,型号不同,即使同一规格的涤纶,其热收缩率差异也很大,见表3-5。

表 3-5　几种涤纶的热收缩率

原料批号	仓　敷	东　料	金山石化	罗马尼亚
沸水收缩率(%)	1.57	2.0	0.36	2.31

从上表可看出,热收缩率小的只有0.36%,而大的却高达2.31%,如果将这两种纤维纺出的纱交替地织在同一匹布上,那就必然会产生折皱。因此,选配涤纶时一定要选择热收缩率接近的品种。

4. 卷曲特性

涤纶纤维要经过卷曲处理,目的在于增加纤维抱合,改善纱线性能,增加织物表面丰满度,提高服用性能。涤纶纤维的卷曲性能可以用卷曲数表示,一般为12～15 个/2.54cm。

卷曲数过少,纤维间抱合力小,容易造成粘卷、梳棉棉网下坠,堵塞圈条斜管,缠皮辊皮圈,纱条毛羽严重,成纱强力低,条干差;卷曲数过多,纤维间的抱合力不再有明显的增加,而纤维本身强力显著下降,造成成纱强力下降,纤维间容易纠缠扭结形成疵点,加重梳理负担,导致牵伸困难等等。

5. 棉纤维的选配

与涤纶混纺的棉纤维可以是长绒棉也可以是细绒棉。长绒棉的特点是:长度长、线密度细,强度高,但断裂伸长率低,为8%～9%(细绒棉的断裂伸长率为9%～10%)。因此,用长绒棉与涤纶混纺,有强力高、毛茸少、条干匀、光泽好等优点。但断裂功略低于细绒棉混纺纱,而且在纺纱过程中,长绒棉易缠绕皮辊和罗拉而造成纱疵多。一般为了降低成本,在纺中、高支纱时,采用细绒棉。对细绒棉的要求是:等级以1级为主,部分混用2级;长度以31mm为主,部分混用29mm;纤维支数以(6000±500)英支为宜;成熟系数在1.5以上,短绒率在10%以下。在纺特高支纱及品质要求很高的产品时,宜采用长绒棉。

6. 混纺比选择

在混纺纱中,涤纶纤维所起的作用是增加强度、抗皱性、耐磨耐晒、耐化学品腐蚀、易洗快干和尺寸稳定。棉纤维所起的作用是增加吸湿性、透气性、可染性、降低静电产生、减少起毛起球。

研究表明随着涤棉混纺纱中涤纶含量的增加,织物的折皱恢复性与耐磨性都有显著改善,而织物的静电效应,当涤纶含量达一定程度后将急剧增加,使纺纱和织造困难,而且衣服穿着时产生摩擦带电,易于沾污,影响穿着舒适与美观。

综上所述，涤棉混纺比选用 T65/C35 较为合适。目前常用的混纺比有 T45/C55、T50/C50、T35/C65。但一般情况下，涤纶纤维含量不宜低于 35%。

五、维棉混纺的原料选配

维纶织物具有结实耐穿、吸湿、保暖和生产成本较低的优点，但缩水率较大，不够挺括。所以，维棉产品的发展方向应是对产品强度、耐磨、吸湿、保暖等性能要求较高，而对挺括和尺寸稳定性要求较低的产品。

1. 混纺比例的设计

棉/维混纺织物，由于它同时具有维纶的高强度、高耐磨的优点和天然棉纤维透气性、吸湿性好的优点，因此，目前此类产品还多用于服装和床上用品。作为此类用途的产品，国内外普遍采用的混纺比例有两种，一种是棉 50%、维纶 50%，另一种是棉 66.7%、维纶 33.3%。如织物以强力要求为主，则选用维纶的比例高些，如对强力要求不高，可以根据经济合理的原则，选用维纶 33.3%、棉 66.7% 的混纺比例。

实践表明，无论是突出维纶风格、改善布面条干，还是减少外观疵点等方面，特别从平磨指标看，均以采用维 50%、棉 50% 的混纺比例较恰当。所以，目前国内的棉维混纺产品大都采用 50：50 的混纺比进行生产。如要充分利用维纶优越的耐磨性能，提高强力，可采用维纶 50%～80% 的比例。

2. 维纶纯纺与混纺的适纺线密度

由于维纶的比重比棉纤维轻 20% 左右，同样线密度的维纶纤维直径要比棉纤维粗。维纶表面平直，没有天然卷曲，纤维表面的抱合力没有棉纤维好，当纱条截面中纤维根数少时（即纺细线密度纱时），就表现为纱条强力低。例如，1.54dtex×35mm（1.4 旦×35mm）的维纶纯纺时，中线密度纱的品质指标比纯棉纱高 10%～20%；纺更细的纱时，品质指标则和纯棉纱接近。

在使用中等长度的原棉和非精梳的条件下，纺制 14.7tex 以上的纱对成纱强力有利，纺 14.7tex 以下的纱最好采用捻线或较细的维纶纤维。

六、中长混纺织物的原料选配

中长混纺织物常为涤粘中长织物和涤腈中长织物，选择合适的化纤原料才能制成优良的产品。

1. 纤维长度、细度选择

（1）纤维长度、细度与织物"丰弹"风格的关系：某厂用不同长度、细度的纤维纺同线密度纱线，采用同样的织造工艺和染整工艺，结果表明采用 65mm×3 旦的涤粘织物回复角很大，手感弹性好，这说明较长较粗的中长纤维生产的织物手感弹性好。因此宜选用长、粗的纤维，见表 3-6。

表 3-6　常用中长纤维长度、线密度表

混纺比	涤 65/粘 35	涤 65/粘 35	涤 65/粘 35
纱　支	$28^s/2×28^s/2$	$28^s/2×28^s/2$	$28^s/2×28^s/2$
纤维长度(mm)	65	51	51
纤维线密度(dtex)	3.33	3.33	2.78

另外,用无光和半光的纤维生产的产品外观仿毛感较有光纤维产品理想,所以尽可能搭配使用。

(2)纤维长度、细度选择:根据经验,长度和细度的选择基本上可遵循 $L/D \approx 1$ 的原则。中长纤维织物主要用于加工外衣,手感丰满,原料的选配可取 $L/D < 1$,即选比较粗的纤维;若为了突出挺爽,手感需偏软,则原料的选配可取 $L/D \approx 1$。

(3)纤维的强伸性与成纱强力:采用强伸性接近的中长纤维混纺,成纱中纤维强度利用率高,可使成纱强力相应提高。

例如:涤纶常取中强中伸型,强度 44.1～52.9cN/tex,断裂伸长率 35％左右;粘胶纤维断裂伸长率在 25％左右。这两种纤维混纺,断裂时的伸长差异不大,对成纱强力有利。

几种中长化纤的强度和断裂伸长率见表 3-7。

表 3-7　几种中长化纤的强度和断裂伸长率

		涤　纶		锦　纶	腈　纶	粘　胶
		高强低伸型	普通型			
强度	干态	52.9～61.7	42.3～52.0	37.9～61.7	24.7～39.7	17.6～26.5
(cN/tex)	湿态	52.9～61.7	42.3～52.0	33.5～52.9	22.0～35.3	10.6～15.9
断裂伸长率	干态	18～20	30～45	25～55	25～50	16～22
(％)	湿态	18～28	30～45	27～58	25～60	21～29

2. 混纺比选择

中长化纤产品为了充分发挥各种纤维的特点,均采用两种或三种纤维混纺。合理地选择混纺比例,不但可以提高纱线质量,改善织物风格和提高服用性能,而且还可达到降低成本的目的。现就涤粘混纺和涤腈混纺两个主要品种来说明混纺比的选择。

(1)涤粘混纺:当涤纶混纺比例低于 50％时,单纱强力很低,比粘胶纯纺还要差;当涤纶比例增加到 60％时,单纱强力有显著上升,并随涤纶比例的增加而逐步提高,如表 3-8。

表 3-8　不同涤纶比例时涤/粘混纺纱的强力

涤纶的比例(％)	0	35	45	55	65	75	100
干　强(cN)	253.3	223.6	228.2	250.0	260.6	304.8	407.2
湿　强(cN)	167.1	194.8	216.8	238.1	273.5	318.6	461.6

注:涤纶与粘纤均为 3.33dtex×70mm,纺纱细度为 30 英支。

实验表明:粘胶比例达 30％时,基本上不影响织物形态的稳定性,但超过 50％时,织物的稳定性恶化。在一般气候条件下(常温 21℃、相对湿度 85％左右),粘胶纤维的比例增加到 50％左右时,对织物性能的影响较小,但在高温高湿时(24℃、相对湿度 90％),影响较显著。

综上所述,随涤纶含量增加,收缩率减少,而折皱回复性提高,但织物穿着舒适性变差。既要求外观美观,又要求有较好的吸湿透气性时,涤粘混纺比以涤 70％、粘 30％较为理想。但是当前很多厂由于考虑到织物的成本和成品销售价格等经济性因素,比较普遍地选择了涤纶 65％和粘胶 35％的混纺比。

(2)涤腈混纺:有企业试验发现,采用 3 旦×65mm 中长涤纶和中长腈纶在相同的纺纱和织造工艺条件下,以不同的混纺比纺纱、织布,再进行质量试验和分析,发现织物的随着腈纶含量的增加而变厚;织物的强力、伸长率、断裂功、耐磨等物理指标随着腈纶含量的增多而下降,特别当腈纶含量超过60%后,下降更明显。

七、羊毛混纺产品的原料选配

羊毛混纺可归纳为羊毛与天然棉的混纺及羊毛与化纤(涤、粘、腈等)的混纺,混纺比也应根据产品的要求确定。

1. 精纺毛混纺织物

由于羊毛较粗,在纺制供精梳毛织物用的纱时,其混纺比就不宜过高。毛/涤精纺纱的常用比例是羊毛45%、涤纶55%。如能采用高收缩涤纶或圆中空涤纶与羊毛混纺,则效果更好。前者有着同羊毛卷曲度相仿的特性;后者吸湿性能较接近羊毛。一般来说,毛的混合比不宜高,毛含量高时织物毛型感较强,但强力及条干均匀度都受到影响,导致操作不便和织物外观较差。常见的毛/涤精纺毛织物产品及混纺比见表3-9。

表 3-9　毛/涤精纺毛织物产品规格及混纺比

产品	规　格(公支×根/10cm)	混　纺　比(%)
毛涤华达呢	50/2×50/2×415×210	毛 45/涤 55
毛涤凡立丁	50/2×50/2×237×200	毛 45/涤 55
毛涤派力司	50/2×40×238×220	毛 45/涤 55
毛涤啥味呢	50/2×40×310×278 50/2×50/2×310×252	毛 45/涤 55
毛涤哔叽	42/2×42/2×298×229	毛 45/涤 55
毛涤海力蒙	50/2×50/2×320×240	毛 45/涤 55
毛涤啥味呢	50/2×50/2×310×250	毛 45/涤 55
毛涤平纹呢	25/2×25×315×236	毛 45/涤 55
毛涤马裤呢	32/2×16×417×135	毛 45/涤 55
粗纺呢绒	16/2×16/2×175×134	毛 45/涤 55
毛涤人字呢	50/2×50/2×320×240	毛 45/涤 55

2. 粗纺毛混纺织物

(1)毛/粘混纺:生产实践证明,毛粗纺产品的粘胶含量在30%以下时,对毛型感影响不大;如粘胶含量超过50%,则织物的毛型感开始受到影响;当粘胶含量超过70%后,对织物的毛型感影响严重。因此,一般粘胶的比例控制在30%～35%之间,以不超过50%为宜。由于粘胶纤维收缩性差、易折皱,故重缩绒产品中的混合量应少一些,而不缩绒或轻缩绒产品中可混用30%以上的粘胶,有的产品甚至可混用达50%以上。

(2)毛/锦混纺织物:毛/锦混纺产品以掺用锦纶7%～10%为宜,此时的大肚纱和毛粒纱最少;当锦纶超过20%时,织物缺乏弹性,并产生毛球而使外观显著恶化,且织物不耐熨烫。如果混料中加入锦纶50%时,锦纶的优良特性非但不能按比例增长,反而由于羊毛与锦纶的延伸性差别较大,使混料加工过程的正常进行受到破坏,织物的抗拉伸变形能力降低,织物的抗折皱性和外观都较差,而且透气性严重下降。

(3)毛/涤混纺织物:毛/涤混纺粗纺产品含有10%～15%涤纶时,由于涤纶的强度和弹性都较好,细度和长度比较一致,其延伸性与细羊毛接近,所以纺纱过程顺利,成纱的强度也得到提高,织物的收缩率下降,但织物的折皱性和耐磨等性质没有显著提高。欲使织物折皱回复率显著提高,涤纶的含量需要提高到 45% 以上。因此,花呢产品常采用毛45/涤 55 的混纺比例,使织物具有挺括不皱、结实耐穿、易洗快干的特点。

(4)毛/腈混纺织物:毛/腈混纺粗纺织物利用腈纶纤维质轻、蓬松、保暖和染色鲜艳等优点而织制。随着腈纶含量的提高,织物的强力和伸长率略有提高,撕破强力则无明显变化,折皱回复率则随腈纶混纺比的增大而下降。腈纶有正规腈纶(收缩率为 3%～6%)、中收缩腈纶(收缩率为 15%～25%)和高收缩腈纶(收缩率为 25%～30%)之分,如果选用高收缩腈纶 30%、正规腈纶 40% 与 30% 羊毛混纺,可使织物呢面更为丰满,手感更为厚实,并具有良好的覆盖性和保暖性。毛/腈混纺织物的收缩率和膨松度取决于高收缩纤维的混用量,当高收缩腈纶含量在 20% 以上时,织物收缩率明显增大;当其含量增加到 40% 左右时,织物收缩率达到最大;再增大高收缩腈纶的含量,织物的收缩率不再有显著变化,但织物的膨松度会随之下降。

(5)毛/棉混纺织物:棉与毛混纺中,羊毛含量为 20%～60% 的混合料,可在棉纺设备上纺出 20～30tex 的粗梳纱。如果羊毛混合比增加,则成纱强度和伸长率下降,均匀度也差。为了提高成纱均匀度,往往是增加棉的混合比。

八、丝织产品的原料选配

1. 纯织产品的原料选配

(1)真丝绸产品:桑蚕丝是丝织生产的优质原料,它具有柔和悦目的光泽,细洁光滑又柔软,外观轻盈,经加捻后弹性增加,有明显的绉缩效应,常用于设计衬衣、裙料、外套、礼服和装饰用绸。桑蚕丝中的土丝、双宫丝线密度不匀,有明显的疙瘩效应,宜设计粗犷类的仿麻织物。柞蚕丝宜设计中厚型品种或粗犷风格的高级织物。

设计真丝绸时应注意:经纬密应趋于平衡;经纬密应注意织物脱胶后的减率。

(2)人造丝绸设计:粘胶人造丝分有光、无光(又称消光)和半光三种。由于粘胶纤维的湿强低,因此人造丝常用于设计一些不常洗涤的产品,如被面、夹里、壁挂、像景等。有光人造丝常用于起花,其花纹明亮、突出;无光人造丝常用于设计像景、壁挂,显得端庄稳重。

(3)合纤绸设计:锦纶由于强力、耐磨、回缩性均较好,因此常用于设计服用面料的里料、伞绸、高花织物的背衬等。涤纶则由于强力、模量高,常用于设计各类服用、装饰及产业用织物。

2. 交织产品的原料选配

(1)经纬丝的搭配应合理,即应将性质相仿、身价相当的原料配合,如人造丝与真丝、人造丝与人造棉等。

(2)原料搭配应扬长避短。如为解决合成纤维的透气透湿性能和人造丝强力不足、易折皱的问题,将涤纶长丝与人造丝交织,提高织物的服用性能。又如真丝价格较高,选择低价的原料交织可降低产品成本。

(3)原料搭配应考虑生产工艺。合成纤维需要高温高压染色定形,而真丝在高温高压下易脆化,降低织物的牢度,故真丝不易与合成纤维交织成白坯织物,但可以考虑采用色织工艺。

(4)原料搭配应考虑艺术效果。如烂花绸需要两种原料的耐药品性相差较大,才宜烂花;用缩率较强的原料作高花织物的背衬,则花纹更能高耸于织物的表面;利用原料的条干差异,可设计隐条或隐格织物。

总之,合理地搭配丝织原料,注意功能性、审美性和价格的合理性。

九、异形纤维混纺的选配

随着人民生活水平的不断提高,对穿着服用性能提出了新的要求。普通化学纤维织物存在透气性差、吸湿性差、穿着闷热、有金属光泽、仿毛织物缺少毛型感等缺点。用异形纤维加工仿毛中长产品是改善织物内在性能的一条途径,关键是必须选用合适的纤维品种(截面形状、线密度、长度)、混纺比、纺纱工艺和织物设计。

1. 各种异形纤维性能

(1)圆中空纤维:圆中空纤维具有比重轻、刚度大、膨松性好、保暖性好、吸湿性好等特点,用它加工的中长产品,手感厚实丰满、弹性好。但是圆中空纤维比相同线密度的圆形实心纤维粗,体积大,刚性大,因此纤维间抱合力差,纺纱困难,成纱时容易暴露在纱的外围,影响织物的耐磨性和染色鲜艳度。

(2)三叶形纤维:有柔和的光泽,三角形截面的纤维具有小棱镜一样的分光作用,可使天然光分光后,再度组合而给人以特种感觉,好似天然丝。当它与其他纤维混纺时,纤维之间抱合力好,织物染色鲜艳度好,但是手感比较粗糙。

(3)五叶形纤维:仿麻感强,适宜纺夏令织物,抗弯刚度较好,强度大于圆中空纤维,表面积大,吸湿能力亦较大。

单独使用圆中空纤维或三叶形纤维与粘胶纤维混纺加工中长产品,不能有效地改善织物的内在性能。为了获得较好风格和性能的异形纤维仿毛中长产品,选用几种不同截面的异形纤维混纺,相互取长补短,是十分必要的。

2. 异形纤维规格

如果圆中空纤维与三叶形混纺,应选择圆中空的长度比三叶形长,细度要细,这样可使圆中空纤维趋于纱的中心部位作骨架,避免因刚度大、体积大而暴露在纱表面影响耐磨性。

表 3-10 常用异形纤维规格表

纤维种类	规格	强度(cN/tex)	断裂伸长率(%)	中空度(%)
圆中空纤维	2.78dtex×65mm	>39.7	32~44	7~12
三叶形纤维	3.33dtex×51mm	>39.7	25~38	30~45

注:中空度小于7%效果不明显,大于12%影响耐磨。

3. 混纺比

单纯的圆中空涤/粘混纺,可纺性较差。如选用具有柔和光泽、染色性好且耐磨的三叶形纤维,可获得较好的纺织效果和仿毛纱线结构。上述两种纱对原料的细度和长度作出了必要的配置,既考虑不等线密度、不等长的原则,力求仿毛真实,又确定主体,作为工艺设计的依据,使产品中某些纤维的特性优势得到发挥。圆中空涤纶纤维选取 2.78dtex×65mm,三叶形涤纶纤维选取 3.33dtex×53mm,从而以圆中空涤纶作为工艺主体,三叶形涤纶纤维跑向纱线的外围。粘胶纤维也用较细长的规格:2.22dtex×65mm,目的是确保混配比中主体长度达三分之二以上的原则。

中空涤纶细度和长度的选取遵循 $L/D \approx 1$ 的原则。

表 3-11　几种异形纤维的常用混纺比

纺纱公制支数	原　料	规格(dtex×mm)	混纺比(%)
32	涤纶圆中空纤维	2.78×65	38.5
	涤纶三叶形纤维	3.33×51	24
	粘胶纤维	2.22×65	35
	粘胶纤维	3.33×65	2.5
45	涤纶圆中空纤维	2.78×65	32
	涤纶三叶形纤维	3.33×51	30
	粘胶纤维	2.22×65	38

十、兔毛混纺产品的原料选配

兔毛为珍贵纺织原料之一。我国兔毛产量约占世界兔毛产量的 90%，且大部分以原料出口，仅小部分用毛纺设备加工成产品，成纱较粗，品种有限，且由于毛纺设备不足，远远不能满足国内外市场的需要。因此，利用棉纺设备进行兔毛混纺工艺及产品的研究，以充分利用现有设备，提高可纺支数，扩大品种范围，增加兔毛产品的新领域。

1. 兔毛的性能

兔毛密度小，粗毛密度仅 0.96g/cm³，细毛为 1.11g/cm³。由于兔毛中的气孔组织含有许多空气，显得松散，因而保暖性好，胜过羊毛和棉纤维。其吸湿性高于羊毛，含油率仅 0.7% 左右，低于洗涤后的羊毛，故可不经洗涤直接使用。其细毛细度在 1.2~1.8dtex 左右，约占纤维总量的 80%~85%，质细软且有浅波弯曲；粗毛细度为细毛的 4~5 倍，约占总量的 10%~15%，质刚硬挺直。

兔毛的缺点是单强低，细毛单强仅 1.96cN 左右，粗毛约为细毛的 2~3 倍。长度差异也大，其最长纤维可达 100mm 以上，而最短的在 10mm 以下，整齐度较差。兔毛比电阻大，摩擦时很容易产生静电。兔毛的摩擦系数较小，其逆向摩擦系数小于羊毛，而大于腈纶和棉，顺向摩擦系数却明显小于各种纤维。

兔毛的耐酸碱性与羊毛基本相同，在一定浓度的强酸中损伤不大。兔毛染色后光泽漂亮，适用酸性染料，但阳离子染料不易上染，因而与腈纶混纺后染色，织物呈双色。

2. 兔毛混纺产品特点

由于兔毛纤维长度长，强力低，如在棉型设备上加工，设备改造的工作量较大，且纤维损伤严重，因此，通常考虑在棉纺中长设备上加工。中长设备可纺 38~65mm 纤维，甚至 30mm 左右的纤维。除了生产兔/羊毛产品时需对设备作一定改造外，生产兔/腈产品基本上可直接投入生产。

(1)兔毛与羊毛混纺：纯羊毛织物中混入少量兔毛，可进一步提高织物的手感柔软性，使织物表面产生带银霜般的光泽，且因兔毛与羊毛吸色性不同，可染出别具风格的双色效应。可纺支数较广，兔毛/羊毛混纺时，一般可纺 25~62.5tex(40~16 公支)的纱。

(2)兔毛与腈纶混纺：兔毛与腈纶混纺在棉纺中长设备上加工时，可纺性优于兔毛与羊毛混纺，纺纱质量也比兔毛/羊毛混纺纱更符合后加工要求。纺 31.25tex(32 公支)、兔毛/腈比例为 20/80 的膨体纱，做股线更为适宜。兔毛/腈膨体纱的织物柔软，富有毛感。如能适当增加高收缩纤维的比例，可加强对兔毛纤维的卷曲缠绕，使其不易滑脱，有利于保护兔毛，减少脱落，并改善织物风格。兔毛/腈混纺的纺纱细度范围为 20~31.25tex(50~32 公支)。

兔毛混纺纱的最大弱点是容易落毛,这是由于兔毛细,单强低及摩擦系数小等原因以及加工过程中机械及化学损伤的影响。通过工艺和管理等方面的改进,落毛现象将会得到改善。目前已有的产品为兔毛衫、外衣、围巾、帽子、手套和开士米半针织绒线,市场反映良好。

3. 原料的选配

兔毛与羊毛、腈纶混纺时,要考虑混纺原料的长度和线密度,如选配不当,则可能造成最终产品的落毛加剧。同时还须兼顾产品的成本核算,考虑经过各工序加工后纤维的整齐度变化。例如:用二级兔毛与 65mm 中长腈纶混纺时,纤维整齐度为 70% 左右;而改用38mm 腈纶混纺时,整齐度上升到近 90%,而且经各工序后的长度变化也不大,这是因为二级兔毛的有效长度与 38mm 腈纶较接近,从而增强了可纺性。若将二级兔毛与 2.22dtex×51mm 腈纶混合,则更趋于合理。

兔毛/腈混纺时,腈纶的规格有 3.33dtex×65mm、2.22dtex×51mm、1.67dtex×38mm。兔毛采用二级或三级。兔毛与羊毛混纺时,通常以特级兔毛与羊毛混纺,这样,不论在长度或线密度上差异都相对小些。

表 3-12 兔毛原料品质

项 目	最长长度 (mm)	有效长度 (mm)	平均长度 (mm)	整齐度 (%)	短绒率(%)		断裂伸 长率(%)	单纤强力 (cN)	线密度 (dtex)
					25mm 以下	20mm 以下			
特级	109.5	66.5	53.1	73.3	3.5	1.7	38.9	2.71	1.78
二级	78.5	47.5	33.0	70.5	15.8	10.2	33.1	2.63	1.42
三级	79.5	41.0	27.8	65.8	32.7	17.5	30.3	1.56	1.26

兔毛/羊毛混纺时,兔毛比例一般为 40%～50%,其余部分为羊毛或混入少量(不超过10%)2dtex×38mm 腈纶,以提高成纱强力。兔毛混纺比调节范围较大,一般用 20% 左右。

兔毛/腈混纺时,一般采用正规腈纶 40/高缩腈纶 40/兔毛 20 的混纺比,使织物具有一定兔毛风格,又利于正常纺纱,同时,原料成本也不致偏高。也有兔毛/腈混纺比 60/40,二级兔毛与 1.67dtex×38mm 腈纶混纺生产 27.78tex(36 公支)薄针织内衣用纱,但兔毛易脱落。

十一、苎麻混纺产品的原料配比

苎麻混纺产品及其混料配比见表 3-13。

表 3-13 苎麻混纺或交织产品的混料配比及规格

编 号	品 名	规格(公支×根/10cm)	混纺比例
1	涤富麻细布	42×36	经:富纤 65/涤 35 纬:涤 65/麻 35
2	平纹织物	54/2×54/2	腈 70/麻 15/棉 15
3	仿派力司	59/2×39	涤 60/毛 20/麻 20
4	什色布	72/2×72/2	短麻 65/涤 35
5	竹节纱	20	涤 55/短麻 30/棉精落麻 5/中长麻 10
6	麻棉纱卡	16×16×92×50 8×8×42×38 10.5×10.5×50×47 14×14×57×60 14×14×57×52	苎麻落麻 55/棉 45
7	交织布	5.5×5×40×28	经:麻;纬:棉

第三章　纱线细度设计

纱线的细度又称纱线的线密度,是描述纱线粗细程度的指标。纱线细度决定着织物的品种、风格、用途和物理机械性质。线密度低的纱线,其强力一般较低,织物的厚度较轻薄,单位面积的重量也较轻,适于做轻薄型衣料;线密度高的纱线,其强力较高,单位面积的重量也较重,适于做中厚型衣料。对于要求布面细洁、色泽匀净、光泽好及手感柔软、滑糯的产品,多选用线密度低的纱线;反之,若要求手感滑爽、身骨挺括或具有粗犷感的产品,可选用线密度高的纱线。

一、纱线细度的表示方法及换算

(一)纱线的细度指标

与纤维一样,纱线的细度指标也有两类,即直接指标和间接指标。

1. 纱线细度的直接指标

纱线细度的直接指标有纱线的直径、宽度和截面积之分。截面直径是主要的纱线细度直接指标,它的量度单位是毫米(mm),只有在纱线的截面接近圆形时,用直径表示线密度才合适。目前,用直径表示纱线细度已很少见到。

2. 纱线细度的间接指标

纱线细度的间接指标有定长制(特克斯和旦尼尔)和定重制(公制支数和英制支数)之分,它们利用纱线的长度和重量间的关系来间接表示纱线细度。因为长度和重量的测试比较方便,所以生产上都采用间接指标。

(1)特克斯(tex):特克斯是指 1000m 长的纱线在公定回潮率时的重量克数,常用 N_t 表示。特克斯是目前国际通用的用于表示纱线细度的指标,它可用于表达所有种类纱线的细度,其值越大,表示纱线越粗。

与特克斯相应的单位还有分特克斯(dtex),它是指 10000m 长的纱线在公定回潮率时的重量克数。

(2)旦尼尔(den 或 d):旦尼尔是指 9000m 长的纱线在公定回潮率时的重量克数,常用 N_d 表示。旦尼尔常用于表达长丝及长丝纱线的细度,其值越大,表示纱线越粗。

(3)公制支数(公支):公制支数是指在公定回潮率条件下,一克纱线所具有的长度千米数,常用 N_m 表示。公制支数常用来表达毛型和麻型纱线的粗细,其值越大,表示纱线越细。

(4)英制支数(^{s}):英制支数是指在公定回潮率条件下,每磅重的纱线长度有若干个 840 码,常用 N_e 表示。英制支数常用于表示棉型短纤纱的粗细,其值越大,表示纱线越细。

在实际生产中,由于企业条件有限,很少有企业能够在测试纱线细度时准确测出纱线的实际回潮率,往往是在当时的气候条件下直接测出纱线的重量,再通过式(3-10)来计算纱线的特克斯数，并通过其他指标与特克斯的换算关系换算成该纱线常用的细度单位，最后将该值进行适当的调整，使之符合该类纱线常用的规格。

$$N_t = \frac{100G_K}{L} \tag{3-10}$$

式中：G_k 为纱线重量（mg）；L 为纱线的长度（cm）。

例如，通过对某一涤纶长丝的测算，算得其细度为 72.5d，但在实际应用的涤纶长丝规格中，只有 75d 的规格与之相近，故该涤纶长丝的细度就应调整为 75d。

（二）纱线细度指标的换算

纱线的细度指标之间存在着一定的换算关系。

1. 间接指标之间的换算

$$N_t \times N_m = 1000 \tag{3-11}$$

$$N_t = 9N_d \tag{3-12}$$

$$N_t \times N_e = K \tag{3-13}$$

式（3-13）中：K 为换算系数，纯棉纱为 $K=583.1$；纯化纤纱为 $K=590.5$；65/35 涤/棉纱为 $K=587.6$；75/25 棉/粘纱为 $K=584.8$；50/50 维/棉纱为 $K=587.0$。

2. 间接指标与直接指标之间的换算

$$d = \frac{0.01189}{\sqrt{\gamma}} \times \sqrt{N_d} \tag{3-14}$$

$$d = \frac{0.03568}{\sqrt{\gamma}} \times \sqrt{N_t} \tag{3-15}$$

$$d = \frac{1.128}{\sqrt{\gamma}} \times \frac{1}{\sqrt{N_m}} \tag{3-16}$$

$$d = \frac{0.03568}{\sqrt{\gamma}} \times \frac{\sqrt{K}}{\sqrt{N_e}} \tag{3-17}$$

式中：d 为纱线直径（mm）；K 为换算系数（与式（3-13）同）；γ 为纱线密度（g/cm³）。

由于纱线的结构并非完全紧密，因此纱线的密度要小于纤维的密度。几种纱线的密度见表 3-14。

表 3-14　纱线密度表

纱线种类	密度（g/cm³）	纱线种类	密度（g/cm³）
棉　纱	0.8～0.9	脱胶丝	0.74
亚麻纱	0.9～1	粘胶复丝	0.80～1.2
苎麻纱	0.85～0.95	醋酯纤维纱	0.75～0.90
精梳毛纱	0.75～0.81	醋酯纤维复丝	0.60～1
粗梳毛纱	0.65～0.72	锦纶复丝	0.6～0.9
粘胶纤维纱	0.8～1	锦纶纱	0.6～0.8
65/35 涤棉纱	0.85～0.95	涤纶纱	0.75～0.86
50/50 维棉纱	0.74～0.76	腈纶纱	0.65～0.78
生　丝	0.90～0.95	玻璃纤维复丝	0.7～2

（三）各类纱线细度的表示方法

在织物规格中，纱线的细度表示一般为：经纱细度×纬纱细度，其单位一般不标明，但可根据纱线的种类来确定。如棉型纱线则为英支或特克斯，毛型和麻型纱线为公支或特克斯，丝型纱线则多为旦尼尔。

1. 真丝纱线的细度表示法

真丝的细度又称纤度，常用旦尼尔表示，有时也用分特（dtex）表示。真丝的细度常用一范围来表示，如 19/21d，表示真丝的细度在 19～21 旦尼尔之间，在进行相应计算时取其中间值，即 20d。表 3-15 列出了部分桑蚕丝的标准细度规格。

表 3-15　桑蚕丝纤维规格

生丝细度(d)	13/15	16/18	19/21	20/22	24/26	26/28	27/29	28/30	30/32	40/44
双宫丝细度(d)		50/70		60/80		80/100		100/120	100/150	150/200	200/250

2. 股线的细度表示法

由于股线是采用两根或两根以上的单纱组成的多股纱线，其细度常表示为：单纱支数/股数或单纱特数×股数。例如：80^s/2 棉纱，表示由两根 80 英支的单股棉纱形成的股线；14tex×3，表示纱线是由三根 14tex 的单纱组成的股线。

当合股的纱线细度不相同时，可表示为：支数 1/支数 2/支数 3/…，或 tex1＋tex2＋tex3＋…，其中，特克斯或旦数可以混用。例如：60 公支/40 公支毛纱，表示纱线是由两根细度分别为 60 公支和 40 公支的单纱组成的毛纱股线；14tex＋13tex×2＋40d 表示纱线是由一根 14tex 单纱、两根 13tex 单纱组成的双股线以及一根 40 旦单丝组成的股线。

3. 长丝细度的表示法

长丝的细度一般表示为：复丝线密度/单丝根数。例如：120d/72f，表示长丝细度为 120 旦，由 72 根单丝组成。其中 f 数是化纤长丝规格表示中的一个重要指标，它反映了单丝的细度。又如：FDY120d/36f＋DTY100d/36f，表示复丝是由细度为 120 旦的涤纶 FDY 和细度为 100 旦的涤纶 DTY 组成的，其中 FDY 和 DTY 的单丝根数均为 36 根。

二、纱线细度的计算

1. 股线细度的计算

（1）支数计算

$$N=\cfrac{1}{\cfrac{1}{N_1}+\cfrac{1}{N_2}+\cdots} \tag{3-18}$$

式中：N 为股线支数，可为英支，也可为公支，以单纱为准；N_1、N_2…为各单纱支数。

例 5：求 60 公支/40 公支毛纱的细度。

解：$N=\cfrac{1}{\cfrac{1}{N_1}+\cfrac{1}{N_2}+\cdots}=\cfrac{1}{\cfrac{1}{60}+\cfrac{1}{40}}=24$（公支）

2）特数或旦数的计算

$$N_t = N_{t1} + N_{t2} + \cdots$$

$$\text{或 } N_d = N_{d1} + N_{d2} + \cdots \tag{3-19}$$

例6：求 FDY120d/36f＋DTY100d/36f 纱线的细度。

解：$N_d = N_{d1} + N_{d2} = 120 + 100 = 220 \text{(d)}$

（3）混合单位股线细度的计算

当股线中既有支数制的短纤纱又有特克斯制的短纤纱，还有旦尼尔制的长丝时，一般先将单位全部转化为特克斯制，再按式(3-19)计算。

例7：某混合纱，其细度表示为：$13\text{tex} \times 2 + 40^s(\text{C}) + 75\text{d}$，求其总细度。

解：$N_t = 13 \times 2 + \dfrac{583.1}{40} + \dfrac{75}{9} = 26 + 14.5 + 8.3 = 48.8 \text{(tex)}$

即混合纱的总细度为 48.8tex。

2. 织物中纱线细度的计算

织物中纱线的细度可通过式(3-20)或(3-21)计算。

$$N_t = \frac{G_{cp1} \times L_1 \times W_1 \times 10}{\left(L_3 \times P_z + \dfrac{P_w{}' \times W_3 \times L_2}{10} \right) \times W_d} \tag{3-20}$$

式中：G_{cp1} 为成品设计面密度(g/m^2)；L_1、L_2、L_3 为成品匹长、坯布匹长、整经匹长(m)；W_1、W_3 为成品幅宽、上机筘幅(cm)；W_d 为染整净重率(%)；P_z 为总经根数(根)；$P_w{}'$ 为坯布纬密(根/10cm)。

该式常用于验算已经设计好的织物成品的纱线平均细度。

$$N_t = \left[\frac{G_{cp1} \times A \times B}{(K_j \times B + K_w \times A) \times W_d} \right]^2 \times 10 \tag{3-21}$$

式中：A 为总净长率(%)；B 为总净宽率(%)；K_j 为经向紧度系数；K_w 为纬向紧度系数。

该式适用于采用紧度系数法进行创新设计。

第四章　纱线捻度、捻向设计

　　加捻使纱条的两个截面产生相对回转，这时纱条中原来平行于纱轴的纤维倾斜成螺旋线。当纱条受到拉伸外力时，倾斜的纤维对纱轴产生向心压力，使纤维间有一定的摩擦力，不易滑脱，纱条就具有一定的强力。对短纤维来说，加捻是成纱的必要手段，对长丝和股线来说，加捻是为了形成一个不易被横向外力所破坏的紧密作用。加捻的多少以及纱线和织物中的捻向、捻度的配合，与成品织物的外观和许多物理性能都密切相关。

一、纱线的捻度和捻系数

加捻性质的指标有表示加捻程度大小的捻度、捻回角、捻幅和捻系数以及表示加捻方向的捻向等。捻回角是指加捻后表层纤维与纱条轴线的夹角,它反映了加捻后纤维的倾斜程度,可以用来比较不同粗细纱条的加捻程度,但使用不方便,故生产上不予采用。捻幅是指加捻时纱线截面上的一点在单位长度内转过的弧长,由于使用不方便,生产中也不被采用。常用于反映纱线加捻程度的指标是捻度和捻系数。

1. 纱线的捻度

纱线加捻时,两个截面的相对回转数称为捻回数,纱线单位长度内的捻回数称为捻度。我国棉型纱线采用特数制,捻度的长度单位为 10cm。公制捻度的长度单位为 1m。精梳毛纱及化纤长丝的捻度以每米捻回数表示;粗梳毛纱的捻度可以用 10cm 内捻回数表示,也可用每米捻回数表示。英制捻度的长度单位为 1 英寸。其换算关系为:

$$T_t = 3.937 \times T_e = 0.1 \times T_m \qquad (3\text{-}22)$$

式中:T_t 为特数制捻度(捻/10cm);T_e 为英制捻度(捻/英寸);T_m 为公制捻度(捻/m)。

捻度可以用来比较同样粗细纱条的加捻程度,但不能用来比较不同粗细的纱条的加捻程度。

2. 纱线的捻系数

捻系数可以用来比较同密度不同粗细的纱线的加捻程度,在实践生产中常使用。纱线的捻系数是根据纱线的捻度和细度计算而得的,其计算式如下:

$$\alpha_t = T_t \sqrt{N_t}, \alpha_m = \frac{T_m}{\sqrt{N_m}}, \alpha_e = \frac{T_e}{\sqrt{N_e}} \qquad (3\text{-}23)$$

式中:α_t 为特数制捻系数;α_m 为公制捻系数;α_e 为英制捻系数。

常见纱线的捻系数可参考表 3-16、3-17。

表 3-16　常见棉纱捻系数

棉纱类别		线密度(tex)	捻系数	
			经　纱	纬　纱
普梳棉织布用纱		8～11	330～420	300～370
		12～30	320～410	290～360
		32～192	310～400	280～350
精梳棉织布用纱		4～5	330～400	300～350
		6～15	320～390	290～340
		16～36	310～380	280～330
普梳棉织布起绒用纱		8～30	不大于 340	
		32～80	不大于 330	
		88～192	不大于 320	
织绒布的精梳纱		14～36	不大于 320	
涤棉混纺纱	单纱	—	362～410	
	股线		324～362	

表 3-17　粗纺毛纱捻系数

毛纱类别	公制捻系数
全毛起毛用纬纱	11.5～13.5
纯毛纱(短毛在 30% 以下)	13～15

续表

毛纱类别	公制捻系数
混纺纱（化纤含量在 35％以下）	12.5～14.5
羊绒与羊毛混纺(50/50)	14～17
仿麻混纺纱	14.5～17

3. 股线的捻度

在生产中，股线的捻向一般与形成股线的单纱的捻向相反，但其捻度的大小却没有严格要求，而是要根据织物的外观风格等来确定。

当股线的捻度大于单纱的捻度时，会形成一种"内松外紧"的风格。由于单纱的捻度低，纤维在单纱中处于松弛状态；合股纱加捻后捻度增大，捻缩率也大，即股线趋于圆胖丰满，使纱线的外层纤维间的摩擦力增大，纱线强力增高，而内层纤维被束缚，不易外移，使织物表面光洁。同时，捻度大的股线表面螺距缩短，织物表面会显得细腻光洁，纹路清晰。

当股线的捻度小于单纱的捻度时，织物就比较松软、滑糯，形成"内紧外松"的风格。

4. 加捻对纱线性质的影响

纱线的性质除与纤维的物理性质有关外，还与加捻程度密切相关。

（1）加捻对纱线长度的影响：加捻后，纤维倾斜，使纱的长度缩短，产生捻缩。纱线的捻缩率随着捻系数的增大而增大。

股线的捻缩率与股线、单纱的捻向有关。当股线捻向与单纱的捻向相同时，加捻后纱线的长度缩短，且捻缩率随着捻系数的增加而增大。当股线捻向与单纱捻向相反时，在股线捻度较小时，由于单纱的解捻作用而使股线长度有所伸长，当捻系数增加到一定值后，股线又缩短。

（2）加捻对纱线密度和直径的影响：当捻系数增大时，纱线内纤维密集，纤维间的空隙减少，使纱线的密度增大，而纱的直径减小。当捻系数增加到一定值后，纱的可压缩性减小，密度和直径就变化不大，相反，由于纤维过于倾斜，使纱线的直径稍有加粗。

股线的密度和直径与股线、单纱的捻向也有关系。当股线、单纱捻向相同时，捻系数与密度和直径的关系与单纱相似。当股线、单纱的捻向相反时，在股线捻度较小时，由于单纱的解捻作用，使股线的密度减小、直径增大，然后随着捻度的加大，纱线的密度增大而直径减小。

（3）加捻对纱线强度的影响：对短纤纱来说，受拉伸外力作用而断裂的情况有两种，一是由于纤维断裂而使纱断裂，一是由于纤维间滑脱而使纱断裂，这两者都与纱线所加捻度的大小有关。当捻系数增加时，纤维对纱轴的向心压力加大，纤维间的摩擦阻力增加，不易滑脱；另外纱有粗细不匀，加捻时由于粗段的抗扭刚度大于细段，使捻度较多地分布在细段，而粗段的捻度较少，这样纱的弱环得以改善，这两点都有利于纱线强度的增加。然而，当捻系数增加时，纤维明显倾斜，伸长和张力较大，影响到以后承受拉力的能力；而且，由于捻回角的增大，使纤维强力在纱轴方向的分力降低，这两点都是不利于成纱强度的因素。根据加捻对成纱强度的有利和不利因素，当捻系数较小时，有利因素大于不利因素，反映为纱的强度随着捻系数的增加而增加；但当捻系数增加到某一临界值时，再增加捻系数，不利因素大于有利因素，使纱的强度反而下降。纱的强度达到最大值时的捻系数叫临界捻系数 α_k，相应的捻度叫临界捻度。工艺设计中一般采用小于临界捻系数的捻度，以保证纱线的强度。不同品种的纱线,其临界捻系数值是不相同的。

对股线来说,由于单纱的并合作用,使得股线的条干均匀且单纱之间有接触,这两点是股线的强度较单纱强度好的因素。股线捻系数对强度的影响因素除与单纱相同外,还有捻幅的分布情况。分布均匀的捻幅可使纤维强力均匀,从而能均匀承受拉伸外力,有利于股线的强度提高。由于影响因素多,所以股线强度与捻系数的关系比较复杂。当股线捻向与单纱捻向相同时,纤维平均捻幅增加,但因内、外层捻幅差异加大,在受拉伸外力时纤维受力不均匀。当单纱捻系数较大时,股线强度随着捻系数的增加而下降。当单纱捻系数较小时,开始时股线强度随捻系数的增加而稍有上升,然后随捻系数的增加而下降。当股线捻向与单纱捻向相反时,随股线捻系数的增加,平均捻幅下降;当平均捻幅下降到一定程度后,随着捻系数的增加又开始上升;此后捻幅分布渐趋均匀,有利于纤维均匀承受拉力,使股线强度上升。一般当各处捻幅分布均匀时,表现出股线强度最高。

(4)加捻对纱线断裂伸长率的影响:纱线捻系数增加时,纤维伸长变形加大,影响以后承受拉伸变形的能力;另外,捻系数增加时,纤维间较难滑动,这两点都是使纱线的断裂伸长率减小的原因。然而,由于捻系数增加时,纤维的倾斜角增大,受拉时有使倾斜角减小的趋势,从而使纱线伸长增加。总的来说,在一般的捻系数范围内,有利因素占主导地位,所以随着捻系数的增加,纱线的断裂伸长率也有所增加。

股线捻系数与断裂伸长率的关系为:当股线与单纱捻向相同时,纤维的平均捻幅随捻系数的增加而增加,股线断裂伸长率有所增大。当股线与单纱的捻向相反时,开始时由于平均捻幅随捻系数的增加而下降,股线的断裂伸长率稍有下降;以后随着平均捻幅随捻系数的增加而上升,股线的断裂伸长率也逐渐增加。

(5)加捻对纱线光泽和手感的影响:纱线的捻系数较大时,纤维倾斜角较大,光泽较差,手感较硬。

股线的光泽与手感主要取决于表面纤维的倾斜程度。外层纤维捻幅大,光泽差,手感硬;反之,外层纤维捻幅小,则光泽好,手感柔软。

根据上述加捻对纱线性质的影响以及对于纱线性质的要求,并考虑原料纤维的性质,在工艺上应选用合适的捻系数。例如,经纱要求具有较高的强度,捻系数适当选大一些,纬纱一般要求较柔软而捻度要稳定,捻系数可选小一些;起绒用纱捻系数应小些以利于起绒;薄爽织物要求具有滑、挺、爽的特点,捻系数可适当选大一些;绉织物需要用强捻纱。此外,当纱线的粗细不同时,捻系数也稍有不同,细纱的捻系数应比粗纱的捻系数大些。

二、纱线的捻向

1. 捻向的表示方法

捻向是指纱线加捻的方法,它是根据加捻后纤维在单纱中或单纱在股线中的倾斜方向而定的,有 Z 捻和 S 捻两种。纤维(或单纱)倾斜方向由下而上为自左而右的称为 Z 捻,又称反手捻,大多数单纱采用 Z 捻。纤维(或单纱)倾斜方向由下而上为自右而左的称为 S 捻,又称顺手捻,大多数股线采用 S 捻。

股线的捻向按先后加捻的捻向为序依次以 Z、S 来表示。如 ZSZ 表示单纱为 Z 捻,单纱合并初捻为 S 捻,再次合并后复捻为 Z 捻。股线的每次加捻的捻向对纱线的物理性能的影响很大(见上述加捻对纱线性能的影响)。

2. 经纬纱捻向和织纹的关系

织物中经、纬纱捻向与织物的配合对织物的外观有很大的影响，尤其与斜纹组织的配合，既可以突出斜线纹路，有时也可使斜纹效果不明显。

(1) $\frac{2}{1}$ 经面右斜纹的经纱采用 S 捻、$\frac{2}{1}$ 经面左斜纹的经纱采用 Z 捻，可得到明显的斜纹效应。

(2) $\frac{2}{2}$ 经面右斜纹的经纱采用 S 捻、$\frac{2}{2}$ 经面左斜纹的经纱采用 Z 捻，织物斜纹效应明显。

(3) $\frac{3}{1}$ 经面右斜纹的经纱采用 S 捻、$\frac{3}{1}$ 经面左斜纹的经纱采用 Z 捻，斜纹效应明显。

(4) $\frac{5}{2}$ 纬面缎纹织物，纬纱采用 S 捻纱线时织物表面的斜纹效应不明显；$\frac{5}{3}$ 纬面缎纹的纬纱采用 Z 捻纱线时，织物表面略有斜纹效应。

(5) $\frac{5}{2}$ 经面缎纹的经纱采用 S 捻时，织物表面有清晰的斜纹效应；$\frac{5}{3}$ 经面缎纹的经纱采用 Z 捻时织物表面有清晰的斜纹效应。

3. 经纬纱捻向对织物性能的影响

织物经、纬纱捻向的配合对织物的手感、光泽、布面效应等有着很大的影响。

(1) 捻向对织物手感的影响：织物内经纬纱的捻向对织物的手感有直接影响。当经纬纱捻向相同且均为 S 捻时，经纱与纬纱的交织处，经纱反面的捻向和纬纱正面的捻向趋于一致，经、纬纱交错时互相嵌入，拉伸时纱线间的切向滑动阻力较大，使得织物的结构比较紧密，断裂强力也较高，织物相对较薄，手感较挺实。

当经纱为 S 捻而纬纱为 Z 捻时，交织处经纬纱内的纤维方向互相垂直，不能平行嵌入，则织物的结构较疏松，纤维的滑移可能性较大，织物强力稍低，厚度较厚，手感比较柔软丰满。

(2) 捻向对织物光泽的影响：当经纬纱捻向相同且均为 S 捻时，与织物表面的纤维排列方向相反，且在交织处不平行，故光泽较差。而当经纱为 S 捻而纬纱为 Z 捻时，织物表面的纤维排列方向相同，组织点突出，光泽较好，而且交织处纤维互相垂直，使其吸色性好，染色均匀。

由于反光对织纹清晰度的影响，在制织斜纹织物时，应使形成织物表面主要效应的某一系统的纱线捻向与斜纹组织的斜向相反，这样才能获得清晰的斜向纹路。

(3) 捻向对布面效应的影响：在织物设计与生产中，常利用 S 捻和 Z 捻纱线相间排列来获得各种各样的隐条、隐格或其他隐形花型。同时还可通过不同捻向高捻纱的相间排列获得明显的绉纹效应。

(4) 捻向对斜纹织物透气量的影响：当经纬纱都用 S 捻时，无论是左斜纹还是右斜纹，织物的透气量都较大。但当经纱是 Z 捻而纬纱是 S 捻时，织物的透气量均较小。

(5) 双经单纬织物的经纬纱捻向：双经单纬的织物，一般经纱采用 Z/S 捻，纬纱采用 Z 捻时，织物的手感、弹性以及织纹的清晰度等都比较好，但织造时布边张力应严格控制，否则织物下机后会出现卷边现象；如经纱捻向不变，纬纱改为 S 捻，则不会出现卷边现象，但织物的手感较差,光泽与织纹的清晰度也会存在一定的不足。

第五章　纱线结构设计

随着人民生活水平的不断提高,对服装等织物的使用要求,已从着重于牢度转移到着重于织物的外观质量上,对装饰品的需求量也日益增多。因此,在纺织产品设计过程中,纱线结构的设计也越来越重要。

一、丝型织物的线型设计

丝型织物的原料决定了织物的性质,但是线型的不同,可以改变织物的外观品质。丝型织物的线型设计是指设计人员充分运用丝织原料,通过并丝、捻丝、网络等工艺来改变丝线的外观、品质和性能,从而提高织物成品的性能。丝织物常用的线型有:

(1)平丝:不经加捻的丝线;

(2)双绉线型:纬丝以 2S2Z 强捻丝排列;

(3)顺纡线型:纬丝以单向加强捻;

(4)乔其类线型:经纬均以 2S2Z 加强捻;

(5)熟双经:利用两根及以上的长丝进行加捻,合并后反向加捻所形成的丝线。由于第二次是反向加捻,相对于第一次加捻来说是退捻,这样既保留了少量的捻度,又保留了真丝的光泽,而且丝线因退捻而捻缩减少,形成屈曲,使纱线饱满且有弹性。

(6)紧懈线:是利用长丝和纱线抱合加捻所形成的线型,其加捻方向与原纱线捻向相反,形成懈线,它手感蓬松柔软,但强力降低。若加捻方向与纱线捻向相同,即形成紧线,相当于捻度增加,其质地坚牢。

(7)碧绉线:是用一根中捻粗丝(一般由数根丝线并合而成)与一根细的无捻或弱捻丝并合,再反向加捻而成。其特点是:较细的一根平丝在整个线型中处于中心地位,称为芯线,粗的一根捻线环绕在芯线周围,称为抱线。形成原理是当抱线加捻产生收缩后再与芯线加捻,这样,抱线因反向加捻而减少捻缩,而芯线因加捻产生捻缩,一弛一张,抱线即自然地环绕在芯线周围。碧绉线构成的织物富有弹性,表面呈碧波型绉纹。

二、花式纱线的线型设计

花式纱线是捻线中最繁重的一种,其结构类似碧绉线,一般由芯线、饰线、固结线所组成。芯线是花式的基础,一般要求强力高;饰线则绕芯线形成不同的外围线,体现花色效应;固结线为防止饰线滑移起稳定作用。

(一)花式纱线的产品分类

花式纱线在针织和机织物中的广泛应用,是增加产品品种和改善织物外观的主要途径之一。据称,目前全世界已有六万多种花式纱线。

花式纱线是在纺纱和捻线工序中应用不同的纺织原料、不同的工艺,通过改变纱线的外观形态、色调、手感等纺制的具有特殊外观效应的纱线。

花式纱线的种类很多,按其基本结构及纺制方法,可分为三大类。

(1)花式纱:花式纱是在传统的前纺工序(如梳棉)中,采用特种纺纱工艺,或在环锭细纱机上略加改造,或采用新型纺纱方法纺成的单纱。如包芯纱、包覆纱、竹节纱、棉结纱、疙瘩纱等。这类纱可直接用于织造,也可加捻成花式线再织造。

(2)花式线:花式线一般在花式捻线机或普通捻线机上加工纺制。在花式捻线机上纺制的有结子线、竹节线、环圈线、断丝线、扭结线等,还可由这些花型交替制成各种复杂的花式线,如结子环圈线、结子竹节线、双圈竹节线、扭结竹节线等。在普通捻线机上纺制的有双色或多色花式线、粗结线、棉结线、断丝线等,还有用花式纱与花式纱、花式纱与普通纱捻合而成的花式线。普通捻线机纺制的花式线也称为匀捻花式线。

(3)变形花式纱:这类花式纱是由长丝经喷气变形法加工而成的长丝花式纱。其外形结构类似短纤花式纱线,品种也很多,如竹节丝、结子丝、圈结丝、包芯丝、雪花丝、粗粒丝等。

(二)花式纱的纺制原理与设计

1. 包芯纱

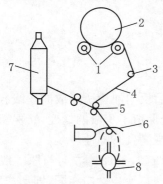

1—送出罗拉　2—氨纶丝卷装　3—导丝辊
4—氨纶丝　5—前罗拉　6—导纱钩
7—包覆粗纱　8—氨纶包芯纱

图 3-2　环锭细纱机纺制包芯纱的工艺过程图

(1)包芯纱的结构特征与纺制原理

包芯纱是由两种纤维组成的皮芯结构纱。一部分被限制在成纱的轴线上,称为"纱芯",可采用各种化纤长丝或短纤纱;另一部分包覆在纱的外层,称为"纱皮",采用棉、粘、毛等短纤维。

包芯纱多在摩擦纺纱机和经改装的环锭细纱机上纺制,也可在气流纺纱机、涡流纺纱机或特种包芯纺的设备上纺制。在环锭细纱机上纺制包芯纱的工艺过程如图 3-2。作芯纱的长丝不经细纱机的牵伸部件,而自前钳口后方的集合器处喂入,在此处与经细纱机牵伸后的短纤维组成的须条合并,再一起经集合器由前罗拉钳口输出,经导纱钩钢丝圈加捻成包芯纱。

(2)包芯纱的种类及特性

以棉纤维作"纱皮"的各种包芯纱,均可在环锭细纱机上纺成较细的纱 8.33tex(70^s),其手感柔软,弹性好,成本较低。用这种包芯纱织成的织物,完全有棉布的风格和手感,有较好的染色性能。若以烂掉棉纤的工艺处理,可制成各种各样的烂花织物,大多用作窗帘等装饰。细线密度涤棉包芯纱织成的高档府绸,穿着舒适美观。

包芯纱的特点在于外观上具有皮纤维(天然纤维),透气性好、吸湿性好、不起静电、不熔和易于染色的特点,内在质量又具有芯纤维(合成纤维)强度高、弹性好、稳定性好、耐磨耐酸碱等特点,是较理想的纱线。例如,利用涤纶短纤纱作芯及将棉纤维包缠在外层的涤包芯纱,吸湿性能比涤棉混纺纱提高一倍左右,其断裂伸长率、强度、断裂功等高出涤棉混纺纱 30% 左右。丙纶丝来源广,价格低,丙纶包芯纱织物价格仅是同类涤棉织物的 40% 左右。由于丙纶丝的摩擦系数高于涤纶丝，所以，丙纶包芯纱的包缠牢度是涤棉包芯纱的一倍以上；丙纶的强度等指标可与涤纶媲美，具有优异的耐酸碱性，是一种较理想的包芯纱。氨纶的伸长率可达 500％～700％，其弹性恢复率也高。氨纶包芯纱是一种高弹性高档织物的原料，市场上流行的弹力劳动布，就是采用氨纶包芯纱作纬纱制织而成的。

（3）包芯纱产品设计

① 涤棉包芯纱

A. 原料的选用

同一线密度的芯纱，单丝越细，根数越多，产品越柔软、滑爽；反之，产品刚性好、挺括。芯丝的线密度及其根数，应根据织物用途和纺纱线密度选择。如包覆率高，芯纱不露亮，可选用有光丝，以降低成本。若为暴露型产品，要考虑芯丝的光泽。

棉纺系统一般采用棉或粘胶纤维作皮纤维，棉占大多数。当选用纤维较长时，单纱强力提高，纱的均匀度好、毛羽少、伸长降低，如高速缝纫机用的包芯纱缝纫线，应选用长度长、细度较细、成熟度较好的原棉，以获得强度高、毛羽少、耐较高针温的优质缝纫线。如做衬衣面料或其他装饰用烂花布，可选用一般原料，但比混纺纱要求高。如 50^s 包芯纱，采用普通低强高伸型 55.56dtex/24f 半光涤长丝做芯丝，原棉选用平均品级 1.3、平均长度 29.6mm、纤维支数 6081^s、成熟度 1.47 的规格。

B. 捻系数设计

在捻系数增大的初始阶段，包芯纱纱线强力增加，主要由较低的捻系数时外包纤维的抱合力增强所致；捻系数进一步增大，纱线的强力不断下降，主要因为涤长丝的强力随捻系数增大而下降。捻系数对包芯纱的断裂伸长率无明显影响，主要因为断裂伸长率取决于芯丝本身的性能。随捻系数的增高织物有明显增厚的趋势，织物透气性也有明显提高。

选择捻系数时，应根据织物风格和内在质量确定，一般选特数制 333（英制 3.5）左右为宜。

② 氨纶包芯纱

A. 氨纶丝细度的选用

氨纶丝的规格从 1.7tex(15d) 到 93.3tex(840d)，可供设计时使用。常用规格为 4.4tex(40d)用于细线密度纱，7.8tex(70d)用于中线密度纱，15.6tex(140d) 和 31.1tex(280d) 用于粗线密度纱。同一线密度的织物，要求弹力大时，可选用较粗的芯丝，反之选用较细的。尤其是弹力针织物，如游泳衣、紧身衣常使用 15.6tex(140d) 或 31.1tex(280d) 氨纶丝。如为了降低弹性模量、改善回复力，宜采用 4.4tex(40d) 芯丝。

包芯纱的弹性对织物的弹性有直接的关系。芯丝越粗，牵伸能力越大；比例越大，包芯纱的弹性越大。

织物的弹性应根据用途确定。机织物的弹性伸长率掌握在 10％～20％之间；运动衣掌握在 20％～40％之间；滑雪衣、内胸衣在 40％以上。此外氨纶丝的规格还需根据织物中氨纶丝的含量进行选择，机织物中氨纶含量为 2％～5％，其他的可高达 10％。

B. 外包棉的选择

氨纶包芯纱在后道工序加工时，拉伸和急回弹的机会多，而且每次拉伸和回缩又不恒等，尤其外包棉纤维容易断裂滑移，这就要求氨纶包芯纱具有良好的成纱强力。而氨纶属低强高伸型纤维，所以在选择外包棉纤维时，要注意其断裂性能。纺细线密度氨纶包芯纱，氨纶含量在 10% 以上时,应选用成熟度较好、短绒少、纤维强力高的原棉。纺中线密度纱,氨纶含量在 10% 以下,可考虑使用纤维线密度偏低的原棉,尽可能使覆盖纤维根数多一些,以增加纤维的抱合力。

　　C. 氨纶丝牵伸倍数的设计

　　要控制好氨纶包芯纱的弹力,除选用合适的芯丝细度和配比外,如何选择芯丝的预牵伸也是很重要的。

　　牵伸倍数大时,回缩力增加。但牵伸过大时,芯丝容易断头。为此,选择牵伸倍数应留有余地。

　　预牵伸倍数是由细纱机前罗拉和氨纶输出罗拉表面速比形成的。各种线密度的氨纶丝采用的预牵伸倍数如下:

15.6tex(140d)	4～5 倍
7.8tex(70d)	3.5～4.5 倍
4.4tex(40d)	3～4 倍

　　经向弹力灯芯绒和弹力劳动布使用中、粗线密度氨纶包芯纱、芯丝预牵伸偏大为宜,一般取 3.8～4.5 倍,可保证穿着时有较好的回弹力。

　　D. 包芯纱细度与芯丝含量的计算

　　由于氨纶弹力纱具有弹性,这种弹性的性质为低负荷高伸长,因而纺纱的细度与芯纱的细度在纺纱、织造、染整各个工序都是随时变化的。一般掌握包芯纱在织物成品中的支数要低于纺出支数,这是因为纱线有缩率,而成品织物要求有一定的弹性。

　　a. 包芯纱细度

　　包芯纱纺出细度与织物成品中纱的细度之间的差值决定于织物所需要的弹性和包覆纤维的收缩率(表 3-18)。

$$\text{纺出支数} = \text{成品织物中纱的支数} \times \frac{1+\text{织物弹性}}{1-\text{包覆纱缩率}}$$

$$\text{或} \quad \text{纺出线密度(tex)} = \frac{\text{成品织物中纱的线密度(tex)} \times (1+\text{包覆纱缩率})}{1+\text{织物伸长率}} \quad (3\text{-}24)$$

表 3-18　包覆纱缩率经验值

纱　　线	经　纱		纬　纱	
	有氨纶	无氨纶	有氨纶	无氨纶
缩率(%)	6	4	8	5

　　b. 包芯纱中包覆纤维含量与氨纶芯丝含量

$$\text{包覆纱细度(d)} = \text{纺出纱细度(d)} - \frac{\text{花纱细度(d)}}{\text{预牵伸倍数}} \quad (3\text{-}25)$$

$$\text{氨纶芯丝含量(\%)} = \frac{\text{芯丝细度(d)}}{\text{纺出纱细度(d)} \times \text{预牵伸倍数}} \times 100 \quad (3\text{-}26)$$

　　E. 捻系数的选择

　　为防止皮纤维松脱,氨纶包芯纱的捻系数应稍大。一般情况下,每英寸捻度应比同线密度普通纱增加 1～2 个捻。氨纶含量在 5% 左右时,捻系数取 354～383 为宜;含量在 6%

时,取 383～421 为宜。

2. 包覆纱

包覆纱又称科弗纱,也称平行纱,是以短纤为芯、长丝为皮的皮芯结构。包覆纱与包芯纱均属组合纱类别,所不同的是皮芯材料恰好相反。包覆纱的强度与同线密度短纤纱相当,甚至略大一些。利用不同颜色的长丝和不同粗细的纱芯,可以获得丰富多彩的包覆花式纱。包覆纱可用空心锭子纺纱机进行加工,如图 3-3 所示。

粗纱经牵伸装置后,在无捻状态下进入空心锭子。空心锭子外套长丝筒子。长丝的一端与牵伸后的须条一起进入空心锭子,锭子不转。当长丝筒子转动时,长丝就包缠在须条上,在包覆纱被引出的过程中,制成纱芯纤维基本平行的包覆纱。

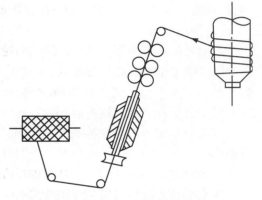

图 3-3　空心锭纺包覆纱

3. 竹节纱

在普通单纱的长度方向上,出现一节粗、一节细的形状,这些粗、细节看上去很象竹子的节结,故称竹节纱。

(1)竹节纱品种

竹节纱按粗节的节距,可分为等节距竹节纱和不等节距竹节纱。按用途可分为机织用纱型和针织横机用纱型竹节纱。按原料可分为棉型、毛型、化纤型和混纺型;按纤维规格可分为短纤维型和长丝型两种。竹节形成的方法可分为中后罗拉增速法、包缠法、植入法、热定形法及其他一些简单易行的方法。

如织物经纬纱都用等节距竹节纱,则布面呈苇席形,相当美观;经纱用普通纱,纬纱用竹节纱,织物外观呈斜条形,宜做男女衬衫。不等节距的竹节纱则以适宜的节距分别在机织物和针织物上形成更加美观的花纹。若以 3.4cm、2.8cm、2.2cm 及 1.4cm 的节距形成的竹节纱,宜用于 157.5cm 或 121.9cm 的织机。这些等节距、不等节距的竹节纱在实物表面能显出竹节波纹或花朵形状的特色,既可增强布面外观效应,又减少贴肤面积,作为夏季衣料或装饰用布都是颇受欢迎的。

(2)牵伸型竹节纱纺制方法

① 细纱机中后罗拉增速法

采用中后罗拉突然增速,使线速度比正常时高几倍,这时输入一段未经解捻牵伸的粗纱,在成纱中便形成粗于正常纱 4～5 倍的明显竹节。经预先给定竹节节距,通过光电盘发出讯号,带动接触器使吸铁动作,再通过连杆带动后罗拉牙,每次作 30°～50° 的动程角转动,使中后罗拉突然喂入一段粗纱,从而使前罗拉不牵伸或少牵伸而送出一段特大粗节。

这种方法的缺点是中后罗拉从增速到匀速的过渡时,成纱有时出现细节,严重时引起断头和影响质量。

② 细纱机前罗拉植入法

在正常纺纱过程中,利用专门机构将纤维束叠加于前罗拉钳口处,产生所需求的竹节或结节(也称雪花纱),如需纺制不同原料的竹节(雪花)纱,则必须采用这种方法。

这种方法也是采用光电控制,通过光电盘发出讯号,使吸铁动作,喂入一定数量的纤维束,当吸铁复位后,纤维束停止喂入,纺纱即趋正常,如此循环往复。节距也是通过光电盘调节的。这种机构的优点,在于叠加纤维的机构与正常纺纱机构无关,传动系统分开,避免了中后罗拉增速法的缺点。但其机构复杂,叠加的准确度要求较高。

③ 其他方法

将细纱机前胶辊表面按 6~8 等分(或不等分)切刻,深约 2~2.5mm。利用胶辊切去部分对须条握持不紧、牵伸不正常而形成粗节,由正常纱和粗节组成竹节纱。此方法简单易行,适宜小批量生产。缺点是罗拉速度不能快,产质量都不稳定,只能纺很短的粗节。

(3)热定型竹节纱

芯纱长丝经喂给罗拉,外包长丝经导纱钩,共同进入加热器,其外包长丝比芯纱收缩率高 30% 以上,且预加假捻捻度 100~400 捻/m,由于加热器、加捻器和输出罗拉的作用,外包长丝在芯丝上边回转边收缩,喂入张力会发生变化,结果在加热器的入口附近以不同的周期形成竹节,经加捻、热定形和解捻等连续处理,得到竹节纱。由于外包长丝收缩率高,此竹节部分紧紧地固着在芯丝上。在编结过程中,容易退绕,能获得具有不同外观和风格的织物。

4. 棉结型结子纱

棉结型结子纱是利用各种纤维在纺纱过程中的落棉下脚等廉价原料,采用特种工艺技术纺制的。

(1)结子原料

用涤纶、腈纶在纺纱过程中梳棉机的斩刀花、车肚花纺制,其结子直径为 2~5mm,大小适中,粒子挺凸,制成外衣面料立体感强,用作春秋外衣或装饰用品。用绢丝的下脚纺制,其结子直径为 2mm 左右,粒子细小,不易突出结子的风格,织物的立体感不强,适用于薄型中长衣料上的点缀。用毛纺的下脚纺制,其结子直径为 4~7mm 左右,结子外形粗大且硬,适用于各季粗厚毛料作点缀品,风格华贵。用纯棉的斩刀花纺制,其结子直径为 2~5mm 左右。

(2)结子纱与织物的风格

棉结型结子纱的结子形态、大小和分布密度与织物的风格关系极大。结子纱一般用作纬纱,且以间隔 3~8 纬打入一根结子纱,目的以点缀为主,可用于上衣面料的中线密度股线色织织物。在粗制大衣面料上,当使用毛粒或较大的结子时,其节距应适当放大,且要求以双色或多色等彩色结子作为点缀。采用长丝为纱芯,包缠结子纱时,风格亦颇特殊,但对配色及长丝线密度的选择要搭配恰当。

(三)花式线的线型设计

1. 花式线的种类

根据纺制方法的不同,花式线可分为两大类:一类是匀捻花式线,它是用普通捻线机生产的,通过采用印节花线或粗细不同、染色不同的两根、三根匀捻而成的线,也可采用花式纱之间及花式纱与普通纱合股后匀捻而成;另一类是在花式捻线机上纺制的花式线,如结子线、断丝线、环圈线、环圈结子线等。这一节将讲述第二类花式线。

2. 花式线的结构

花式捻线机能使所捻各股纱以不同的速度、不同的张力或按设计要求变速送出。经加捻后,线的外观可得到各种花纹效应。

花式线的结构可分为三个部分。一为芯纱,或称主干纱,常用并纱或 2～3 股的合股线,它作为花式线的骨干;二为饰纱,也称花纱,它在线中起花纹效应,根据要求的花纹效应来选择;另一个为定纱,也称包纱,其作用是以均匀的纱圈将由芯纱和饰纱组成的半制品花式线缠住,保证已得花纹固定在纱线上。

定纱并非每一种花式线都是必需的。如自固结子线,只有芯纱和饰纱两部分。定纱如不是用于形成辅助花纹,最好选用较细的纱线。

花纹效应的形状和尺寸决定于芯纱和饰纱供给的速度比。

3. 主要花式线的设计

(1)结子线

① 结子线的分类及其产品

按结子的形状分,有圆形、椭圆形或长形结子线。这些不同的形状既可单独存在,也可同时出现在一根线上。按结子间的隔距分,有等隔距和不等隔距结子线。按结子颜色分,有单色、双色和三色结子线。

结子线一般作花经使用,制成织物后,在织物表面形成各种各样的花纹。为使织物表面底色调和,芯纱的颜色应与织物的底色协调,使花色结子在布面上呈现出醒目的小型斑点或彩云状的花纹。

② 结子线的设计要点

A. 喂送比设计

芯纱与饰纱的喂送比是以结子本身的结构紧密程度而定的,同时,还与饰纱本身是否用作定纱有关。

B. 结子分布

结子的分布状态与成形凸轮的外形有关。其规律是凸轮降弧的时间角越大,结子间距越小;凸轮升弧的时间角越大,结子间距就越大。

瓣数少的凸轮制成的结子线作纬纱时,结子在织物表面易呈呆板的图形。为防止这种情况,应采用瓣数较多的奇数瓣成形凸轮。

(2)环圈线

① 环圈线的种类与产品

环圈线俗称毛巾线。环圈线可分为两种。一种为花环线,其环圈形状圆整,透孔明显。另一种为毛圈线,其环圈不圆整,透孔不明显。当毛圈绞结抱合(饰纱捻度大时)且长度较大时,称为辫子线。如将环圈与结子线组合起来便构成环圈结子线。

毛圈线用于棉织物时,织物透气性好,没有极光,有高贵华丽之感。用于中长织物,织物毛型感增强,布面丰满,挺而不硬,抗折皱性强。如用腈纶膨体纱起圈,织出的中长织物具有粗犷、坚固、厚实的感觉。

② 环圈线的形成

采用两对罗拉的送纱装置,不用成形凸轮。通常是输出饰纱的前罗拉速度远大于输出芯纱的后罗拉速度,所以,经头道捻线机的半制品,其外形是饰纱松弛地卷在芯纱上。接着将头道半制品经二道捻线机加工,二道反向加捻,饰纱受到退捻作用。由于捻度的减少,松弛的饰纱便形成花环。最后将二道捻线机所得的半制品和一根定纱并合加捻,捻向与二道相同,花环便被定纱固定,得到最终产品。

③ 设计要点

毛圈线设计中最重要的是选择芯纱与饰纱的输送比例。比例过小,毛圈短,织物不够丰满,布面效应也差;比例过大,毛圈长,织物丰满,但布面效应不一定好,而用纱量增加。设计中应根据织物的要求,经试验选出最佳喂送比。同时还要选择合适的色泽配合,可用强烈的对比色调,使层次分明,对比度强;或用近似色和同色调,增加织物的毛型感。

(3)断丝线

当一个系统的纱线两端被切断而交结在其他系统的纱线中时,称为断丝线。断丝线按结构特征与纺制方法的不同,可分为两种。一种为普通断丝线,它由一般花式捻线机一次或两次捻制而成,在纱的外面有不少纱尾外露,使线具有天鹅绒状的毛茸。另外,它是在两根加捻的股线中断续地加入短片段人造丝或低捻毛纱而成的,而短片段人造丝是通过牵伸将长丝拉断得来的。此类断丝线可与不同花式线组合成断丝结子线、断丝毛圈线等。另外一种为特殊断丝线,也称雪呢尔线或螺旋长绒线、绳绒线,其结构如瓶刷状,织成衣料或装饰布好似丝绒一般。饰纱以打圈形式和两根芯纱同时喂入,在两根芯纱加捻的同时,用刀将打成圈状的饰纱连续割断成半圈,因此,饰纱成了短段纱,被夹在芯纱捻回中,饰纱与芯纱轴心线垂直,毛茸是竖起的,其长度可调节。

练 习

1. 纯纺纱为何要进行原料选配?

2. 已知企业库存的羊毛、涤纶、粘胶的可纺线密度分别为 16.7tex、10tex、11.1tex,现欲生产毛/涤/粘比例为 40/40/20 的混纺纱,求混纺纱线密度。

3. 欲使涤/棉混纺纱的表面呈纯棉纱的手感,应如何选择涤纶纤维?

4、经分析发现,一涤/棉混纺的成品织物中涤纶含量为 67%,棉纤维含量为 33%,试问:要生产该混纺织物,纺纱时涤棉纤维应采用何种配比? 根据企业生产经验,涤纶纤维的制成率为 98%,棉纤维的制成率为 95%。

5. 根据企业生产经验,棉、精梳下脚毛、粘胶的制成率分别为 95%、70%、98%,纺纱时棉/毛/粘以 6：3：1 进行混配,求该混纺纱生产的成品织物中各纤维的具体含量。

6. 求 80^s、60^s、40^s 单纱合并的三股棉纱线的细度。

7. 求股线 18tex×2＋40d 的线密度。

8. 加捻对纱线的性质有何影响?

9. 纱线的捻向对织物有何影响?

10. 氨纶包芯纱中芯丝的细度对织物的弹性有何影响? 为什么?

项目四

机织物的色彩与图案设计

主要内容：

主要介绍了机织物设计中色纱的配合、各种图案的设计与仿制的方法与技巧。本章从色彩的原理及色纱排列的安排等方面出发，讲解了色织物色彩及图案设计与仿制的具体操作方法与实践操作技巧，并对色织物在生产过程中的一些具体问题及其解决方法进行了较为详细的讲解。

具体章节：

- 配色原理
- 色织物排花
- 条格的设计与仿制
- 图案设计与仿样

重点内容：

色织物的劈花及条格的仿制。

难点内容：

配色原理。

学习目标：

- 知识目标：掌握色织物配色的基本原理，学会色织物设计过程中劈花工艺的基本原则及色织图案的设计方法，深入理解条格型织物的设计方法与手段。
- 技能目标：利用色织物的配色原理，根据色织物条格及图案设计的方法，设计出配色合理且流行的色织物，并合理地安排相应的生产工艺，使之能够适应实践生产的需要。

　　色织物是指采用经过漂染的纱线为原料织造加工而成的织物。色织物有着悠久的历史，它可运用色纱和组织相结合的手法体现织物的花纹效果，通过不同的组织结构、不同的织造工艺、不同的后整理加工技术，可以使织物具有仿毛、仿绸、仿麻等独特的风格，而价格又低于真丝绸和毛麻产品，因此适应性强，在国内外市场上均富有生命力。

　　色织物的基本特征是以不同色泽的纱线，按一定组织、花纹织造而成的，因而具有以下特点：

　　(1)采用原纱染色，染料的渗透性好，可采用各种不同色彩的纱线，配合组织的变化，构成各种不同花纹图案，立体感强，布面丰满，不但可仿典雅华贵、质地厚实的高档毛型织物，还可仿凉爽飘逸、透视感强的丝绸风格织物，还能仿庄重大方的麻织物等，且价格相对较低。因此，色织物具有经济实用、美观大方的特点。

　　(2)利用多臂机的机构织造，可同时采用几种不同性能的纤维组成，运用不同细度、不同色泽的纱线等进行交织、交并，为丰富花色品种提供了良好的条件。

　　(3)品种花色翻改灵活，适应性强，便于小批量多品种的生产。

　　目前生产的色织物的主要品种，除了传统的全棉及毛纺色织产品外，大部分为化纤产品或化纤混纺产品。产品应用广泛，服用面料、装饰用布等都可采用色织物。

第一章　　配色原理

　　设计色织物，色彩的配合相当重要。要掌握色彩的配合，需要了解色光的配合与色彩的配合。所谓"远看颜色近看花"，就是反映了色织物中色彩配合的重要性。

　　色织物的色彩配合，主要表现为各种色纱的运用（也有织花与印花结合的产品），它不同于染料的配合。色织物的色彩配合，其实质为各种色纱所形成的色彩对比与变化。

一、光和色

　　光色并存，有光才有色，色彩感觉离不开光。

1. 光与可见光谱

　　光在物理学上是一种电磁波。从 $0.39\mu m$ 到 $0.77\mu m$ 波长之间的电磁波，才能引起人们的色彩视觉感受，此范围称为可见光谱。波长大于 $0.77\mu m$ 的称红外线，小于 $0.39\mu m$ 的称紫外线。

2. 光的传播

　　光以波动的形式进行直线传播，具有波长和振幅两个因素。不同的波长产生色相差别，不同的振幅产生同一色相的明暗差别。光在传播时有直射、反射、透射、漫射、折射等多种形式。光直射时直接传入人眼，视觉感受到的是光源色。当光源照射物体时，光从物体表面反射出来，人眼感受到的是物体表面色彩。当光照射时，如遇玻璃之类的透明物体，人眼看到的是透过物体的穿透色。光在传播过程中，受到物体的干涉时，则产生漫射，对物体的表面色有一定影响。如通过不同物体时方向产生变化,称为折射,反映至人眼的色光与物体色相同。

3. 光的三原色

我们日常见的白光,在三棱镜的折射下可分解成含有红、橙、黄、绿、青、蓝、紫所有波长的光。物体经光源照射,吸收和反射不同波长的光,经由人的眼睛,传到大脑形成了我们看到的各种颜色,也就是说,物体的颜色就是它们反射的光的颜色。

能发出电磁波的物体叫光源体。不同的光源,由于光波的长短、强弱、比例等不同,而形成不同的色光,叫作光源色。光源中只含有一种波长的光就是单色光,光源中含有两种波长的光就是间色光,光源中含有两种以上波长的光就是复色光,光源中含有所有波长的光就是全色光。原色指不能用其他色混合得到的颜色。红、绿、蓝三种波长的光是自然界中所有颜色的基础,光谱中的所有颜色都由这三种光的不同强度构成。

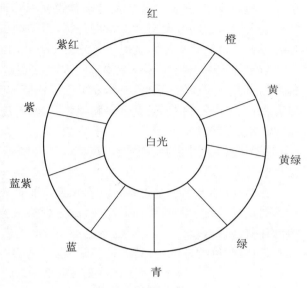

图 4-1　色环图(色光)

光的三原色是指朱红、翠绿和蓝紫三种颜色。任何两种原色光混合可以得间色光,间色光相混可以得到复色光,三原色光按一定比例混合得到白光。

光的三原色与部分间色排列成一个圆环,即色相环(如图 4-1 所示)。色相环上相对180°的两种色光混合得到白色,这两种色称为互补色。色相环上相隔90°以内的色光称为类似色。

4. 物体的三原色

光照在物体上,经物体表面吸收、反射后再反映到视觉中的色感觉,叫作物体色。如红花、绿叶、蓝色面料等都是物体色。

自然界的物体五花八门、变化万千,它们本身虽然大都不会发光,但都具有选择性地吸收、反射、透射色光的特性。当然,任何物体对色光不可能全部吸收或反射,因此,实际上不存在绝对的黑色或白色。常见的黑、白、灰物体色中,白色的反射率是 64%～92.3%;灰色的反射率是 10%～64%;黑色的吸收率是 90% 以上。

物体对色光的吸收、反射或透射能力,很受物体表面肌理状态的影响,表面光滑、平整、细腻的物体,对色光的反射较强,如镜子、磨光石面、丝绸

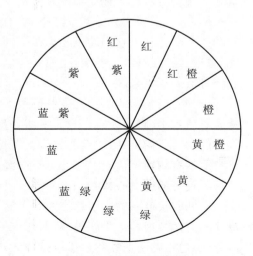

图 4-2　色环图(物体色)

织物等。表面粗糙、凹凸、疏松的物体，易使光线产生漫射现象，故对色光的反射较弱，如毛玻璃、呢绒、海绵等。

但是，物体对色光的吸收与反射能力虽是固定不变的，而物体的表面色却会随着光源色的不同而改变，有时甚至失去其原有的色相感觉。所谓的物体"固有色"，实际上不过是常光下人们对此的习惯而已。如在闪烁、强烈的各色霓虹灯光下，所有建筑及人物的服色几乎都失去了原有本色而显得奇异莫测。另外，光照的强度及角度对物体色也有影响。

与光的三原色略有不同，物体的三原色是品红、黄、天蓝。物体的三原色按一定比例混合得到黑色。物体的三原色与部分间色排列成一个圆环，即色相环（如图4-2所示）。色相环上相对180°的两种色光混合得到黑色，这两种色称为互补色。

5. 色彩三属性

要理解和运用色彩，必须掌握进行色彩归纳整理的原则和方法，其中最主要的是掌握色彩的属性。

色彩，可分为无彩色和有彩色两大类。前者如黑、白、灰，后者如红、黄、蓝等七彩。有彩色就是具备光谱上的某种或某些色相，统称为彩调。与此相反，无彩色就没有彩调。无彩色有明有暗，表现为白、黑，也称色调。有彩色表现很复杂，但可以用三组特征值来确定。其一是彩调，也就是色相；其二是明暗，也就是明度、亮度；其三是色强，也就是纯度、彩度，三者称为色彩的三属性。明度、彩度确定色彩的状态，明度和色相合并为二线的色状态，称为色调。有些人把明度理解为色调，这是不全面的。

（1）色相：区别颜色种类的名称叫色相。如红色系中有大红、朱红、橙红等。色相是颜色最主要的特征。最初的基本色相为：红、橙、黄、绿、蓝、紫。在各色中间加插一两个中间色，其头尾色相，按光谱顺序为：红、橙红、黄橙、黄、黄绿、绿、绿蓝、蓝绿、蓝、蓝紫、紫、红紫——十二基本色相。

这十二色相的彩调变化，在光谱色感上是均匀的。如果进一步找出其中间色，便可以得到二十四个色相。在色相环的圆圈里，各彩调按不同角度排列，则十二色相环每一色相间距为30度。二十四色相环每一色相间距为15度。

（2）纯度：色彩的纯净程度或色相的鲜艳程度叫纯度，也叫艳度、彩度、饱和度。一种色相彩调，也有强弱之分。拿正红来说，有鲜艳无杂质的纯红，有涩而像干残的"凋玫瑰"，也有较淡薄的粉红。它们的色相都相同，但强弱不一。纯度常用高低来指述，纯度越高，色越纯、越艳；纯度越低，色越涩，越浊。纯色是纯度最高的一级。纯度通俗的分法，用高、略高、中、略低、低五级来表示。

（3）明度：色彩的明暗程度叫明度。光源色也称光度，物体色也称亮度。谈到明度，宜从无彩色入手，因为无彩色只有一维，好辨得多。最亮是白，最暗是黑，以及黑白之间不同程度的灰，都具有明暗强度的表现。若按一定的间隔划分，就构成明暗尺度。有彩色既靠自身所具有的明度值，也靠加减灰、白调来调节明暗。

6. 色彩的视觉心理

不同波长色彩的光信息作用于人的视觉器官，通过视觉神经传入大脑后，经过思维，与以往的记忆及经验产生联想，从而形成一系列的色彩心理反应。

（1）色彩的冷、暖感：色彩本身并无冷暖的温度差别，是视觉色彩引起人们对冷暖感觉的心理联想。

①　暖色：人们见到红、红橙、橙、黄橙、红紫等色后，马上联想到太阳、火焰、热血等物像，产生温暖、热烈、危险等感觉。

②　冷色：见到蓝、蓝紫、蓝绿等色后，则很易联想到太空、冰雪、海洋等物像，产生寒冷、理智、平静等感觉。

色彩的冷暖感觉，不仅表现在固定的色相上，而且在比较中还会显示其相对的倾向性。如同样表现天空的霞光，用玫红画早霞那种清新而偏冷的色彩，感觉很恰当，而描绘晚霞则需要暖感强的大红了。但如与橙色对比，前面两色又都加强了寒感倾向。

人们往往用不同的词汇表述色彩的冷暖感觉，暖色——阳光、不透明、刺激的、稠密、深的、近的、重的、男性的、强性的、干的、感情的、方角的、直线型、扩大、稳定、热烈、活泼、开放等；冷色——阴影、透明、镇静的、稀薄的、淡的、远的、轻的、女性的、微弱的、湿的、理智的、圆滑、曲线型、缩小、流动、冷静、文雅、保守等。

③　中性色：绿色和紫色是中性色。黄绿、蓝、蓝绿等色，使人联想到草、树等植物，产生青春、生命、和平等感觉。紫、蓝紫等色使人联想到花卉、水晶等稀贵物品，故易产生高贵、神秘等感觉。至于黄色，一般被认为是暖色，因为它使人联想起阳光、光明等，但也有人视它为中性色。当然，同属黄色相，柠檬黄显然偏冷，而中黄则感觉偏暖。

（2）色彩的轻、重感：这主要与色彩的明度有关。明度高的色彩使人联想到蓝天、白云、彩霞及许多花卉，还有棉花、羊毛等，产生轻柔、飘浮、上升、敏捷、灵活等感觉。明度低的色彩易使人联想到钢铁、大理石等物品，产生沉重、稳定、降落等感觉。

（3）色彩的软、硬感：其感觉主要来自色彩的明度，但与纯度有一定的关系。明度越高感觉越软，明度越低则感觉越硬。明度高、纯度低的色彩有软感，中纯度的色也呈柔感，因为它们易使人联想起骆驼、狐狸、猫、狗等许多动物的皮毛，还有毛呢、绒织物等。高纯度和低纯度的色彩都呈硬感，如它们明度低，则硬感更明显。色相与色彩的软、硬感几乎无关。

（4）色彩的前、后感：由各种不同波较长的色彩在人眼视网膜上的成像有前后，红、橙等光波较长的色在后面成像，感觉比较前进；蓝、紫等光波较短的色则在外侧成像，在同样距离内感觉就比较后退。实际上这是视觉错觉的一种现象，一般暖色、纯色、高明度色、强烈对比色、大面积色、集中色等有前进感觉；相反，冷色、浊色、低明度色、弱对比色、小面积色、分散色等有后退感觉。

（5）色彩的大、小感：由于色彩有前后的感觉，因而暖色、高明度色等有扩大、膨胀感，冷色、低明度色等有显小、收缩感。

（6）色彩的华丽、质朴感：色彩的三要素对华丽及质朴感都有影响，其中纯度的关系最大。明度高、纯度高的色彩，丰富、强对比色彩感觉华丽、辉煌。明度低、纯度低的色彩，单纯、弱对比的色彩感觉质朴、古雅。但无化何种色彩，如果带上光泽，都能获得华丽的效果。

（7）色彩的活泼、庄重感：暖色、高纯度色、丰富多彩色、强对比色感觉跳跃、活泼有朝气，冷色、低纯度色、低明度色感觉庄重、严肃。

（8）色彩的兴奋与沉静感：其影响最明显的是色相，红、橙、黄等鲜艳而明亮的色彩给人以兴奋感，蓝、蓝绿、蓝紫等色使人感到沉着、平静。绿和紫为中性色，没有这种感觉。纯度的关系也很大，高纯度色呈兴奋感，低纯度色呈沉静感。最后是明度，暖色系中高明度、高纯度的色彩呈兴奋感，低明度、低纯度的色彩呈沉静感。

色彩的联想带有情绪性的表现，受到观察者年龄、性别、性格、文化、教养、职业、民族、宗教、生活环境、时代背景、生活经历等各方面因素的影响。色彩的联想有具象和抽象两种：具象联想是指人们看到某种色彩后，会联想到自然界、生活中某些相关的事物；抽象联想是指人们看到某种色彩后，会联想到理智、高贵等某些抽象概念。一般来说，儿童多具有具象联想，成年人较多抽象联想。

7. 色彩的特性

没有经过综合调配的颜色，是谈不上"漂亮"或"不漂亮"的。不美的颜色，基本上是没有的，而只有各人喜欢与不喜欢以及合适与不合适的区别。为什么有些颜色看上去很舒服，有些却使人感到不舒服呢？那是因为色彩能够表达各种感情作用，它具有象征性和个性。经过配色所产生的各种色彩，能适应各种条件和环境。从这方面来说，色彩又是活的，有生命力的，在织物图案及色彩的设计方面有着特殊的作用。

各种色彩都其独特的性格，简称色性。它们与人类的色彩生理、心理体验相联系，从而使客观存在的色彩仿佛有了复杂的性格。

(1)红色：三原色之一的红色是妇女及儿童最喜欢的颜色。红色的波长最长，穿透力强，感知度高。红色令人兴奋，它易使人联想到太阳、火焰、热血、花卉等，感觉温暖、兴奋、活泼、热情、积极、希望、忠诚、健康、充实、饱满、幸福等向上的倾向，因而使人感到它是热情、恋爱的象征。红色也象征着生命和希望，用在包装上，有一种"人情味"的效果。

红色历来是我国传统的喜庆色彩。红色的品种繁多，因此，它们所显示的性格也是变化无穷的。深红及带紫的红给人感觉是庄严、稳重而又热情的色彩，常见于欢迎贵宾的场合；含白的高明度粉红色，则有柔美、甜蜜、梦幻、愉快、幸福、温雅的感觉，几乎成为女性的专用色彩；桃红色能给人一种健康、润美、羞涩的感觉，它是象征青春的色彩。

然而红色在不同的环境里，也会显示着不同的作用。因为红色具有强烈刺目的特性，所以，对红色要恰如其分地加以调配，使之适合大多数人的习惯和爱好，决不能在任何场合不加选择地滥用红色。

(2)橙色：橙(桔黄)色与红色都属于典型的暖色，具有红与黄之间的色性。它使人联想到火焰、灯光、霞光、水果等物象，是最温暖、响亮的色彩。它使人兴奋，是阳光、健美、滋润的象征。橙色的明度比红色的明度高，故而有愉悦感，它是年轻人喜爱的颜色，感觉活泼、华丽、辉煌、跃动、炽热、温情、甜蜜、愉快、幸福等。

含灰的橙成咖啡色，含白的橙成浅橙色，俗称血牙色，与橙色本身都是织物中常用的甜美色彩，也是众多消费者特别是妇女、儿童、青年喜爱的色彩。

(3)黄色：黄色是所有色相中明度最高的色彩，具有华丽的效果，显赫耀眼，引人注目，给人以轻快、光辉、透明、活泼、光明、辉煌、希望、功名、健康等印象。黄也是象征愉快与愿望的颜色。古埃及认为黄色象征太阳。它和红色一样，是热带国家的喜爱色，而且往往被人们用来象征崇高和宁静。在我国古代，黄色是帝王的颜色，也是代表夏秋的季节色，色彩的刺激性很强。仅仅单纯的黄色，还不太明显，如与桔黄、红色配合，就会显得更为热情。它与红、橙相比，显得轻薄，因而也曾被用来表示羞辱和藐视。

黄色是三原色之一，也是纯色中明度最高的颜色，使用这种颜色最为显眼。含白的淡黄色感觉平和、温柔，含大量淡灰的米色或本白则是很好的休闲自然色，深黄色却另有一种高贵、庄严感。中铬黄和镉黄是纯度很高的强烈色彩，而奶油黄却是柔和、典雅、象征甜美的色彩。由于黄色极易使人想起许多水果的表皮，因此它能引起富有酸性的食欲感。黄色还被用作安全色,因为它极易被人发现。

(4)绿色:在大自然中,除了天空和江河、海洋,绿色所占的面积最大,草、叶、植物,几乎到处可见,它象征生命、青春、和平、安详、新鲜等。绿色最适应人眼的注视,有消除疲劳、调节功能。它也属于温和的家庭色彩,年轻人喜欢这种滋润的充满了希望和青春的色调。

黄绿带给人们春天的气息,颇受儿童及年轻人的欢迎。蓝绿、深绿是海洋、森林的色彩,有着深远、稳重、沉着、睿智等含义。含灰的绿,如土绿、橄榄绿、咸菜绿、墨绿等色彩,给人以成熟、老练、深沉的感觉,是人们广泛选用及军、警规定的服装色。

(5)蓝(青)色:与红、橙色相反,蓝色属于冷色调,表示沉静、冷淡、理智、高深、透明等含义,可使我们很自然地联想到广阔的天空与蓝色的海洋。蓝色也是智慧的象征。在国外,身着蓝色礼服的人被认为是漂亮的。随着人类对太空事业的不断开发,它又有了象征高科技的强烈现代感。

蓝色的色谱较宽,从带绿的蓝直到近乎紫色的蓝,都具有丰富的色调,应用范围很广。浅蓝色系明朗而富有青春朝气,为年轻人所钟爱,但也有不够成熟的感觉。深蓝色表示沉着、稳定,为中年人普遍喜爱的色彩。藏青则给人以大度、庄重印象。靛蓝、普蓝因在民间广泛应用,似乎成了民族特色的象征。

然而青色,如单用一色,量太多,会给人以冷冰冰的感觉,但如果与少量红色或粉红色调配起来,马上就会感到鲜明;如与浅褐色、柠檬黄等调和,也会成为鲜明的颜色。青色适合与黑、白、浅褐、浅红色搭配。

(6)紫色:紫色是属于高贵者的颜色,这是因为在自然界里很少有紫色颜料,具有神秘、高贵、优美、庄重、奢华的气质,有时也感孤寂、消极,尤其是较暗或含深灰的紫,易给人以不祥、腐朽、死亡的印象,故而人们认为紫色是属于产生矛盾感情的色。

在蓝色里加入少量的红色即可得紫色,蓝色多则为寒色,红色多则为暖色。紫色一般被认为适合于较年长的妇女穿用。近几年来,因为感到紫色优雅,已成为人们所追求的色彩。但紫色较难配色。

(7)黑色:黑色为无色相无纯度之色,往往给人沉静、神秘、严肃、庄重、含蓄的感觉。另外,也易让人产生悲哀、恐怖、不祥、沉默、消亡、罪恶等消极印象。尽管如此,黑色的组合适应性却极广,无论什么色彩,特别是鲜艳的纯色与其相配,都能取得赏心悦目的良好效果。

黑色具有收缩性,是明度最低的颜色,能使穿着者的身体显得瘦小,所以不适于个子矮小的人,然而皮肤白皙的妇女穿了黑色面料的服装,就显得更为滋润娇嫩。黑色的服装能显示人体的线条,也能较好地显示出纺织品的质量。但是黑色不能大面积使用,否则,不但其魅力大大减弱,还会产生压抑、阴沉的恐怖感。

太阳光里的紫外线通过黑衣服的量是最少的,所以黑色面料的衣服有保护皮肤的作用。黑色织物用于穿着时应特别考虑配色与设计,由于配色与设计的不同,可能成为时髦,也可能变得俗气。当黑色与其他色混合时,如与具有强烈性格的色配合,也能成为适合年轻人的颜色,使人具有摩登或高雅的气质。因此,黑色在很大程度上也被人们视为优美雅致、精力旺盛的服色。

(8)白色:在色谱里,不存在无彩色的白色。白色给人洁净、光明、纯真、清白、朴素、卫生、恬静等印象。白色是物体在日光或与之相似的光线照射时所呈现的颜色。在白色的衬托下,其他颜色会显得更加鲜丽,感觉更为明朗。例如白餐桌、白衬衣给人以清洁感,而白色的结婚礼服象征着纯洁、清白、庄严、神圣。但多用白色有可能产生平淡无味的单调、空虚之感。

白色在视觉上给人以膨胀感，可以使瘦小的人穿着后显得胖一些。一般情况下，白色若与个性强烈的其他颜色搭配，就会显得鲜明、活泼而适宜于年轻人。

(9)灰色：灰色是中性色，是柔和而细致的色调，其突出的性格为柔和、细致、平稳、朴素、大方。它不像黑色与白色那样会明显影响其他的色彩，而易于与其他各色调和。在配色时，灰色可使黑与白的正负对比得到缓和，对色彩起调和作用，因而灰色有着强烈的适应性。灰色若明亮，就接近白，若偏暗，就接近黑。从偏白的灰色到偏黑的灰色，其色阶是很多的，但不管怎么变化，灰色总是缺乏纯黑或纯白的强烈感。略有色相感的灰色能给人以高雅、细腻、含蓄、稳重、精致、文明而有素养的高档感觉。但滥用灰色也易暴露其乏味、寂寞、忧郁、无激情、无兴趣的一面。

(10)土褐(咖啡)色：是指从红褐色到黄褐色之间的各种色彩，均属于明度较低、色调较低的颜色，如土红、土绿、熟褐、生褐、土黄、咖啡、咸菜、古铜、驼绒、茶褐等色。土褐色会使人想到秋天，是象征丰盛、谦逊的颜色。它可以广泛地和其他色彩相调和，特别是与纯色组合，可产生新鲜的感觉。质朴、坚强的人比较喜爱褐色。虽然褐色似乎很平凡，但却是一种很时髦的颜色。

(11)金银色：金色为有光泽的黄、褐色，银色为有光泽的灰色。一般把金色象征为名誉与忠诚，银色表示信仰与纯洁。

除了金、银等贵金属色以外，所有色彩带上光泽后，都有其华美的特色。金色富丽堂皇，象征荣华富贵，名誉忠诚；银色雅致高贵，象征纯洁、信仰，比金色温和。它们与其他色彩都能配合，几乎达到"万能"的程度。小面积点缀，具有醒目、提神作用，大面积使用则会产生过于眩目的负面影响，显得浮华而失去稳重感。若巧妙使用、装饰得当，不但能起到画龙点睛的作用，还可产生强烈的高科技现代美感。

二、色彩的对比

从各种色彩的特点与性格来看，凡是花样，大都由多种不同颜色所组成。各种不同性格及形态的颜色形成对比统一的关系，方能组成花样的调和色彩。故而花样的组合总是以相互对比的颜色作为基础。相同色彩的背景不同或相邻色彩的不同均会产生不同的感觉，这种现象称为色彩的同时对比，简称对比。它包括色彩的面积、形状的对比、大小的对比、量的对比、性格的对比。每种品种的面料，既要有各自的基本色彩，又要有相应的花型，而图案的单个纹样之间的空间面积及色彩相互之间都存在着对比，尤其在相邻色彩的边缘处更为显著，接触周围的边长愈长或面积相差愈大，对比的影响会愈大。

(一)色相对比的基本类型

两种以上色彩组合后，由于色相差别而形成的色彩对比效果称为色相对比。它是色彩对比的一个根本方面，其对比强弱程度取决于色相之间在色相环上的距离(角度)，距离(角度)越小对比越强，反之则对比越弱。

1. 零度对比

(1)无彩色对比：无彩色对比虽然无色相，但它们的组合在实用方面很有价值，如黑与白、黑与灰、中灰与浅灰，或黑与白与灰、黑与深灰与浅灰等。对比效果感觉大方、庄重、高雅而富有现代感,但也易产生过于素净的单调感。

(2)无彩色与有彩色对比:如黑与红、灰与紫,或黑与白与黄、白与灰与蓝等。对比效果感觉既大方又活泼,无彩色面积大时,偏于高雅、庄重,有彩色面积大时,活泼感加强。

(3)同种色相对比:一种色相的不同明度或不同纯度变化的对比,俗称姐妹色组合,如蓝与浅蓝(蓝+白)色、橙与咖啡(橙+灰)或绿与粉绿(绿+白)与墨绿(绿+黑)等对比。对比效果感觉统一、文静、雅致、含蓄、稳重,但也易产生单调、呆板的弊病。

(4)无彩色与同种色相对比:如白与深蓝与浅蓝、黑与桔与咖啡色等,其对比效果综合了(2)和(3)类型的优点,感觉既有一定层次,又显大方、活泼、稳定。

2. 调和对比

(1)邻近色相对比:色相环上相邻的二至三色对比,色相距离大约 30 度左右,为弱对比类型,如红橙与橙与黄橙色对比等。对比效果感觉柔和、和谐、雅致、文静,但也感觉单调、模糊、乏味、无力,必须通过调节明度差来加强效果。

(2)类似色相对比:色相对比距离约 60 度左右,为较弱对比类型,如红与黄橙色对比等。对比效果较丰富、活泼,但又不失统一、雅致、和谐的感觉。

(3)中差色相对比:色相对比距离约 90 度左右,为中对比类型,如黄与绿色对比等。对比效果明快、活泼、饱满、使人兴奋,对比既有相当力度,又不失调和之感。

3. 强烈对比

(1)对比色相对比:色相对比距离约 120 度左右,为强对比类型,如黄绿与红紫色对比等。对比效果强烈、醒目、有力、活泼、丰富,但也不易统一而感杂乱、刺激,造成视觉疲劳。一般需要采用多种调和手段来改善对比效果。

(2)补色对比:色相对比距离 180 度,为极端对比类型,如红与蓝绿、黄与蓝紫色对比等。对比效果强烈、眩目、响亮、极有力,但若处理不当,易产生幼稚、原始、粗俗、不安定、不协调等感觉。

(二)明度对比的基本类型

两种以上色相组合后,由于明度不同而形成的色彩对比效果称为明度对比。它是色彩对比的一个重要方面,是决定色彩方案感觉明快、清晰、沉闷、柔和、强烈、朦胧与否的关键。其对比强弱取决于色彩在明度等差色级数,通常把 1~3 划为低明度区,8~10 划为高明度区,4~7 划为中明度区。在选择色彩进行组合时,当基调色与对比色间隔距离在 5 级以上时,称为长(强)对比,3~5 级时称为中对比,1~2 级时称为短(弱)对比。

(三)纯度对比的基本类型

两种以上色彩组合后,由于纯度不同而形成的色彩对比效果称为纯度对比。它是色彩对比的另一个重要方面,但因其较为隐蔽、内在,故易被忽略。在色彩设计中,纯度对比是决定色调感觉华丽、高雅、古朴、粗俗、含蓄与否的关键。其对比强弱程度取决于色彩在纯度等差色标上的距离,距离越长对比越强,反之则对比越弱。如将灰色至纯鲜色分成 10 个等差级数,通常把 1~3 划为低纯度区,8~10 划为高纯度区,4~7 划为中纯度区。在选择色彩组合时,当基调色与对比色间隔距离在 5 级以上时,称为强对比;3~5 级时称为中对比;1~2 级时称为弱对比。

（四）色彩的面积与位置对比

形态作为视觉色彩的载体，总有其一定的面积，因此，从这个意义上说，面积也是色彩不可缺少的特性。艺术设计实践中经常会出现虽然色彩选择比较适合，但由于面积、位置控制不当而导致失误的情况。

1. 色彩对比与面积的关系

（1）色调组合，只有相同面积的色彩才能比较出实际的差别，互相之间产生抗衡，对比效果相对强烈。

（2）对比双方的属性不变，一方增大面积，取得面积优势，而另一方缩小面积，将会削弱色彩的对比。

（3）色彩属性不变，随着面积的增大，对视觉的刺激力量加强，反之则削弱。因此，色彩的大面积对比可造成眩目效果。

（4）大面积色的稳定性较高，在对比中，对他色的错视影响大；相反，对他色的错视影响小。

（5）相同性质与面积的色彩，与形的聚、散状态关系很大的是其稳定性，形状聚集程度高者受他色影响小，注目程度高，反之则相反。如户外广告及宣传画等，一般色彩都较集中，以达到引人注意的效果。

2. 色彩对比与位置的关系

（1）对比双方的色彩距离越近，对比效果越强，反之则越弱。

（2）双方互相呈接触、切入状态时，对比效果更强。

（3）一色包围另一色时，对比的效果最强。

（4）在织物中，一般是将重点色彩设置在视觉中心部位，最易引人注目。

（五）色彩的肌理对比

色彩与物体的材料性质、形象表面纹理的关系很密切，影响色彩感觉的是其表层触觉质感及视觉感受。

（1）对比双方的色彩，如采用不同肌理的材料，则对比效果更具情趣性。

（2）同类色或同种色相配，可选用异质的肌理材料变化来弥补单调感。如将同样的红玫瑰花印制在薄尼龙纱窗及粗厚的沙发织物上，它们所组成的装饰效果，既成系列配套，又具有材质变化色彩魅力。

（六）色彩的连续对比

（1）发生在同一时间、同一视域之内的色彩对比称为色彩的同时对比。这种情况下，色彩的比较、衬托、排斥与影响作用是相互依存的。

（2）色彩对比发生在不同的时间、不同视域，但又保持了快捷的时间连续性，称为色彩的连续对比。

人眼看了第一色再看第二色时，第二色会发生错视。第一色看的时间越长，影响越大。第二色的错视倾向于前色的补色。这种现象由视觉残像及视觉生理、心理自我平衡的本能所致。

（七）综合对比及色调变化

1. 综合对比

多种色彩组合后，由于色相、明度、纯度等的不同差别所产生的总体效果称为综合对比。这种多属性、多差别对比的效果，显然要比单项对比丰富、复杂得多。事实上，色彩单项对比的情况很难成立，它们不过是色彩对比中的一个侧面，因此，在创作和设计实践中都较少应用。配色者在进行多种色彩综合对比时要强调、突出色调的倾向，或以色相为主，或以明度为主，或以纯度为主，使某一方面处于主要地位，强调对比的某一侧面。从色相角度可分为浅、深等色调倾向，从明度角度可分浅、中、灰等色调倾向，从感情角度可分冷、暖、华丽、古朴、高雅、轻快等色调倾向。

2. 色调倾向的种类及处理

色调倾向大致可归纳成鲜色调、灰色调、浅色调、深色调、中色调等。

（1）鲜色调：在确定色相对比的角度、距离后，尤其是中差（90 度）以上的对比时，必须与无彩色的黑、白、灰及金、银等光泽色相配，在高纯度、强对比的各色相之间起到间隔、缓冲、调节的作用，以达到既鲜艳又典雅、既变化又统一的积极效果，感觉生动、华丽、兴奋、自由、积极、健康等。

（2）灰色调：在确定色相对比的角度、距离后，于各色相中调入不同程度、不等数量的灰色，使大面积的总体色彩向低纯度方向发展。为了加强这种灰色调倾向，最好与无彩色特别是灰色组配使用，感觉高雅、大方、沉着、古朴、柔弱等。

（3）深色调：在确定色相对比的角度、距离时，首先考虑多选用些低明度色相，如蓝、紫、蓝绿、蓝紫、红紫等，然后在各色相之中调入不等数量的黑色或深白色。同时为了加强这种深色调倾向，最好与无彩色中的黑色组配使用，感觉老练、充实、古雅、朴实、强硬、稳重、男性化等。

（4）浅色调：在确定色相对比的角度、距离时，首先考虑多选用些高明度色相，如黄、桔、桔黄、黄绿等，然后在各色相之中调入不等数量的白色或浅灰色。同时为了加强这种粉色调倾向，最好与无彩色中的白色组配使用。

（5）中色调：是一种使用最普遍、数量最多的配色倾向。在确定色相对比的角度、距离后，于各色相中加入一定数量的黑、白、灰色，使大面积的总体色彩呈现不太浅也不太深、不太鲜也不太灰的中间状态，感觉随和、朴实、大方、稳定等。

在优化或变化整体色调时，最主要的是先确立基调色的面积统治优势。一幅多色组合的织物，大面积、多数量使用鲜色，热必成为鲜调；大面积、多数量使用灰色，势必成为灰调；其他色调依此类推。这种优势在整体的变化中能使色调产生明显的统一感，但是，如果只有基调色则感到单调、乏味。如果设置了小面积对比强烈的点缀色、强调色、醒目色，由于其不同色感和色质的作用，会使整个色彩气氛丰富活跃起来。但是，整体与对比是矛盾的统一体，如果对比、变化过多或面积过大，易破坏整体，失去统一效果而显得杂乱无章。反之，若面积太小，则易被四周包围的色彩同化、融合而失去预期的作用。

3. 色调变化及类型

变调即色调的转换，是艺术设计中色彩选择多方案考虑及同品种多花色系列设计的重要课题。变调的形式一般有定形变调、定色变调、定形定色变调等。

(1)定形变调：其实质为在保持形态(图案、花型、款式等)不变的前提下，只变化色彩而达到改变色调倾向的目的，是纺织、服装、装潢、包装、装帧、环艺等多种实用美术中经常采用的产品同品种、同花型、多色调的设计构思方法。定形变调主要有两种形式：

① 同明度、同纯度、异色相变调，即根据原有设计色调，保持明度、纯度不变，只变化色相(原有色相对比距离不变)而改变色调的倾向。其色彩选择与组合的关键实质在于要将原有整组色彩的结构保持不变，然后在色立方体中围绕中心轴，沿色相环作水平移动，基调色移到某一色相区，就形成某一色调，如移至红色相区则成红色调，移至蓝色相区则成蓝色调等。

② 异色相、异明度、异纯度变调，根据原有色调将色相、明度、纯度做全面改变，以获得完全不同的色调类型。

(2)定色变调：定色变调实质是保持色彩不变，变化图案、花型、款式等，即变化色彩的面积、形态、位置、肌理等因素，达到改变总体色调倾向之目的。

色调转变的关键在于大面积基调色的变化，其次是将色彩作小面积点、线、面形态的交叉、穿插、并置组合，利用色彩的空间混合效应，以少色产生多色的效果，以鲜色产生含灰色的感觉，使色彩之间互相呼应、取代、置换、反转与交织，做到你中有我，我中有你，使各色调既有变化又很统一，既有整体性又有独立性，从而增强系列配套之感。

(3)定形定色变调：在各色调的花型与色彩都相同的前提下，可考虑大小、位置、布局进行适当变化的系列设计构思方法。

三、色彩的混合

将两种或多种色彩互相混合，造成与原有色不同的新色彩，称为色彩的混合。它们可归纳成加色法混合、减色法混合、空间混合等三种类型。

1. 加色法混合

加色法混合即色光混合，也称第一混合。当不同的色光同时照射在一处时，能产生另外一种新的色光，并随着不同色混合量的增加，混色光的明度会逐渐提高。将红(橙)、绿、蓝(紫)三种色光分别作适当比例的混合，可以得到其他不同的色光；反之，其他色光无法混出这三种色光来。故称为色光的三原色，它们相加后可得白光。

加色法混合效果是由人的视觉器官来完成的，因此它是一种视觉混合。加色法混合的结果是色相的改变、明度的提高而纯度不下降。

2. 减色法混合

减色法混合即色料混合，也称第二混合。在光源不变的情况下，两种或多种色料混合后产生新色料，其反射光相当于白光减去各种色料的吸收光，反射能力会降低。故与加色法混合相反，混合后的色料色彩不但色相发生变化，而且明度和纯度都会降低。所以混合的颜色种类越多，色彩就越暗越浊，最后近似于黑灰的状态。

3. 空间混合

亦称中性混合、第三混合。将两种或多种颜色穿插、并置在一起，于一定的视觉空间之外，能在人眼中造成混合的效果，故称空间混合。其实颜色本身并没有真正混合，它们不是发光体，而只是反射光的混合。因此，与减色法相比，增加了一定的光刺激值，其明度等于参加混合色光的明度平均值，既不减也不加。

由于它实际上比减色法混合的明度显然要高,因此色彩效果显得丰富、明亮,有一种空间的颤动感,表现自然、物体的光感,更为闪耀。

空间混合的产生需具备必要的条件:

(1)对比各方的色彩比较鲜艳,对比较强烈。

(2)色彩的面积较小,形态为小色点、小色块、细色线等,并成密集状。

(3)色彩的位置关系为并置、穿插、交叉等。

(4)有相当的视觉空间距离。

四、色织物的配色

色织物的配色主要有两个方面:夏令薄织物的配色一般是丝型织物,秋冬中厚织物的配色是毛型织物。由于织机机构的限制,小提花或基本组织的色织物所应用的综框数一般不超过16页,因此它的色彩花纹主要是条子、格子,少量带有寓意、象形、几何花纹的图案。产品设计人员一般要为色织物的每一大类品种设计出大量的组织花纹,每种组织花纹可配有若干色调的套色,每套色又可配三到五种色位,色位可含有几种颜色。

在设计同一套色的配色时,色彩的变化可以多种多样,例如改变点缀色、改变地色或改变部分经、纬纱的颜色,或同时改变所有的经、纬色等。但同一套色内的各对应部分(包括地色、花色、点缀色)的格形大小、色纱的明度、纯度等应该相同,否则便属于不同套色的花型。

1. 色织物中色彩的配合

色织物中色纱反射的色光相互配合,形成色彩模纹,产生人们希望的艺术效果。色彩对比强烈的配色称为对比配色;色彩对比缓和的配色称为调和配色。对比配色和调和配色是色织物色彩配合中需要考虑的基本问题。

色织物的色彩配合,宜偏于调和而兼顾对比,以达到浅色配合不萎、深色配合不暗的效果。而对儿童服装面料的色彩配合,对比可以强一些,但是也要注意色彩鲜艳而不庸俗。装饰织物的色彩配合,宜偏于对比而兼顾调和,但是也不宜过于刺激。

(1)调和的色彩配合,能产生文静而朴素的效果:

① 色环上90度以内的类似色相互配合,要具有明度对比;

② 姐妹色互相配合,要具有纯度对比,色间距离宜在3~4级;

③ 复色互相配合,由于复色为多种色彩组成,不会形成强烈对比;

④ 少量金色、银色或灰色可与任何一色配合(实质上是复色与任一色彩的配合);

⑤ 若色环上相隔120度左右的色相互相配合,宜引进二色相中间的类似色,这样可减少色彩对比的强烈程度;

⑥ 黑色、白色、深蓝色同其他色彩配合,会呈现明度对比。

(2)对比的色彩配合,具有鲜艳夺目的特点,立体感强,能使色彩模纹具有鲜明的效果。

① 互补色配合,色相形成对比;

② 黑与白配合,明度形成对比;

③ 同一色相的深、浅色配合,纯度形成对比,对比效果调和。

(3)红色与紫色的色相和明度都很接近,配色的效果一般不会太好,在设计时应注意避免红色与紫色的搭配。

(4)重点突出配色,强调突出效果:只使用一个颜色强调突出效果的配色方案,一般使用与整体颜色截然不同的特殊颜色来实现这种效果。这就好像老师批改作业时通常都用红色的笔一样，截然不同的颜色可以起到极高的强调作用。

2. 色织物色彩配合的一般规则

色彩配合是色织物艺术处理的一个重要组成部分，总的配色原则是调和、对比、统一、变化八个字，另外还要注意浓淡层次、面积大小、色相纯度、色彩处理等条件。色织物配色的一般规则是：

（1）基本色调的确定：主调的决定依从于产品用途及对象，确定基本色调主要考虑五个方面，即深色调、中深色调、中色调、中浅色调和浅色调五种，根据产品用途和使用情况而有不同。例如府绸细纺类品种，多数用作夏令上衣、内衣用料，少数作秋冬季外衣用，其色泽以浅色、中浅色为主，中色不多，深色除用作秋冬季罩衫用料外，一般较少采用。又如作裤料用的织物，基本色调以中深色、中色、深色为多，中浅色及浅色的比例较少。因此，色彩运用上要善于用色，既要了解其适应对象，又要熟悉颜色。如宇宙色多数是浅色，含白较多；果子色是宇宙色的相对色，是带灰的深色调，适用于深色调；姊妹色适用于中浅色；对比色适用于闪色品种，色调应选用中色和中深色。

（2）色织物的配色还应注意色位的配套问题：要使各色位有所区别，关键在于主色的选用，其次是主色和其他色彩的相互配合。同一套色中，色相罗列要丰富一些，以避免千篇一律，给人以变化不多的感觉。设计一块色织物的色彩配合时要兼顾其余几只色位的配合，选择时注意所用各色色泽的色度要接近，色彩的步调要一致。

（3）注意用色比例：比例是指所用各色色块面积的大小，即地色、陪衬色、点缀色这三者的比例是否恰当。主色一般面积大，色泽纯度不宜太纯、太刺激；陪衬色是对主色起衬托作用的颜色，要求能够突出主色但不能喧宾夺主，压倒主色，因此不能过于夺目；点缀色用量虽少，但位置却很重要，明度、纯度要求都比较高，对产品起画龙点睛的作用。总的设计手法一般是暗地点亮、绿地点红，冲破烦闷的感觉，点缀色都采用明度较高的黄色或金、银、灰、白、黑等色泽，使之醒目突出，加强效果。

（4）要防止色相过多、黑色成糊、折色分散的弊病：过于刺目的颜色要少用，以免有不安的感觉，要做到既不火爆又不模糊。

（5）同种色运用多数为渐层式处理：要区别色阶层次，不宜过近，太近则萎暗无神，界限不清，过远又失去层次的感觉，显得生硬脱节。在使用比例上，深色面积要小，浅色面积要大，从深到浅，既调和又清晰，效果较好。

（6）同类色的运用，如咖啡色与古铜色、米色与浅咖啡等同类色放在一起，易于得到统一醒目的效果，但要注意色光和色彩的纯度，色光要区别明显，色彩的深浅程度要有区别，才能够显出层次。

（7）一般来说，复色都含蓄而文静。几种复色并列，要注意使各色都起作用，色彩应有层次，不能模糊不清。

（8）灰色与任何色泽的配合都比较协调，因而灰色在色织物中作用广泛，但选用时要注意色泽浓淡的配合。如深艳的色彩用深灰衬托，淡雅的色彩用淡灰衬托，才能做到恰到好处。单用灰色，与另一色配合不当时，会有沉闷的感觉。如要突出色彩的明朗，还必须由黑、白二色来辅助配合。

（9）色相纯度和明度接近的颜色配合时要注意面积大小，配合得当，还是能够收到一定效果的,否则就没有对比。

(10)色彩的对比和统一是一对矛盾:没有对比就不需统一,没有对比就没有统一,就会出现杂乱无章、不安定的感觉。没有对比会使织物外观显得呆板沉闷。但对比又不宜过于强烈,要注意对比后的效果。

3. 色织物配色时应注意的问题

(1)要明确用途和当前的流行色彩:色织物的适应面广,可以是衣着用织物或装饰用织物,也可以是丝型织物或毛型织物,因此,配色应根据织物的使用对象、地区、民族、习惯、季节等的不同要求而有所不同。另外色织物的配色还要适应对流行色彩的要求,在配色前必须做好相应的调查研究工作。

国际流行色的预测是由总部设在法国巴黎的"国际流行色协会"完成的。国际流行色协会各成员国专家每年召开两次会议,讨论未来十八个月的春夏或秋冬流行色方案。协会从各成员国提案中讨论、表决、选定一致公认的三组色彩为这一季的流行色,分别为男装、女装和休闲装。国际流行色协会发布的流行色方案是凭专家的直觉判断方选择的,西欧国家的一些专家是直觉预测的主要代表,特别是法国和德国专家。他们一直是国际流行色界的先驱,对西欧的市场和艺术有着丰富的感受,以个人的才华、经验与创造力就能设计出代表国际潮流的色彩构图,他们的直觉和灵感非常容易得到其他代表和世界的认同。

中国的流行色由中国流行色协会制定,通过观察国内外流行色的发展状况,取得大量的市场资料,然后对资料进行分析和筛选而制定,在色彩制定中还加入了社会、文化、经济等因素。因此国内的流行色比国际流行色更理性一些,而国际流行色则有个性,略带艺术气息。

但实际上,流行色最适用于T恤、便装、饰品等,并不太适合贵重的西装、礼服。如果一个人的审美观不错,他今天看到后觉得眼前一亮的色彩也许就是明天的流行色,而有的流行色正是来自消费者的意向。流行色其实也不是什么神秘的东西,关键是要提高审美观。流行色仅供参考,这样才能设计出更流行的色织物。

(2)要有主次:配色中有一个主调,它是某一色织物的主色调。一般来说,主色调的面积最大,可以是红、绿、蓝色调,或称寒暖色调。有时在各套色中用两种色彩体现,但两个色相也应有主次,不能用量相等。

(3)要有层次变化:色织物的配色要有层次的变化,尤其在条格配色上应特别注意。有了层次才能体现出前后、上下、左右,且富有立体感,使人们感到有条有理,不然会产生杂乱无章的效果。

例如渐变色,采用姐妹色的配合,由明度、纯度差距不大的同一种色彩,经纬纱逐渐排列成多层次的条形、格形。但同种色的色间距太近,会使操作困难。

又如闪色配色,使用对比强烈色彩的经纬纱交织,能使布面产生闪色效应,给人们以富丽大方的感觉。闪色配色一般有平素闪色或在平素闪色的基础上适当稀疏地点缀细巧的经纬起花,也有多种色彩同时交织形成的彩格闪色。要使闪色效果好,经纬密度宜按近且不稀松,经纬二色对比要强,纯度要接近,而不能一色太重而一色太轻。闪色织物的基本组织一般采用平纹或斜纹组织,纱线一般较细。

第二章　排　花

　　根据产品设计的花型、配色的主题要求和实际生产的可能性，决定产品经纬纱排列的方式称为排花。合理的排花能起到提高产品质量、提高织物的使用性能和改善产品加工条件的作用。

　　一、劈花

　　色织物中色纱的排列方式与织物的组织相似，也存在一定的排列顺序，当色纱排列的规律达到一个完整的循环时，称为一个色纱循环，或称为一花。在色织物分析时，经常会遇到布样来自于整幅织物中间的一小块，从这一小块布样中可以分析出色纱排列的循环规律。但织物在织造时从第一根经纱或纬纱开始到最后一根经纱或纬纱结束，色纱以哪一根为起点，从布样中往往是分析不出来的，设计时就需要按照一定的规则进行合理地排列。劈花就是确定经纱配色循环的起迄点位置的工艺设计过程。

　　劈花的目的是保证织物在使用时达到拼幅拼花的要求，不造成浪费，而且要有利于浆纱排头及织造、整理的加工生产，减少生产疵点，提高产品的质量，同时还要争取使整幅织物美观。根据生产经验，色经劈花的位置宜选择在色纱根数多、颜色浅、组织比较紧密的地方，具体操作可按以下几个原则来进行：

　　1.原则一：劈花的位置一般易选择在白色或浅色纱线根数较多的地方，并尽可能使整幅织物两边的色经排列对称或接近对称，以使织物外观好看，并且便于拼幅、拼花和节约用料，尤其是对一些格形、花型较大的被单布、彩格绒、格府绸、格布等产品。

　　例1：某织物花纹配色循环的色经排列规律为：

黄	黑	红	紫	黑	红	黄	黑	黄	白
4	40	8	4	9	9	8	40	4	60

全幅共10花，请进行劈花。

　　解：根据劈花原则一，可从白色经纱60根的1/2处劈花，则劈花结果为：

白	黄	黑	红	紫	黑	红	黄	黑	黄	白
30	4	40	8	4	9	9	8	40	4	30

　　色经经调整后，布幅两侧的花纹对称匀整，拼幅后能构成完整的条（格）形，较为理想。

　　2.原则二：提花、缎条、灯芯绒等松结构组织、剪花织物的花区及泡泡纱的泡泡部分应离布边处有1～1.5cm的平纹或斜纹组织，即这些组织不能作每花的起点，以保证织物在织造时不被边撑拉破及在染整过程中不被夹头拉坏。为了保证织物外观，与布身相近的边纱色泽宜与布身相同。当不能满足上述要求时，可适当增加边纱根数。

　　例2：某平纹和透孔组织间隔排列的色织府绸织物，色经的排列规律为：

组　　织：平纹	透孔	平纹	透孔
经纱颜色：浅灰	白	浅灰	白
经纱根数：63	21	27	21

请劈花。

解：根据上述两个劈花原则，应从 63 根浅灰色平纹组织处的中间劈花，劈花结果为：

方法一：

组　　织：平纹	透孔	平纹	透孔	平纹
经纱颜色：浅灰	白	浅灰	白	浅灰
经纱根数：32	21	27	21	31

方法二：

组　　织：平纹	透孔	平纹	透孔	平纹
经纱颜色：浅灰	白	浅灰	白	浅灰
经纱根数：30	21	27	21	33

3. 原则三：劈花应选择在格形较大的地方，以便于拼花。

例 3：某色织格子府绸织物，色经的排列规律为：

经纱颜色：黑	墨绿	浅绿	墨绿
经纱根数：64	12	4	12

请劈花。

解：

方法一：根据原则三，织物黑色格子较宽，应从 64 根黑色经纱的中间处劈花，劈花结果为：

经纱颜色：黑	墨绿	浅绿	墨绿	黑
经纱根数：32	12	4	12	32

方法二：根据原则一，则织物应从 4 根浅绿经纱的中间劈花，其劈花结果为：

经纱颜色：浅绿	墨绿	黑	墨绿	浅绿
经纱根数：2	12	64	12	2

上述两种方法劈花时都能够满足布幅两侧的花纹对称匀整的要求，但方法二中，由于浅绿经纱太少，在拼缝时浅绿色易缝掉，影响花型的完整，故选择方法一的劈花方式更合理。

4. 原则四：劈花要注意各组织的穿筘要求，如透孔组织要求三根经纱穿入一个筘齿中，使织物的透孔清晰；纵向凸条组织中两凸条之间的两根平纹要求分穿在两个筘齿中，使凸条效应明显。因此，劈花时应注意织物的组织特点，以满足产品设计的穿筘要求。

例 4：例 2 中，如果确定每筘 3 入，则在劈花方法一中，穿筘时破坏了透孔组织的穿筘方法，会造成孔眼不清晰，故在设计时应考虑方法二，而不能取方法一。

从例 3、例 4 可以看出，织物在劈花时，往往不能保证所有的原则都能够完全满足条件，这时就要根据织物的用途、具体的花型及上机工艺要求确定，以更重要的原则为基本保障，从而保证织物织造顺利且布面质量符合要求，还能在使用过程中保持其美观。

5.原则五:对花型完整性要求较高的品种,全幅花数应为整数,如床单、线呢等。被单的全幅花数应是整数,以便双幅拼用;女线呢的全幅花数应尽可能为整数,以便在缝制中式罩衫接袖时减少浪费。

例5:某女线呢,总经根数 2658 根,边经 48 根,色经排列为:

红	血牙	红	血牙	红	血牙	浆红	血牙	浆红	血牙	浆红	血牙
30	1	2	1	1	3	1	2	1	1	1	1

浆红	黑	浆红	黑	浆红	黑	浆红	黑	红*	黑	黑*	红
2	1	2	3	1	3	1	14	8	54	16	30	180 根/花

请劈花("＊"表示其组织是经起花组织,其他为平纹组织)。

解:计算全幅花数:(2658－48)/180＝14 花＋90 根

因女线呢对拼花要求高,花数最好为整数。要使花数为整数,如果保持总经根数及箬幅不变,可适当调整每花经纱数作适当改变,一般可以根数较多的色条部分适当增加或减少少量经纱。

因为:90/15＝6,则可将每花左边 30 根减去 6 根,即改为每花 174 根,全幅花数为 15 花,其他不变。

劈花结果为:

红	血牙	红	血牙	红	血牙	浆红	血牙	浆红	血牙	浆红	血牙
24	1	2	1	1	3	1	2	1	1	1	1

浆红	黑	浆红	黑	浆红	黑	浆红	黑	红*	黑	黑*	红
2	1	2	3	1	3	1	14	8	54	16	30	174 根/花,共 15 花

例6:例 5 中,如果总经根数为 2690 根,其他不变,请劈花。

解:计算全幅花数 (2690－48)/180＝14 花＋112 根(或 15 花－68 根)。

因为 68＝15×5－7(或＝15×4＋8),如保持总经根数及箬幅不变,则可以在每花左边 30 根红色纱线中减去 5 根,共 15 花,每花经纱数为 175 根,然后在第一花的红色纱线处加 6 根,最后一花右边 30 根红色经纱处加 1 根。

第一花左边红色经纱数为 30－5＋6＝31 根,最后一花右边红色经纱数为 30＋1＝31 根。第一花经纱数为 180－5＋6＝181 根,最后一花经纱数为 180－5＋1＝176 根。

其劈花结果为:

第二到第十四花为:

红	血牙	红	血牙	红	血牙	浆红	血牙	浆红	血牙	浆红	血牙	浆红
25	1	2	1	1	3	1	2	1	1	1	1	2

黑	浆红	黑	浆红	黑	浆红	黑	红*	黑	黑*	红
1	2	3	1	3	1	14	8	54	16	30	175 根/花,13 花

第一花为：

红	血牙	红	血牙	红	血牙	浆红	血牙	浆红	血牙	浆红	血牙	浆红
31	1	2	1	1	3	1	2	1	1	1	1	2

黑	浆红	黑	浆红	黑	浆红	黑	红*	黑	黑*	红	
1	2	3	1	3	1	14	8	54	16	30	181 根/花,1 花

第十五花为：

红	血牙	红	血牙	红	血牙	浆红	血牙	浆红	血牙	浆红	血牙	浆红
25	1	2	1	1	3	1	2	1	1	1	1	2

黑	浆红	黑	浆红	黑	浆红	黑	红*	黑	黑*	红	
1	2	3	1	3	1	14	8	54	16	30	176 根/花,1 花

总计 15 花。

　　或：在每花左边 30 根红色纱线中减去 4 根，共 15 花，每花经纱数为 176 根，然后在第一花的红色纱线处再减 2 根，最后一花右边 30 根红色经纱处减 6 根，即第一花左边红色纱线为 30－4－2＝24 根，最后一花最右边红色纱线为 30－6＝24 根。第一花经纱数为 180－4－2＝174 根，最后一花经纱数为 180－4－6＝170 根。

　　其劈花结果为：

　　第二到第十四花：

红	血牙	红	血牙	红	血牙	浆红	血牙	浆红	血牙	浆红	血牙	浆红
26	1	2	1	1	3	1	2	1	1	1	1	2

黑	浆红	黑	浆红	黑	浆红	黑	红*	黑	黑*	红	
1	2	3	1	3	1	14	8	54	16	30	176 根/花,13 花

　　第一花为：

红	血牙	红	血牙	红	血牙	浆红	血牙	浆红	血牙	浆红	血牙	浆红
24	1	2	1	1	3	1	2	1	1	1	1	2

黑	浆红	黑	浆红	黑	浆红	黑	红*	黑	黑*	红	
1	2	3	1	3	1	14	8	54	16	30	174 根/花,1 花

　　第十五花为：

红	血牙	红	血牙	红	血牙	浆红	血牙	浆红	血牙	浆红	血牙	浆红
26	1	2	1	1	3	1	2	1	1	1	1	2

黑	浆红	黑	浆红	黑	浆红	黑	红*	黑	黑*	红	
1	2	3	1	3	1	14	8	54	16	24	170 根/花,1 花

总计 15 花。

　　6.原则六：如果所设计织物的经向有毛巾线、结子线、低捻花线等花式线时，劈花时要避开这些部位。

　　上述 6 个原则是在对色织物进行劈花工艺设计过程中需要注意的地方，但事实上，色纱的排列有多种方式，劈花没有统一的规律可循，以上原则在设计时仅供参考。另外，在劈花时,可能碰到的情况很多,劈花的方式也可以灵活变化,但要掌握好劈花的目的,不能影响织物的生产工艺及布面的质量,同时在劈花时尽量不要改变花型,能够简单处理的问题尽量简化。

例 7：某色织物采用 $\frac{2}{1}$ 斜纹组织,总经根数 3636 根(边纱 36 根),其色经排列如下：

浅蓝	漂白	浅绿	漂白	浅蓝	漂白	深蓝	漂白	浅绿	漂白
24	6	45	12	45	6	18	33	276	33

试对其进行劈花。

解：(1)全幅花数＝(3636－36)/498＝7 花,余 114 根;

(2)根据劈花原理,劈花应选在 276 根浅绿纱处;

(3)由于组织为 $\frac{2}{1}$ 斜纹,故可以选择从中间劈花,即 276 根浅绿纱线每边 276/2＝138 根;

(4)剩余的 114 根纱线可以在第一花最左边的 138 根浅绿纱线处加 114/2＝57 根,在第 7 花最右边的 138 根浅绿纱线处加 114/2＝57 根;

(5)劈花结果为：

浅绿	浅绿	漂白	浅蓝	漂白	浅绿	漂白	浅蓝	漂白	深蓝	漂白	浅绿	浅绿
57	138	33	24	6	45	12	45	6	18	33	138	57

共498根,循环7次

(6)第一花的经纱数为 498＋57＝555 根,最左边的浅绿纱线为 138＋57＝195 根;

(7)第七花的经纱数为 498＋57＝555 根,最右边的浅绿纱线为 138＋57＝195 根。

有些织物对花型的完整性并没有明确的要求,则可以根据实际情况采用适当的劈花方法。

例 8：某色织物的色经排列为：

经纱颜色：红　黄　　白

经纱根数：50　10　　10

经计算,全幅花数为 29 花余 60 根,请劈花。

解：根据劈花原则,可以在 50 根红色经纱处开始劈花,考虑到 60 根剩余色经的排列,可以按照下述方法进行劈花。

将 50 根红色经纱劈为 20 根与 30 根,剩余的 60 根色经按红 20 根、黄 10 根、白 10 根、红 20 根在 29 花的后面加入,其劈花结果为：

经纱颜色：	红	黄	白	红	红	黄	白	红
经纱根数：	20	10	10	30	20	10	10	20

循环29次

在劈花时,如果通过总经根数的计算,色纱排列整花的剩余的色经根数很少或缺少的色经根数很少,则可以考虑通过调整织物的总经根数来简化劈花工艺,同时也可使生产操作更简单。

例 9：生产某一来样加工产品,经分析,该织物为纯棉色织纱府绸,色经循环如下：

蓝	白	灰	白	灰	白	灰	白	蓝	白
2	2	2	32	4	2	2	12	2	8	68根/花

成品经纬密为 472 根/10cm×267.5 根/10cm,组织为平纹,边纱 48 根,纬纱采用白色,成品幅宽 120.7cm,试进行劈花。

解:(1)织物的总经根数＝120.7×472/10＝5697(根);

(2)初算全幅花数＝(5697−48)/68＝83 花＋5 根;

(3)可以考虑除去这多余的 5 根经纱,总经根数为 5697−5＝5692(根);

(4)劈花从 32 根白经纱处开始,32/2＝16 根,故织物最左边和最右边各为 16 根白色经纱;

(5)劈花结果为:

白	灰	白	灰	白	蓝	白	蓝	白	灰	白	
16	4	2	12	2	8	2	2	2	16		68 根/花,共 83 花

例 10:设计一纯棉纱府绸,经纬纱规格 13tex×13tex,坯布平均经纬密为 440.5 根/10cm×283 根/10cm,成品幅宽 91.4cm,经纱配色循环为:

提花　　　　　　　　　　　　　　　　提花

白	咖	白	白	黄	白	咖	白	红	白	咖	白	白	蓝	白	咖	白	红	
6	2	10	1	1	12	2	6	11	2	2	16	1	1	18	2	2	11	共158根

14次　　　　　　　　　　　　　　　　14次

花地经密比为 4:3,根据工厂经验,边经 48 根,织造幅缩率为 6.5%,试进行劈花。

解:(1)坯布幅宽＝$\dfrac{91.4}{1-6.5\%}$＝97.7(cm);

(2)总经根数 97.7×440.5/10＝4304(根);

(3)初算全幅花数(4304−48)/158＝27 花−10 根;

(4)由于花纹本身不对称,又采用花筘穿法,为使穿综能达到循环,故考虑总经根数增加 10 根,全幅花数达到 27 花,色纱排列不变。

(5)总经根数＝4304＋10＝4314(根)

在例 9 和例 10 中,由于劈花时所增减的经纱数与织物总经根数相比很少,可在总经根数上进行相应的调整,调整后不会明显影响织物的幅宽、经密及织造时的幅缩率。但如果增减的经纱数较多,则会对织物的幅宽、经密及织造时的幅缩率产生一定的影响,从而影响生产的顺利进行,也会直接影响产品的质量,故此时不能采取简单的总经根数调整来进行劈花。

二、调整经纱排列

织物经纱的排列顺序、排列根数和穿综方法组成了经纱的排列方式。总经根数统一的产品,工艺设计时为了把产品的总经根数和上机筘幅控制在规定的范围内,同时使产品满足劈花的各项要求和减少整经时分纱不清(俗称平纱),常需要对经纱的排列方式进行调整。

$\dfrac{1}{1}$平纹、$\dfrac{2}{2}$斜纹及平纹夹绉地等每筘穿入数相同的织物,调整时只要在条(格)形最宽配色处,抽去或增加适当的排列根数,改变一花是奇数的排列,并尽量调整到 4 的倍数,同时把整经时的加减头控制在 20 根以内。例如,生产 28×28×283×267.5×91.4 的色织布,总经根数 2776 根(包括 28 根边纱),原样一花排列如表 4-1。按此排列,产品全幅由 13 花组成,除头 47 根,不能达到拼幅要求,同时其一花排列是奇数,为 215 根,故不利于整经,会有平绞,穿综时不易记忆,穿错时也难检查出。如把原一花经纱数改为212根,则全幅同样是13花,但除头只有8根。经过这样的调整后,一花排列为4的倍数,两边对称,既能保持原样外观,又能达到拼花及改善整经、穿综的加工条件。采用这种方法对经纱一花排列作调整,方法简单,效果好,但只能适用于平筘穿法的产品。

表 4-1　平筘穿法产品一花色纱排列

色经排列	墨绿	元色	中灰	麦黄	中灰	麦黄	墨绿	麦黄	中灰	麦黄	中灰	元色	墨绿	
原　样	31	41	6	18	6	4	12	4	6	18	6	41	22	215 根/花
改　后	22	40	6	18	6	4	12	4	6	18	6	41	30	212 根/花

各种花筘穿法的产品,调整经纱排列的方法有三种:

(1)保持经纱一花总穿入筘齿数不变,而对经纱一花排列根数作适当调整。如生产(14×2)×17×346×259.5×81.28的色织缎条府绸,总经根数为3036根(其中边纱36根),原样一花排列如表4-2。

表 4-2　花筘穿法产品原样一花色纱排列(1)

1筘(4入)	8筘(3入)	7筘(4入)	8筘(3入)	1筘(4入)	14筘(3入)	其中4入是缎
酱色	军绿	酱色	军绿	酱色	军绿	纹,3入是平
4	24	28	24	4	42	纹,126根/花

根据此产品的整理要求,缎纹一定要距布边1.27cm以上,筘幅约为92.46cm。原料色纱排列不能满足上述两点要求,所以可改成如表4-3的排列:边纱36根,总经根数为3034根,筘幅为92.33cm,两边距缎纹1.27cm以上,产品全幅23花,加头54根。

表 4-3　花筘穿法产品调整后一花色纱排列(1)

14筘(3入)	1筘(5入)	8筘(3入)	7筘(4入)	8筘(3入)	1筘(5入)	
军绿	酱色	军绿	酱色	军绿	酱色	128根/花
42	5	24	28	24	5	

(2)保持经纱一花总的排列根数不变,而对一花的总筘数作变动。如生产(14.5+28)×14×346×299×91.44的泡泡纱,总经根数为3168根(其中边纱46根,18筘),筘幅为101.35cm,原样排列如表4-4。

表 4-4　花筘穿法产品原样一花色纱排列(2)

3入×24筘(J14.5)	2入×10筘(28)	3入×7筘(J14.5)	2入×10筘(28)	3入×7筘(J14.5)	2入×10筘(28)	3入×22筘(J14.5)	
蓝	白	黄	白	黄	白	蓝	240 根/花
72	20	21	20	21	20	66	

表 4-5　花筘穿法产品调整后一花色纱排列(2)

3入×24筘(J14.5)	2入×9筘(28)	3入×7筘(J14.5)	2入×9筘(28)	3入×7筘(J14.5)	2入×9筘(28)	3入×24筘(J14.5)	
蓝	白	黄	白	黄	白	蓝	240 根/花
72	18	21	18	21	18	72	

按此排列,如要达到规定的总经根数及箅幅要求,需采用特殊钢箅。为此对上述排列进行调整,如表4-5。产品全幅13花,边纱46根,箅幅101.24cm,总经3166根。

(3)对原样一花的排列根数和穿箅齿数同时进行调整。如生产(14×2)×17×346×259.5×91.44的色织府绸,总经根数为3380根(其中包括边纱36根),箅幅为104.14cm,原样一花排列如表4-6所示。

表4-6 花箅穿法产品原样一花色纱排列(3)

缎 纹	平 纹	花 区		平 纹	缎 纹	平 纹	
4箅×5入	5箅×3入	4箅×5入		5箅×3入	4箅×5入	15箅×3入	135根/花
深红	元色	蓝	元色	元色	深红	元色	
20	15	10	10	15	20	45	

照此排列,若要达到上述的规格要求,整经时除头太多,无论怎样劈花都不能满足整经、穿综、整理、拼幅的要求,因此可以作表4-7所示的经纱调整。

表4-7 花箅穿法产品调整后一花色纱排列(3)

平纹	缎纹	平纹	花 区		平纹	缎纹	平纹	
12箅×3入	4箅×5入	5箅×3入	4箅×5入		5箅×3入	4箅×5入	2箅×3入	132根/花
元	深红	元色	蓝	元色	元色	深红	元色	
36	20	15	10	10	15	20	6	

调整后全幅25花多30根加头,加头加在最后一花后面,连同边纱36根,总经根数为3366根,箅幅为104.09cm,这样排列就可以满足劈花的要求了。

以适当增加边纱的根数使产品的总经根数和上机箅幅达到规定要求,但是边纱宽度一般应控制在0.64cm左右,不宜过宽或过窄。如缎条府绸一般边纱用36根,但必要时可增加到48根。

三、引纬顺序的配置与控制

许多织物在织制过程中需要同时使用两种或两种以上不同的纬纱,以达到设计要求的效果,如使用不同颜色的纬纱以形成配色的条格织物;使用不同线密度的纬纱形成纬向凸条或表里配比不同的多重组织;使用不同捻向的纬纱形成隐条、隐格效应,用不同捻度的纬纱形成起绉效果;织制单色织物时采用两个相同的纱线筒子或纡子交替向梭口引纬,以减少纬纱粗细不匀造成的纬档疵并提高产品的产质量等等。

1. 纬纱排列顺序的配置

纬纱的配置较经纱的配置简单得多。因为一般整匹织物的长度较长,而纬纱的循环数相对而言要小很多,对织物花型的影响较小;而且一般织物在使用过程中不会存在匹与匹之间相拼的问题,即不存在织物在长度方向的拼匹和拼花的问题。当然,一般面料采购企业对匹长的要求也会较幅宽低一些。但设计时纬纱的排列顺序必须确定,以便于在上机织造时确定各类纬纱的引纬顺序。

纬纱的排列顺序往往可以根据样布分析及产品的风格、特点来确定,但同时要注意花型的完整性,并减少使用过程中的浪费。因此,纬纱的起迄位置一般根据花型的要求、织物的使用要求并结合面料生产企业的生产经验来确定。

但不论是无梭织机还是有梭织机,纬纱的颜色或种类都受到一定的限制,如有梭织机的纬纱种类一般在 6 种以内，而无梭织机的纬纱种类一般控制在 8 种以内。种类过多往往需要对普通织机的部分机构进行改装，造成织造困难。故在进行织物设计时，要根据企业自身的生产条件，将所用纬纱的种类控制在适应企业生产的范围内。

2. 引纬顺序的控制

新型引纬的剑杆、喷气、片梭等织机均使用了选色机构，往往通过花筒及纹针、电脑等进行选纬，而传统的有梭织机则是通过梭箱的配位及控制梭箱升降的钢板来选择投纬梭。

无梭织机的选色机构及其操作方法在《机织工艺学》中有较详细的介绍，本教材就不再介绍。而有梭织机虽然目前的使用量越来越小，但在一些不发达地区，这种设备还在使用，故对其梭箱的配位及钢板编排的设置方法作些简要的介绍。

（1）梭箱配位

使用多梭箱装置织造织物时，必须正确安排梭子在梭箱中的初始位置及梭箱的变换顺序，这个工作称为梭子的配位，或称梭箱配位、梭子的分段。

多梭箱装置的种类很多，有单侧式、双侧式、回转式、升降式、循环变换式、任意变换式等。但对多梭箱有梭织机来说，由于梭箱的升降往往会影响织造的顺利与否及布面质量，梭箱配位时应掌握以下原则：

① 尽可能做到梭箱顺序升降，减少梭箱的间跳，即尽量做到每次梭箱的升降只有一位，减少两位及以上的间隔升降，这样有利于织机运转平稳，减少布面疵点。

② 投纬次数多的梭子放在上面梭箱。这是因为大部分梭箱沉在下面时有利于织机的平稳运转。

③ 如果"色纬"排列中必须间跳时，应尽可能采用跳降，但不易采用最上与最下的梭箱互换。即如果织物在织造时不可避免地要采取间跳，则易采用"3—1"或"4—2"梭箱的变换，而不易采用"1—3"或"2—4"梭箱的变换，更要杜绝 1、4 梭箱之间的跳跃。

④ 浅色纬纱的梭子宜安放在上面梭箱中，以免影响纬纱的色泽。

⑤ 多股花线、结子线、圈圈线、毛巾线等花式纱线宜放在下面的梭箱，若纬纱中采用两种花式线，两者所选梭箱应间隔配置。

⑥ 离得最远的两种"色纬"分别放在第一和第四梭箱内，相邻色纱宜放在相邻梭箱内，以提高织造效率。

对于单侧式多梭箱装置，梭子的配位是比较简单的，因为它要求每把梭子的连续投梭次数都必定是偶数，即织物中"色纬"的排列必定是偶数，每把梭子经偶数投梭后，一定要回到原来各自所占据的梭箱中。这样，梭子在梭箱中的起始位置并无变动，按照"色纬"的排列顺序就能简易地确定梭箱的变换顺序。

例 11：色纬的排列顺序为：2 红、4 黄、2 红、4 白、18 黑、2 白，采用 1×4 的多梭箱织机织造。根据多梭箱配位的原则，梭箱配位最好选择：

黑—1；白—2；红—3；黄—4

常用的双侧式多梭箱有 4×4、2×4、2×2 等几种形式。双侧式多梭箱装置都具有任意投梭机械，它可以连续从一侧投梭两次、三次或四次。双侧式多梭箱的配位循环（R）是织物纬纱的配色循环（R_s）、投梭循环（R_t）和梭箱变换循环（R_x）的最小公倍数。而且，它在很大程度上决定于空梭箱的数目，空梭箱数越多，则配位越容易，色纬的排列顺序可以相当灵活，甚至不受限制。反之，当空梭箱数很少时，则配位困难，色纬排列顺序不自由，受到严格约束。因此,双侧式多梭箱的配位比较复杂。

（2）钢板编排

钢板是用来控制梭箱升降的,应根据色纬排列和梭箱配位编排钢板的次序,并连接成链。1×4单侧多梭箱织机所用的钢板,一块钢板控制两纬。钢板的形式及其对应的梭箱变换次序如表4-8所示。

表4-8　钢板形式与梭箱变换次序表

钢板形式	对应梭箱变换次序	备　注
○　　○	1—1、2—2 3—3、4—4	钢板内、外侧都有孔,梭箱不升降
○　　×	1—2、2—1 3—4、4—3	钢板内侧无孔,变换一只梭箱
×　　○	1—3、3—1 2—4、4—2	钢板内外侧无孔,变换两只梭箱
×　　×	2—3、3—2 1—4、4—1	钢板内、外侧都无孔,变换三只梭箱

例12:某色织物的色纬配色循环如下,试进行钢板编排。

$$\text{黑}\quad\text{白}\quad\text{黑}\quad\text{红}\quad\text{绿}\quad\text{红}\quad\text{黑}\quad\text{红}\quad\text{白}$$
$$14\quad 8\quad 8\quad 8\quad 4\quad 8\quad 80\quad 10\quad 8\qquad\text{共148根}$$

解:根据梭箱配位的原则,梭箱配位为:

$$\text{黑}\quad\text{白}\quad\text{黑}\quad\text{红}\quad\text{绿}\quad\text{红}\quad\text{黑}\quad\text{红}\quad\text{白}$$
$$2\quad 1\quad 2\quad 3\quad 4\quad 3\quad 2\quad 3\quad 1$$

则钢板编排如表4-9所示,共计74块钢板。

表4-9　钢板编排顺序

梭箱变换	钢　板	块　数	梭箱变换	钢　板	块　数
1—2	○　　×	1	4—4	○　　○	1
2—2	○　　○	6	4—3	○　　×	1
2—1	○　　×	1	3—3	○　　○	3

续表

梭箱变换	钢板	块数	梭箱变换	钢板	块数
1—1	○　○	3	3—2	×　×	1
1—2	○　×	1	2—2	○　○	39
2—2	○　○	3	2—3	×　×	1
2—3	×　×	1	3—3	○　○	4
3—3	○　○	3	3—1	×　○	1
3—4	○　×	1	1—1	○　○	3

第三章　条格的设计与仿制

　　条格是大众非常喜爱的一大类产品，其花色及外观变化多端，因此，在学习纺织品设计的过程中，熟悉和掌握条形、格形产品的特点及基本设计方法和技巧，是很有必要的。

　　对条形、格形样品的仿制分两种情况，即平筘穿法产品的仿制和花筘穿法产品的仿制。

一、平筘穿法产品

　　织造时每筘齿穿入的经纱根数相等的产品，称为平筘穿法产品。该类产品的特点是织物在幅宽范围内的经密完全相同（布边可以有所差异），因此，设计与仿样相对比较容易。

1. 对照法

　　这是一种最简单的条格仿制方法。仿样时，选择一块和仿制产品规格相同的成品布，取出样品一花内各色经纬纱线，按排列顺序分别与该成品布对照，记下一花内各色条、色格相对应的根数，再进行计算与确定。

　　用对照法仿制条形、格形样品简单准确，并可不考虑产品在各加工过程中的加工系数。但一定要有符合产品规格的成品布，方可采用此法。

2. 比值法

比值法仿制条形、格形的具体步骤为：

(1)记下样品一花的色纱排列规律，包括色经和色纬的排列顺序和各色纱线的循环根数；

(2)分别求出仿制品的成品经密、纬密与样品的成品经、纬密的比值；

(3)根据比值算出仿制产品一花的色纱排列规律。比值与样品各色经纬纱循环根数之积，即为产品一花的排列根数，有小数时予以修正。

例13：仿制产品规格为 $28 \times 28 \times 303 \times 259.5 \times 91.4$ 的色织布，样品的密度为 362 根/10cm×236 根/10cm，一花的色纱排列如表 4-10。

解：采用比值法仿样，就必须先求出样品经、纬密与产品经、纬密的比值。

$$产品与样品经密比值 = \frac{303}{362} = 0.837$$

$$产品与样品纬密比值 = \frac{259.5}{236} = 1.1$$

将样品各色经、纬纱根数与比值相乘，经修正后即为所确定的产品的一花经、纬纱排列，见表 4-10。

表 4-10

样品一花经纱排列	白	桔黄	白	桔黄	白	竹绿	淡黄	竹绿	淡黄	竹绿	桔黄	淡黄	桔黄	淡黄	桔黄	竹绿	淡黄	竹绿	淡黄	竹绿
色经根数	22	6	8	6	22	10	4	4	4	20	4	10	4	10	4	20	4	4	4	10
×0.837	18.4	5	6.7	5	18.4	8.4	3.3	3.3	3.3	16.7	3.3	8.4	3.3	8.4	3.3	16.7	3.3	3.3	3.3	8.4
产品一花经纱排列	18	5	6	5	18	8	4	4	4	16	4	8	4	8	4	16	4	4	4	8
样品一花纬纱排列	白	桔黄	白	桔黄	白	竹绿	淡黄	竹绿	淡黄	竹绿	淡黄	竹绿	淡黄	竹绿	淡黄	竹绿	淡黄	竹绿	淡黄	竹绿
色纬根数	20	6	6	6	20	6	4	4	4	20	4	8	4	8	4	20	4	4	4	6
×1.1	22.0	6.6	6.6	6.6	22.0	6.6	4.4	4.4	4.4	22.0	4.4	8.8	4.4	8.8	4.4	22.0	4.4	4.4	4.4	6.6
产品一花纬纱排列	24	6	6	6	24	8	4	4	4	24	4	10	4	10	4	24	4	4	4	6

用比值法仿制条形、格形的准确性高。但对格形方正的产品，在修正一花排列根数时，要考虑各色根数增减数量能满足格形方正的要求，具体可按式(4-1)进行验证，然后再进行相应的经、纬纱的调整。

$$\frac{一花经纱根数}{成品经密} = \frac{一花纬纱根数}{成品纬密} \tag{4-1}$$

3. 测量推算法

测量推算法的具体操作步骤为：

(1)先量出样品一花内各色条的宽度，要求公制精确到 1mm，英制精确到 1/16 英寸；

(2)将各色条的宽度或长度乘以产品的成品密度，求出各色条纱线的根数；

(3)修正计算所得的各色经、纬纱线的根数；

(4)进行相应的工艺计算和修正。

例14：一产品规格为 $13 \times 13 \times 422 \times 267.5 \times 91.4$ 的格形产品，格形照图样，要求格形

方正。图样中各色格的宽度、长度及仿制结果见表 4-11。需要注意的是，各色经、纬纱的修正要通过公式 4-1 来验证，以免造成格形不方正。

测量推算法比较适合用于大图案样和大格形的样品仿制。

表 4-11

色经	图案一花内各色经纱的测量宽度(mm)	白	元	白	元	蓝	元	蓝	元	蓝	元
		3.2	12.7	3.2	4.8	4 根	6.4	9.5	3.2	4 根	4.8
	按经密比例推算得到的一花经纱排列根数	13.5	53.6	13.5	20.3	4 根	27	40.1	13.5	4 根	20.3
	修正后产品一花经纱排列根数	14	52	14	22	4 根	26	40	14	4 根	22
色纬	图案一花内各色经纬的测量宽度(mm)	白	元	白	元	蓝	元	蓝	元	蓝	元
		3.2	15.9	3.2	4.8	4 根	4.8	12.7	3.2	4 根	4.8
	按纬密比例推算得到的一花纬纱排列根数	8.6	42.5	8.6	12.8	4 根	12.8	34	8.6	4 根	12.8
	修正后产品一花纬纱排列根数	8	42	8	14	4 根	14	34	4 根	14

二、花筘穿法产品

花筘穿法产品是指每筘穿入经纱数不相等的产品。如色织精梳泡泡纱，地组织通常采用每筘 3 穿入，起泡组织采用 2 穿入；色织缎条府绸，地组织采用 2 穿入或 3 穿入，缎纹组织采用 4 穿入或 5 穿入；等等。由于这类产品各组织间密度不相同，因此，对样品条形、格形仿制应采用下述方法。

1. 密度推测法

密度推测法主要用于来样复制。对一些非自行设计的色织样品，先确定各组织的每筘穿入数，再确定筘号，使产品保持样品的条(格)形。

例 15：一色织物组织特征如图 4-3 所示，对其条形进行仿制。

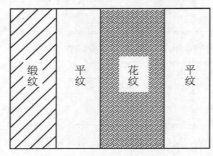

图 4-3　条形织物组织排列模纹图

（1）量得缎纹宽度为 6.35mm(1/4 英寸)，经纱是 25 根；

（2）在平纹处量出 6.35mm(1/4 英寸)的宽度，数得经纱是 15 根；

（3）用相同宽度的缎纹经纱数和平纹经纱数作比较得 25：15＝5：3，这样就可推测得到原样缎纹每筘 5 穿入，平纹每筘 3 穿入；

（4）量得花纹宽度是 9.525mm(3/8 英寸)，经纱根数 30 根；

（5）用同样宽度的花纹经纱数和平纹经纱数作比较得 30：22≈4：3，推测得到原样花纹处每筘 4 穿入。

这样，原样中组织的每筘穿入数都确定了，样品的条格形就能复制了。

采用密度推测法复制样品的条(格)形，测量一定要精确。但人工在测量条(格)的宽度或长度时总会存在一些误差，因此设计时要注意相应的调整。

例 16：仿制一色织缎条织物，经小样分析得出其模纹如图 4-4 所示。

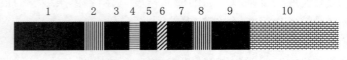

图 4-4　色织缎条织物模纹图

经组织分析及测量可知：

条带 1：平纹地，宽 14.1mm，48 根；

条带 2、8：平纹嵌花，宽 4mm，$(1+1)×4=8$ 根；

条带 3、7：平纹地，宽 5.1mm，18 根；

条带 4、6：缎条，宽 2mm，8 根；

条带 5：平纹地，宽 3.5mm，12 根；

条带 9：平纹地，宽 7.6mm，27 根；

条带 10：缎条，宽 18mm，$40+2+2+4+2+4+6+16=76$ 根。

一花经纱数为 247 根，宽 65.4mm。试确定每筘穿入数及各条带占用筘齿数。

解：

① 方法一

$$地组织经密=\frac{地组织经纱数}{地组织宽度}$$

$$=\frac{48+18+12+18+27}{14.1+5.1+3.5+5.1+7.3}×100=347（根/10cm）$$

$$嵌花条经密=\frac{嵌花条经纱数}{嵌条宽度}=\frac{16+16}{4+4}×100=400（根/10cm）$$

$$缎条经密=\frac{缎条经纱数}{缎条宽度}=\frac{8+8+76}{2+2+18}×100=418（根/10cm）$$

$$\frac{平纹地条经密}{缎条经密}=\frac{347}{418}≈\frac{3}{4}，\quad \frac{平纹地条经密}{嵌花条经密}=\frac{347}{400}≈\frac{3}{4}$$

故确定地条每筘 3 人，缎条、嵌花条每筘均 4 人。

需要注意的是：在利用密度推测法进行样品仿制时，比值一定要取整数。

$$色条筘齿数=\frac{色条的经纱数}{该条的每筘穿入数}$$

代入数据计算可得 1～10 条所用筘齿数分别为 16、4、6、2、4、2、6、4、9、19，共计每花 72 筘。

② 方法二

在同一筘号下，各条子的宽度与其占用的筘齿数接近正比关系，即：

$$\frac{甲条宽度}{乙条宽度}=\frac{甲条占用筘齿数}{乙条占用筘齿数}$$

初定第 1 条每筘穿入 3 根，则其占用筘齿数为 $48/3=16$ 齿。

将各数据代入上式并取整可得出：第 2、8 条 5 齿；第 3、7 条 6 齿；第 4、6 条 2 齿；第 5 条 4 齿；第 9 齿；第 10 条 20 齿。

其中：

$$每筘穿入数=\frac{条子的经纱数}{条子占用筘齿数}$$

第 2、8 条：$16/5=3.2$，不为整，故调整为 4 齿，每筘穿入数为：$16/4=4$ 人；

第 3、7 条：$18/6=3$ 人；

第 4、6 条：$8/2=4$ 人；

第 5 条：$12/4=3$ 人；

第 9 条：$27/9=3$ 人；

第 10 条：$76/20=3.8$，不为整数，故调整为 19 齿，每筘穿入数$=76/19=4$ 人。

总结：

① 1~10 条每筘穿入数为 3,4,3,4,3,4,3,4,3,4；

② 1~10 条各占筘齿数为 16,4,6,2,4,2,6,4,9,19；

③ 一花筘齿数= 16+4+6+2+4+2+6+4+9+19=72 齿；

④ 平均每筘穿入数=247/72=3.43 根。

2. 方程法

方程法主要是通过式(4-2)对样品的条(格)形进行仿制：

$$ax+bfx=(a+b)l \qquad (4\text{-}2)$$

式中：a 为样品一花内代表地组织的各色经总宽度；b 为样品一花内代表起花组织的各色经总宽度；x 为产品地组织的密度；l 为成品的平均密度；f 为地、花组织穿筘数比值。

如地组织每筘穿入数为 3，起花组织每筘穿入数为 5，则 $f=5/3$。故 fx 就是产品起花组织处的密度。现举例说明方程法进行色织条(格)形织物仿样的过程。

例17：生产坯布规格为 $13\times13\times112\times72$ 的产品，成品密度为 119.8 根/英寸$\times$700 根/英寸、门幅为 36 英寸的色织布，花型照图案(图 4-5)。

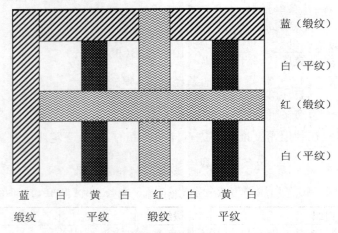

图 4-5　织物花型图案

仿制步骤如下：

① 测量图案一花内组织及各色的宽度，并依顺序排列和累计平纹组织和缎纹组织的总宽度，见表 4-12(以英寸为单位，精确到 1/16 英寸)。

表 4-12

	组织	缎纹	平纹			缎纹	平纹			平纹总宽度 $a_j=28/16$ 英寸；缎纹总宽度 $b_j=8/16$ 英寸。
色经	颜色	蓝	白	黄	白	红	白	黄	白	
	宽度	3/16	4/16	3/16	4/16	5/16	7/16	3/16	7/16	
	组织	缎纹	平纹	缎纹	平纹					平纹总宽度 $a_w=28/16$ 英寸；缎纹总宽度 $b_w=8/16$ 英寸。
色纬	颜色	蓝	白	红	白					
	宽度	3/16	11/16	5/16	17/16					

② 根据织物经纬向都有平纹和缎纹的缎格组织特征，缎纹区和平纹区的每筘穿入数分别为 4 穿入和 2 穿入，纬向缎纹停卷比例为 1：1(即卷一纬停一纬)。

③ 设平纹处的密度为 x，则缎纹处的密度 $fx=2x$（因为 $f=4/2=2$）。

将上述各已知数代入式(4-2)，得：

$$\frac{28}{16}x+\frac{8}{16}\times 2x=\left(\frac{28}{16}+\frac{8}{16}\right)\times 119.8$$

解方程求得平纹处经密 $x=97.9$ 根/英寸，缎纹处经密 $fx=2\times 97.9=195.8$ 根/英寸。

④ 求出经纱一花排列与根数：

将 $x=97.9$ 根/英寸分别乘以平纹处的各色条宽度，$fx=195.8$ 根/英寸分别乘以缎纹处的各色条宽度，得出如表 14-13 的各项数据。

表 4-13　色织物组织与色经排列

组　织	缎　纹	平　　　　纹			缎　纹	平　　　　纹		
色经排列顺序	蓝	白	黄	白	红	白	黄	白
经纱计算根数	36.7	24.5	18.4	24.5	61.2	42.8	18.4	42.8
修正后产品一花的色经根数	36	25	18	25	60	43	18	43
穿筘数	9×4 入	34×2 入			15×4 入	52×2 入		
全花 268 根，共 110 筘								

⑤ 色纬的计算方法与色经基本相同。设色纬平纹处密度为 x_1，因为纬缎处是以 $1:1$ 停卷的，因此 $f_1=(1+1)/1=2$，则纬纱缎纹处的密度 $f_1x_1=2x_1$。

将各已知数代入公式 4-2 得：

$$\frac{28}{16}x_1+\frac{8}{16}\times 2x_1=\left(\frac{28}{16}+\frac{8}{16}\right)\times 70$$

解方程求得平纹处经密 $x_1=57.3$ 根/英寸，缎纹处经密 $f_1x_1=2\times 57.3=114.6$ 根/英寸。

⑥ 计算色纬平纹处密度：

将 $x_1=57.3$ 根/英寸分别乘以平纹处的各色条长度，$f_1x_1=114.6$ 根/英寸分别乘以缎纹处的各色条长度，得出如表 14-14 的各项数据。

表 4-14　色织物组织与色纬排列

组织	缎纹	平纹	缎纹	平纹
色纬排列顺序	蓝	白	红	白
计算色纬根数	21.5	39.4	35.8	60.8
修正后产品一花色纬根数	20	40	36	62
产品一花色纬共 158 根				

仿制这类纬缎格时，需注意色纬每花循环不破坏经纬条的外观质量，故每花引纬数应符合以下要求：总的引纬数去掉停卷重复数外，余数应是缎条纬纱组织循环的整数倍。本题中，当缎条采用五枚缎纹时，则应为 5 的倍数，因为缎条的一个完全组织循环要横跨 5 纬。上述总的引纬数是 158 根，根据缎条处 $1:1$ 的停卷比，缎条处共引纬 56 梭，有 28 梭是重复数，而 $158-28=130$，而余数 130 正好是 5 的整数倍。

用方程法仿样的几点说明：

① 用方程法仿样不仅可以仿制布面上有两种不同密度的条形、格形样品，若以式(4-2)进行引伸，即能对一花中有三种或四种，甚至多种不同密度的样品进行仿制。如样品一花内有三种不同密度，则其仿制公式为式(4-3)：

$$ax+bf_1x+cf_2x=(d+b+c)l \qquad (4\text{-}3)$$

式中各参数所代表的意义请参考式(4-2)。

② 用方程法仿样的关键是算出织物地组织处的密度 x。x 是随着样品组织的变化而变化的,还随各组织每筘穿入数的变化而变化。由于 x 值的变化对产品的内在质量影响很大,所以确定时既要使产品保持样品的条、格形,又要保证产品的内在质量和生产条件的许可。

③ 用方程法仿样时,不考虑各组织在织造过程中的收缩或伸长之间的差异,因此,在仿制大条(格)形样品时,修正计算根数时应有 2%左右的调整。

④ 在实际仿样的过程中,其计算方法可以根据样品的特点简化。

第四章　图案设计及仿样

织物的图案设计是决定产品完整性和灵活性的一个关键,图案造型的好坏往往会影响到织物是否美观,所以,图案设计是装饰和实用相结合的工艺美术。在各种纺织品中,色织物具有独特的风格,即在色彩与组织的衬托下,图案具有立体感,并体现出类似丝、毛、麻织物或其他特殊的风格。因此,如何以恰当的形式,运用一定的艺术组织技巧,选择合适细度的纱线及织物规格,组成不同风格、不同用途的优质面料产品,既有丰富的艺术性,又具有良好的使用性能,是一个值得研究的问题。一个成功的面料产品,不论其色彩、图案造型,都应该以其鲜明的形象、独特的风格,明确地显示其属于何种类型的织物,适用于哪些对象。

一、织物的图案设计

普通色织物的图案不同于印花及像景图案,可在决定题材后如实描绘。它受设备的限制,不可能织出形象化的图案,只能用概括和精练的手法来处理,图案不强调写实而求神似。图案设计不仅要考虑布局的优美,还需考虑与生产相关联的一切因素,必须有利于织造生产及后道加工,降低产品成本,故织物图案设计的思路受到一定的限制。

当前织物图案的表现形式,多数是以条格排列和提花相结合,图案的类型主要有以下几种:

1. 几何图案

以经起花、纬起花或原组织起花等各种形式,在织物表面构成线条或点子,并点缀成简单的各式几何图形。图案造型上,有成散点排列的局部提花或以点缀花纹的满地排列,后者造型要连接自然、生动,排列均匀灵巧,经常带有一定的民族风格,如果排列得当,可以达到大提花织物的风格。几何图案的取材可参考各式花边、民族图案、线带织物花样、编结织物图案、针织花纹等,见图 4-6。

图 4-6　几何图案花纹示意图

2. 朵花

在色织物上采用写实为题材的朵花、动物等纹样也较多,但一般都需经过一定的艺术加工,浓缩成象形的似花非花、卡通动物的图案。这种朵花的形态比一般自然形象简洁、别致、新颖,别具风格,其线条粗直,类似木刻作品,取材可自一般几何形状至自然界的花卉、鸟兽、器皿用具、历史文物、文娱用品等等(图 4-7)。

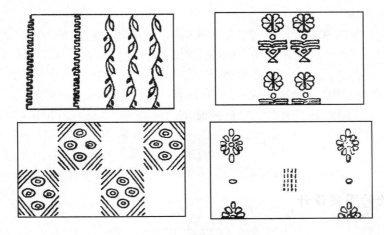

图 4-7　朵花花纹示意图

3. 条格

在各类织物中,条格花型可以说是图案的主体,多数品种都离不开它。条格图案由各种大小不同的方格和条子并结合色彩、组织进行排列,条格花型的成败是色彩和格(条)形的综合反映。从目前市场所反映的情况看,格形或条形大小不一,外形上有对称或不对称等变化。常利用粗细长短不同的线条、宽狭不等的距离,并结合色彩的应用,产生有远近、有闪光、有层次的条格。条格织物在花型上常点缀以稀疏的提花,通过不同的表现手法,产生许多不同的花样。

几何图案及朵花都作为提花织物点缀。提花织物应有花有地,突出主题,有醒目的感觉,但又不能过于刺目。花型选用几何图案较杂花适用性强,尤其是以象形的朵花图案的适用范围较窄。在布局上,满地花要色彩调和,浮点不能太长;局部提花又不能过于密集。花和地既要突出主体,宾主分明,又要相互呼应,层次清晰。花纹分布中高低左右的间隔必须均匀，松紧疏密合宜，轻重虚实得当，有变化但不紊乱，整齐而不呆板，互相有机地组成一个生动活泼的整体。

一般说来，图案造型有五怕，即怕"平、乱、散、糊、板"。处理得好，同一素材也不会有重复、类同或单调的感觉，要避免条格大同小异，要防止使用时有倒顺花的弊端，做到推陈出新，独具风格。

二、花型的仿造

使产品在外观上保持样品花型特征的工作称为花型仿造。花型的特征一般是由大小和形态两个方面来描述的。花型仿造的主要方法有移植法、调整穿筘法、调整花经法及综合调整法等数种。

1. 移植法

当样品与产品的经纬密相近时，把样品的花型照搬到产品上的方法即为移植法。

例如，产品规格为 $14.5×14.5×472×267.5$ 的精梳府绸，样品为 $13×13×440.5×283$ 的涤/棉府绸。产品与样品的经纬密度相近，仿制时只要对附样花型进行组织分析，配以相应的穿综、穿筘方法及纹板图，即能使样品的花型特征移植到产品上。移植法仿造花型简单易行，但仿制后的花型略有变异。

2. 调整穿筘法

当样品与产品纬密相近而经密差异较大时，可以采用调整花区与地区的穿筘方法，使产品花区经密接近样品花区的经密，从而对花型进行仿造。

调整穿筘法仿造花型的具体步骤为：

(1)对样品花型进行组织分析；

(2)测量花区宽度，推算样品花区的密度：

$$样品花区密度＝\frac{花区根数}{花区宽度} \tag{4-4}$$

(3)根据样品花型的组织特点，并参照实际生产中类似花型的穿筘方法，确定产品花区及地部的每筘穿入数；

(4)参照方程法对花型仿制的效果进行验算。

例 18：生产规格为 $42/2×34×94×64$ 的色织府绸，坯布密度为 88 根/英寸×66 根/英寸，花型如图 4-8 所示。

解：① 经组织分析，图 4-8 所示样品是经起花花型，组成花区的经纱是 32 根；

② 样品花区的宽度为 2/8 英寸，代入公式 4-4 可算得花区经密为 128 根/英寸；

③ 根据样品花区的密度，产品只有采用花筘穿法，使产品花区的密度接近 128 根/英寸，才能仿制该花型。参照实际生产中类似花型的穿筘方法，有花区 4 穿入、地部 3 穿入；花区 5 穿入、地部 3 穿入；花区 3 穿入、地部 2 穿入等三种不同的花筘穿法。这三种花筘穿法的花型仿制效果如表 4-15 所示。

花区　　　　　　　　　地部
2/8英寸　　　　　　　　6/8英寸

图 4-8　色织府绸花纹排列

表 4-15　色织府绸花纹仿制时的穿筘法

穿筘方法		产品花区密度	样品花区密度	产品与样品花型的差异率(%)
花 经	地 经	（根/英寸）	（根/英寸）	
4 穿入	3 穿入	116		10.3
5 穿入	3 穿入	134	128	4.5
2 穿入	2 穿入	125		2.4

由此可知仿制上述花型,产品宜采用花区 3 穿入、地部 2 穿入的花筘穿法。但实际生产中除了考虑仿制效果外,还应适当考虑产品在穿综及织造中的方便,即在不影响仿制效果的前提下,选择有利于各道加工工序的花筘穿法。

(5)为了掌握花型仿制的效果,防止事故,需对花型进行验证。

① 在确定产品花筘穿法的基础上,用方程法求出产品花区密度,如表 4-15 中取花区 4 穿入、地部 3 穿入,设地部密度为 x,则花区密度为 $4x/3$,代入式(4-2):

$$\frac{6}{8}x + \frac{4}{3} \times \frac{2}{8}x = 94$$

则:$x = 86.76$ 根/英寸,$4x/3 = 116$ 根/英寸。

② 仿制差异率(η)

仿制差异率是表示产品与样品在花型上变化的程度的指标,其计算式为:

$$\eta = \frac{\text{样品花区密度} - \text{产品花区密度}}{\text{产品花区密度}} \times 100\% \qquad (4-5)$$

则例 18 中,花区 4 穿入、地部 3 穿入时的差异率为:

$$\eta = \frac{128 - 116}{116} \times 100\% = 10.3(\%)$$

需要说明的是,采用调整穿筘法仿制花型时,仿样差异率的值有正负之分,正值表示产品的花型比样品花型增大,负值表示花型变小。

调整穿筘法不适用于满地花组织和类似满地花组织的各类花型的仿制,因为对于这类产品,样品中无法分花区和地部,因而无法采用花筘穿法。

3. 调整花经法

对样品花型中的花经作适当变更来达到仿样目的的方法称为调整花经法。调整花经法只适用于花型较大、并列花经为 2 根以上的样品。其仿制步骤为:

(1)对样品作组织分析;

(2)算出产品与样品经密之间的比值;

(3)根据求得的比值及花型的组织结构对花经作适当的调整。

例 19:根据样品生产规格为 21×21×92×66 的涤棉府绸,要求花型保持不变。

解:(1)根据分析,样品规格为 14.5×14.5×120×68,为纯棉府绸;样品花经和地经的组织循环数均为 4,每花花经根数及地经根数均为 32 根。

(2)样品与所设计产品的经密之比为 120:92≈4:3。

(3)参照比值对样品花型结构作变更,即对花区中组织点相同的花经各减去一根,相应地地经也减去一根。因此,每花在花区共减去 8 根花经,地经也减去 8 根。经仿制后,样品花型与产品花型的差异率为 9%。

4. 综合调整法

当产品与样品经纬密均有较大差异时,仿样时综合使用调整穿筘法和调整花经法来保持样品花型宽度,使用改变花经组织点来保持花型长度,这种仿制花型的方法简称综合调整法。

例 20:参照附样,设计生产规格为 28×28×56×48 的条格布,附样规格为 42/2×34×94×64,要求花型如图 4-9(a)所示。

(1)因为产品与样品的经纬密差异均较大,故宜选择综合调整法进行仿制;

(2)对样品花区的花型作组织分析,如图 4-9(b)所示;

(3)采用调整花经法,把样品中每 3 根相同的并列花经改为 2 根,如图 4-9(c)所示;

(4)采用调整穿筘法,决定产品花区每筘 3 穿入,平纹地部每筘 2 穿入,使产品花型的宽度接近 3/8 英寸;

(5)测量样品花型的长度为 24/64=3/8 英寸,其中 64 为样品的成品纬密,24 为样品花型长度横跨的 24 根纬纱;

(6)对样品花经组织点作适当变动,形成如图 4-9(c)所示的组织结构,使得产品花型的长度接近于 3/8 英寸。图 4-9(c)中产品的花型长度 17/48≈3/8 英寸,其中 48 为是产品纬密,17 为产品花型横跨的纬纱根数;

(7)对花型仿制效果进行验算:

长度差异率

$$\eta_c = \frac{\frac{24}{64} - \frac{17}{48}}{\frac{17}{48}} \times 100\% = 5.56\%$$

宽度差异率

$$\eta_k = \frac{27 - 27.22}{27.22} \times 100\% = -0.8\%$$

式中:27 是经仿样后产品花区的经纱根数,27.22 是用方程法求得的产品花区保持 3/8 英寸宽度时的理论经纱根数。

由此验算可知,上述仿样方法能够使产品保持附样花型的形状。

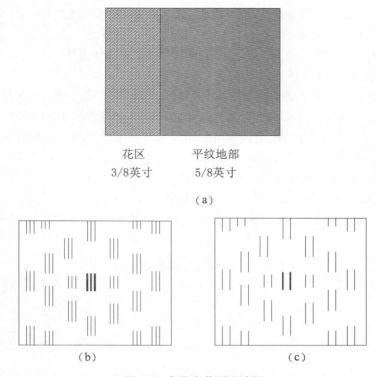

花区　　　　平纹地部
3/8英寸　　　5/8英寸

（a）

（b）　　　　　　　　　（c）

图 4-9　条格布花型设计图

利用综合调整法仿制花型时，因为对花经组织点作了变动，因此生产时要注意产品是否会产生移经织疵。

三、色织物的色泽仿制

色织产品色泽的仿制就是使织物保持样品的外观色泽。

引起织物表面色泽变化的因素很多，如产品与样品在紧度比值上的差异（紧度比值是织物经向紧度与纬向紧度的比值）、组织结构的变化、色纱染色的级差等，因此色泽仿制时必须分析和估计上述因素的作用。

1. 色泽仿制的原理

经纬交织点相同或基本相同的产品、经纬组织点短而密的产品，其色泽仿制的原理是：

（1）假定产品经纱色泽是一种粉末状的颜料，纬纱色泽也是一种粉末状的颜料，产品表面的色泽是这两种粉末颜料的混合色。

（2）假定织物经向紧度的大小和纬向紧度的大小分别是两种颜料用量的多少，则产品经纬向的紧度比值可作为两种颜料的混合比。

如织物经纱用蓝色，纬纱用灰色，织物表面就是介于经纬二色之间的灰蓝色。实验证明，在织物经纬向紧度的比值为 1 时，仅加深经纱的蓝色，则织物的表面偏蓝；仅加深纬纱的灰色，则织物表面偏灰。实际生产中，对一些色花、色差的纱线使用不当时，容易产生色花或色档疵，其原因就是纱线的色泽不稳定。由实践还证实，若保持上述蓝经、灰纬的色泽不变，仅增加织物的纬向紧度，则织物偏灰。花筘穿法的产品，即使其经纱色泽相同，成布后各经条的色泽也会有差异，其原因就是紧度不同。

可见，织物表面色泽的变化与经纬纱线的色泽有关，也与织物经纬向紧度的比值有关。

2. 平纹织物色泽仿制的方法

由于各类样品经纬配色的不同，色泽仿制的方法也需具体分析。

(1)经纬同色样品的色泽仿制

对经纬同色样品进行色泽仿制时，重点应使产品经纬纱(线)的色泽保持样品的色泽，至于产品与样品经纬紧度比值的变化可以不考虑。因为经纬向同色的条(格)形产品，无论怎样改变其经纬向紧度的比值，面料表面色泽的变化是很微小的，正如两种相同色泽的颜料混合时，用量的多少不会引起色泽的变化。

(2)经纬异色附样的色泽仿制

① 首先要根据色泽仿制的第一个假定，掌握不同色泽的纱(线)交织后布面色泽的变化规律。如 $14.5 \times 14.5 \times 291 \times 275.5$ 的丝光格布，其 3 个色位的经纬纱排列如表 4-16 所示。

表 4-16　经纬异色织物的经纬纱排列

经纱每花排列	第一号色位	普白	金红	普白	青蓝	普白	纬纱每花排列	第一号色位	粉红	黄绿	粉红	青蓝
	第二号色位	普白	黄绿	普白	青蓝	普白		第二号色位	秋黄	金红	秋黄	青蓝
	第三号色位	普白	中雪红	普白	青蓝	普白		第三号色位	中蓝	金红	中蓝	青蓝
	排列根数	12	3	40	8			排列根数	38	2	38	2

产品各色位表面色泽的反映：第一色位原 3 根青蓝经纱和粉红纬纱交织后布条呈藏青色泽；第二色位中的 3 根青蓝经纱和秋黄纬纱交织后布条呈墨绿色；第三色位中的 3 根青蓝经纱和中蓝纬纱交织后布条呈深蓝色。同样是 3 根色泽相同的青蓝经纱，由于和不同色泽的纬纱交织，布条呈现的色泽各不相同。这种经纬异色的纱线交织物布面色泽的变化规律可参照粉末颜料调色图。

② 根据色泽仿制的第二个假定，掌握纱(线)的色泽在布面上的反映效应。一般紧度比值大，经纱的色泽反映明显，如府绸类产品紧度比值在 1.5 左右，因此为经面效应的织物，其经纱的色泽在布面中的作用远比纬纱大。工艺设计中可利用府绸的这种特点，将某些类似套色样品改成色经白纬生产，即适当加深经纱的色泽，以减少色档次布和降低生产成本。

③ 分别求出产品经纬向紧度比值和样品经纬向紧度的比值，在此基础上，对产品的色纱进行选色。

3. 经起花及缎条等组织样品的色泽仿制

对于经起花及缎条等组织的附样进行色泽仿制时，一般可以保持样品花经和缎条处经纱的原色不变，因为这些经浮点较长的花经是叠在纬纱上的，纬纱色泽不明显反映。所以对于花地组织相间织物色泽仿制时，重点应放在地组织处。

4. 色泽仿制应注意的事项

(1)限于色织生产的特点，对格子样品的色泽仿制只能以主要面积处的色泽为准。

(2)在色泽仿制时，要注意样品与产品组织是否有变化。织物组织的变化，结果就是紧度的变化，必然会引起产品表面色泽的变化。因此，应作相应的选色措施。如原样为纬缎格的样品，现改成平纹格形，原纬在缎纹处用色应偏深 1~2 级。

四、织物图案设计的技巧

使产品花样活泼多变,设计技巧是很重要的。设计技巧是指把组织、色彩、穿综纹板、投纬顺序等各因素的特点全部或局部地反映在一个整体上。以下列举一些实例,以供参考:

1. 组织设计

如果没有花式线设备或没有双轴生产设备条件,而欲仿制某些有特殊外观的品种,如泡泡纱、毛圈布等,可运用组织设计来达到目的。

(1)仿泡泡纱外观:泡泡纱外观的仿制,多数利用经起花组织中花经浮长的长短参差自由结合的手法,同时在色泽的配合下,形成泡泡纱的外观。

要加强仿泡泡纱的效应,一般采取下列措施:

① 地经与花经排列比为 1∶1,花经用股线,取其纱粗而丝光光泽好的特点,有助于突出泡泡;

② 仿泡泡部分,地经与花经应选同一色调但不同细度的纱线,一般地经细而花经粗,则泡泡效应突出;

③ 仿泡泡条子的两边必须多加几根同色调的地经,利用高低对比突出泡泡效应;

④ 采用同一组织的经纬两面组成有层次的条形,如缎纹组织、$\frac{3}{1}$ 破斜纹等,在同一色调上形成层次,但这种方式仅适用于仿点子状的泡泡纱。

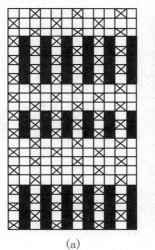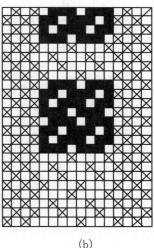

(a)　　　　　　　　　　(b)

图 4-10　仿泡泡纱组织

图 4-10 中的(a)为仿泡泡条形的组织,排列为花 1、地 1。图 4-10 中的(b)为正反破斜纹构成的点子泡泡,呈条形排列。

(2)仿印线组织:印线织成的织物具有素净、淡雅的特点,但加工麻烦,生产效率低。但利用色纱作嵌线并加经组织点的配合,可以得出类似的效果。

色纱如两根并列,印线效应较粗;用单根经纱作嵌线,印线效果较好,与实际的印线产品接近。色线选用要有对比,排列应长短参差、疏密结合,花型以细洁为好,粗了会有呆板的感觉。图 4-11 为单根嵌线仿印线组织,可以在不同部位多用几根,使花型活泼。

(3)仿毛圈组织:色织仿毛圈织物取源于毛巾组织,适宜于做装饰织物,但织造时必须加装辅助装置,织制比较麻烦。

仿毛圈组织类型上属于经起花组织,起圈纱与地经色泽要对比强烈,如深色底由浅色经起花效果或浅色底由深色经起圈,仿毛圈效应较好。图 4-12 为一种仿毛圈组织的纹板图。

(4)仿绉纱组织:利用组织点的错综排列,在不同纱支及不同经纬密度的配合下,使织物具有绉纱的外观。这一类组织多数是循环较大的绉地组织,图 4-13 为一仿绉纱组织的纹板图,其仿绉效果较好。

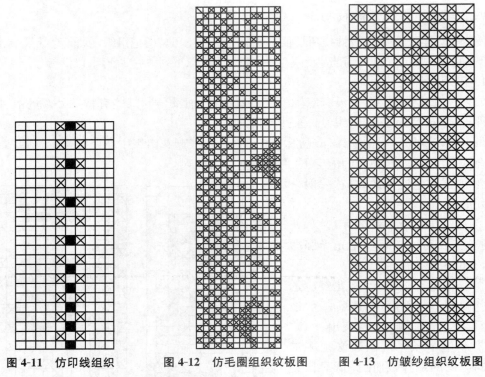

图 4-11 仿印线组织　　　图 4-12 仿毛圈组织纹板图　　　图 4-13 仿皱纱组织纹板图

（5）自来格：在没有多梭箱设备的情况下，可以应用组织的变化，在织物表面形成不同排列的格形，这种形式通称为自来格，如图 4-14 所示。

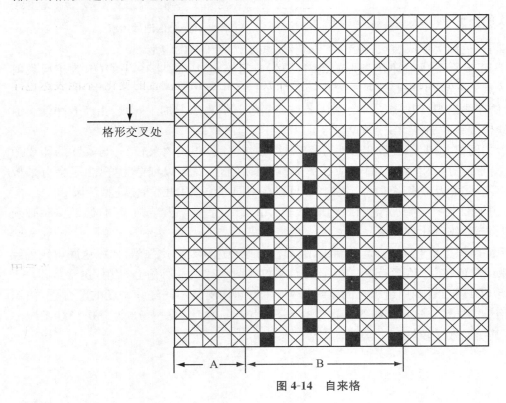

图 4-14 自来格

设计自来格时,色经的排列和组织都有一定要求。经纱要用两种或两种以上色泽,沿格形横向成条状排列,其中一条全部一色,另一条由两色或两种以上色泽间隔排列。排列的方式可以自由掌握,以灵活为好。上述排列方法为经向形成二色作了准备。

纬向因只采用一种纬纱,完全借助于组织使纬向形成二色。组织的特点是每隔一定长度(即格形长度)后,使二色间隔排列中的一色经纱全部下沉,纬纱只与其同色的经纱交织,从而使表面产生色泽不同且布面密度较稀疏的一色横条,纵横配合形成格子。

另外,利用经纬重平组织也能够构成自来格织物,但限于纹板数,格形不能很大,而且需要另加边综。

2. 扩大花纹经向循环

利用织物组织循环、色经排列循环、穿综循环三项的不一致,可以扩大花纹的经向循环,以增加织物的花色及图案。

例 21:如图 4-15 所示,经向色经排列为:

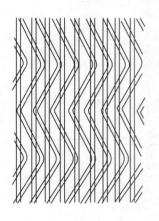

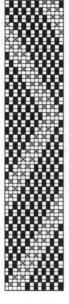

(a)花型图　　　　　(b)纹板图

图 4-15 花型图及纹板图

甲 4、乙 4、丙 2、丁 2,每花 12 根,纬向一色。穿综循环为 1~14 顺穿,见图 4-15(b),完全经纱数为 14 根。

由于织物组织循环、色经排列循环、穿综循环三项的不一致,布面花型循环放大至 84 根,在合适的配色下,可以使经纱色泽由浓到淡,富有层次,花型外观色光闪烁。

图 4-15(a)所列的花型图只表示花型循环放大及花型相对位置的变化,不能表达色泽排列的层次。

3. 利用朵花花型,扩大花型循环

(1)朵花的排列循环与起花的色纱排列循环不相等。

(2)在上述基础上,加上穿综的变化,使花型进一步扩大。

例 22:色经排列地部:深色 12、中色 8

色纬排列地部:深色 12、中色 8

布面地部呈深、中两色大小不等的方格。朵花由黄、白、红三色色经分别交替安排于深色方格中,上下交叉排列,布面花型色泽循环如图 4-16 所示。

例 23:选用五线谱花型,地色一色用浅色音符,依次用黄、绿、红、白四色花经,并运用穿综的变化,使音符排列单双间隔(如图 4-17 所示),花型能进一步扩大。

本例还可以在地组织上配上条形,增添花型的变化。

以上两种方式均应用于经起花组织的织物。

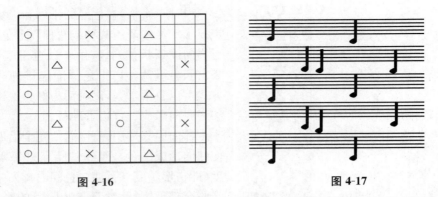

图 4-16   图 4-17

（3）经向运用穿综变化使花型扩大，纬向运用色纬排列循环与纹板循环的不一致使花型放大。此种方式适用于有纬起花的组织。

例 24：如图 4-18 所示，地色为一色，经向穿综用扩大花型的穿法，朵花布局，上下交叉排列，纬向有三种颜色。

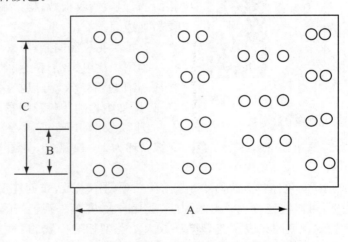

图 4-18   色织物扩大花型穿法示意图

图 4-18 为一个完整循环，A 为经向花型排列循环，B 为纹板循环，C 为纬纱排列循环。

4. 合理设计组织，相互借用综丝

在组织较为复杂、综框数不够用的情况下，既要使花型排列活泼，又要尽量减少用综，可以用以下两种方式：

（1）如图 4-19 中，花型上下左右均不同，但对角相同，似乎用综数较多。实际上左右相邻花型在组织上有相同的浮沉特点，只要改变穿综，就能织造。至于上下花型的不同，只需增加纹板块数即可。

（2）利用朵花与底色的配合，使全部平行排列的朵花，只有一部分明显地突出于布面，一部分隐而不显，从而造成交叉排列的感觉。

如图 4-20，地经为深浅二色，地纬也为深浅二色。地部是由深浅二色组成的格子，并由经浮长或纬浮长构成的原组织起花。在花型与底色一致时，花型隐而不显，反之朵花突出，即在交叉色的格子里朵花能显出，而同色的格形中看不清花型。

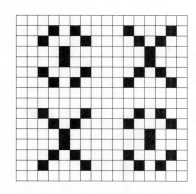

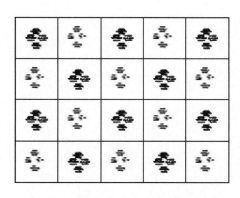

图 4-19　上下左右不同而对角相同的花型　　　　图 4-20　花型在织物中的隐与显

5. 综合应用

以上列举各例,分别说明了运用组织、穿综、纹板、色经及色纬排列顺序等因素,以开阔设计思路。但如分织各个试样,不是多快好省的办法,而且花色品种变化少,选择的余地又较少。因此,可以将以上条件综合起来,在试样机或织机上用多种花色一起试织,设计思路及挑选的余地都要广泛得多。

以设计条子花呢为例,其变化不外乎条形阔狭、明暗、有无嵌条及其他组织,可以先决定色经采用几色,然后设计几种色经排列规律,即使用一种穿综方法、一种组织,也可获得不同条形的仿毛花呢,收获比单只试织既多又快。

练　习

1. 色织物的色彩配合应考虑哪些因素?

2. 利用色彩的特征,为年轻活泼的白领女性设计一款夏季工作装面料的配色方案,并画出样稿。

3. 某透孔织物,经分析,织物组织及色纱排列为:

组织:　平纹　透孔　平纹　透孔　平纹

色经:　浅灰　　白　　浅灰　　白　　浅灰

根数:　13　　18　　21　　18　　38

要求透孔组织每筘 3 穿入,请劈花。

4. 某色织物的色纱排列如下:

黄	元	红	元	红	元	红	元	黄	白
4	40	8	9	4	9	8	40	4	60

共 186 根/花,请进行劈花。

5. 分析一块色织物的色经排列,并对其劈花。

6. 分析一块条形织物,采用密度推测法确定一花内各条带的每筘穿入数及各条带所占用的筘齿数。

7. 分析一块小提花的色织物,讨论其在生产过程中是如何设计织物图案的。

项目 五

织造准备设计

主要内容:

　　主要介绍了机织物设计过程中织造准备工艺的各项设计方法，如选色工艺、整经工艺、浆纱工艺、穿经工艺等的具体设计方法，并系统讨论了色织物设计的完整步骤及计算方法。

具体章节:

- 选色
- 整经工艺设计
- 浆纱
- 穿经
- 色织物设计

重点内容:

　　色织物设计的步骤和方法。

难点内容:

　　色织物的选色。

学习目标:

- 知识目标: 掌握机织物在织造准备过程中的具体工艺设计内容及设计方法，并能够与生产实践相结合。通过对色织物设计的学习，掌握色织物设计的基本步骤及设计内容、设计方法。
- 技能目标: 能够熟练地进行机织物织造准备工艺的设计，能够完整地进行色织物仿样设计。

在机织产品设计过程中，织造准备过程的设计也很重要，它直接影响织物的生产是否方便、顺利。一般织物的织造准备工艺过程包括整经、浆纱、穿经及纹板的编制等，但对色织物来说，尤其是附样加工的色织产品，色纱还必须经过选色。这些工艺过程都需要产品设计者在设计时进行完全系统且详细的设计，使工人操作时方便、可靠。

第一章　选　色

按照附样的外观色泽或生产任务书指定的配色要求，在发染时对产品的经纬纱（线）的色泽及染料性能进行选择，统称为选色。选色是色织物工艺设计中重要的组成部分，其合理与否不仅对产品的实用和美观起决定作用，而且与产品的成本、生产效率等各项经济指标都有非常密切的关系。

一、选色的目的

（1）使产品在外观色泽上保持原样不变或者变化的范围在等级标准之内。

（2）使产品所用的色纱的染色性能及色泽符合浆纱、整经、穿综、穿筘、织造及整理工艺的要求；

（3）使产品既能达到使用要求，又能有效地控制成本。

二、选色的方法

按色谱对色法是当前普遍采用的选色方法，具体操作步骤如下：

1. 根据产品的染整要求，确定纱线染料性能

色织物整理工艺是色织物生产中的重要工序，对织物布面的色泽、白度、光泽等都有显著的影响，又能在不同程度上改善色织产品的染色牢度。如由 $3g$ 桔黄 RF 染成的色纱（一包），其坯布呈桔黄色，若采用不漂的整理，其色基本不变；但如采用漂白整理，则其色会泛红，呈血牙色。中浅色的士林蓝（RSN）、灰 BG、纳夫妥咖、红酱等，采用漂白和不漂白两种不同的整理工艺，色泽均有很大的变化。又如漂白整理的产品，如选择了硫化染料染纱，则整理后其颜色被漂掉，造成严重的工艺事故。因此，整理工艺作为织物生产的最后一道工序，必须首先确定，在此基础上才能对纱线的染料性能进行选择，以保证产品的外观色泽符合样品的要求。

为了选色方便起见，表 5-1 列出了染料、整理工艺、产品所用的原料和表面色泽之间的相互关系，以供参考。

表 5-1

产品选用原料	整理工艺	适应品种	染 料
纯 棉	轧光整理	女线呢、被单布、条绒等	染料性能一般不受限制
	落水、轧光整理	深中色的中、低档产品	硫化、还原、活性纳夫妥等染料
	不漂整理	深色地、中色地产品	
	漂白整理	浅色及白地产品	还原、纳夫妥等染料
	煮漂整理	白地占 1/4 以上的中高档产品	还原染料为主
	套色整理	线经套色府绸	耐漂还原染料、纳夫妥等
纯 棉	松式整理	精梳泡泡纱	还原染料为主
涤/棉		棉/涤泡泡纱	还原、分散染料
中长纤维		中长花呢	
涤/棉	漂白整理	露白较多、白度要求高的产品	耐氧漂还原染料
	轻漂整理	浅色地、白嵌条产品	
	加白丝光整理	全浅色产品	还原、分散染料
	丝光整理	深中色产品	
富强纤维	加白树脂整理	中浅色产品	还原、分散染料

2. 从样布中取纱样

纱样的色泽是选色的主要依据,拆纱时要尽可能地保持其色泽上的准确和可靠。

(1)纱样必须清洁,不能沾污,否则会导致选色偏差,造成产品与原样不符。

(2)样布中的各色纱样务必取齐,否则易造成经纬向配色上的差错。同时,每种色泽的纱样应取满一定的数量,因为色纱数量太少时,色泽的代表性差,对色时容易造成辨色不正。

(3)纱样应在有代表性的样布中拆取,同时还要辨别样布是整理后的样还是坯样,一般生产任务书上的附样都是整理样。

(4)从各个色位的样布中取得的纱样要按色位分别放置,对易引起经纬纱线异色的样布,其色纱样还要分经、纬纱分别放置,以免色泽上的混淆。

(5)取纱样时,还要保护样布一花的完整性不受破坏,尤其对一些样布极少的外来样更要注意,否则会造成排花时无依据。

3. 对色

对色就是把所拆得的纱样在规定的色谱上对照,找出一个和纱样色泽最近的标样,然后记下标样的色号。对色是保证产品的色泽是否符合原样的关键,是整个选色工作的中心。

(1)对色的条件

① 对色时要有一套内容完整、编制统一的色谱,即在一套色谱中应有数种不同性能的染料所染成的各色标样,各个标样不仅要有未整理的坯样,还要有经各种整理的整理样。而且,色谱上的标样应根据染料性能的色光深浅程度的不同,分门别类地编上号码(习惯上称之为色号)。色号在一个企业内一定要统一。有了标样的色号,就能查得染料和相关助剂的配方、染色成本和有关的技术资料,这样可减少重复色样,便于纱线染色和色纱的管理和使用。色谱的结构如表 5-2 所示。

表 5-2　对色表

色　号	整理工艺编号				
	1	2	3	4	5
	（此处贴色纱标样）				

表中，一般整理工艺编号中的"1"是坯样，"2"至"5"是各种整理工艺的代号。

② 对色时要有充足的光线，最好在自然北光下进行，不宜在强烈的阳光下或在光线不足的阴暗处对色，更不易在有色灯光或反射光下进行对色，因为外界光线的作用都会直接影响对色的效果。

（2）对色的方法

由于各类产品的整理工艺不同，因此，对色的方法也有所区别。若轧光整理的产品，对色时只要将纱样和色谱中坯样一项对照，找出一个和纱样色泽相同的标样，记下色号和名称即可。若对照的产品纱样是成品样，应把纱样放在和产品整理工艺相同的整理样一项中进行对照，然后记下标样的色号和名称。

在实际对色过程中，如果纱样的色泽超出色谱现有的范围，就要打新色样编新色谱，以满足产品色泽的要求。

（3）对色的几点注意事项

① 色织产品都是由两种或两种以上的色纱交织而成的，各种色纱在交织过程中，特别是通过整理后，在色泽上必然会引起不同程度的沾染。例如，从元色地布样中拆得的其他色泽的纱样，必然会偏深、偏暗，所以在对色时就应比纱样对得浅一些和亮一些。

② 对色时要注意整理工艺对剥色的影响。如经过轧光整理的中浅色产品，色泽大致会剥浅 10%，深色产品会剥浅 15% 左右。又如经过漂白整理的产品，由于漂白次数、温度、时间的不同，漂白液的浓度不同，产品剥色的程度也不同，个别产品经整理后色泽还会变深，在对色时要注意这些因素。

③ 对色时还要注意拆纱时由于色纱捻度变化而引起的色泽变化，特别是从各种花式线中拆得的色纱样的捻度的变化较大，对色时要适当注意。若纱线是退捻的，则对色时要偏深；若是加捻的，对色时就要偏浅一些。

④ 对色时必须注意样布和产品之间纱线细度、织物密度、原料等方面的变化而引起的产品色泽变化，这就要求在对色时调整产品经纬纱的色泽来保证产品的色泽符合原样。

4. 填写染纱发染单

填写染纱发染单是整个选色工作的归纳和总结。因此，填写时务必谨慎仔细，尤其色号不允许有一字之差。

发染单也是工艺设计和染纱部门的工作联系单，因此，发染单上除了填写色号之外，还需填写产品的纱线细度、织物的密度及整理工艺、生产的数量等。如对纱线染色有特殊要求，应在备注栏里写明，在色号旁边要贴上纱样，并在适当的地方贴上布样，以供染纱部门和色纱仓库了解所染的各色纱线在产品花型中所处的地位和作用，共同把住染纱质量关。

三、选色的原则

1. 要提高产品的质量

被单布在日常生活中多洗、多晒,对染色牢度和日晒牢度的要求较高,所以一般宜采用色牢度好的染料,以延长产品的使用寿命。深色的色织布,其中用量较大的元色纱一般都选用硫化染料,但是有些地区因其地理位置和气候关系,为了防止布匹发脆,就需要改用防脆硫化染料或纳夫妥元色染料。需经树脂整理的产品宜选用还原及纳夫妥染料,其他性能的染料就不宜选用,以防止产品发脆。白地产品,如精梳纯棉泡泡纱,为了防止准备和织造时飞色(在生产过程中有色纤维飞附到邻近的白色或浅色纱线上),就要选染色牢度好的染料,以提高产品质量。

2. 要便于各生产工序

在保证产品质量的前提下,为各工序的高产优质创造有利条件是选色合理与否的又一项重要原则。

(1)要利于染色生产,做到尽量减少或避免选用多种染料拼色。因为拼色越多,染色质量就越不容易掌握。选色时可查阅染料配方,了解色纱染色时的拼色情况,同时在对色的时候,注意排除色纱因交织和整理过程中色泽相互沾搭等因素的影响。如前述从元色地组织中拆得的大红嵌条纱样,其色泽或多或少地经过元色沾搭,必然比原样深暗,如照拆样对色,就要用拼色的方法染纱,如果这个产品多次复织,选色时每次都照拆样对色,那么该大红色就会越选越萎暗,同时染色生产也会增加困难。所以还原其色纱样的原来色泽,不仅能保证产品符合原样,还能减少染纱时拼色,利于提高色纱质量及生产的效率。

(2)要利于整经、穿综和织造等生产工序。如"姊妹色"色调的花样,选色时需注意对"姊妹色"色纱样给予适当的差异,以利于区分,并可防止染纱时因染色级差而造成"姊妹色"色泽难以区分,给整经、穿综和织造等生产造成辨色困难。

(3)要便于色纱管理和使用。对于一些细度相同而色泽上可以合并的色纱尽量加以归类,减少色号,避免色纱管理和使用上的混乱。色泽合并归类的具体方法是:

① 在同一产品的各个色位里或者同线密度(支数)同原料的产品之间色泽较为接近的色纱,对色时可采用"同类项"合并,合并色泽时宜以嵌线向地线合并、辅色向主色合并。

② 取中间色进行合并。如有两种或两种以上的色纱,其色泽相差较远,不能互相合并,但是它们都接近于某个中间色,在这种情况下就可以向中间色合并。

③ 建立常用色谱,对一些颇为接近常用色泽的嵌条线或辅色,尽可能在常用色谱上挑选。

(4)要有利于产品整理加工的顺利进行。

① 选色时要做到一个产品的各个色位所选用的色泽能够适应相同的整理工艺,杜绝一个产品用两种以上不同的整理工艺。

② 要有利于缩短整理加工工序。

3. 要考虑产品的生产成本

在保证产品符合使用要求的前提下,应尽量选用价格低的染料,以降低产品的生产成本。

在选色时,处理好选色与产品成本关系的有效方法是对产品进行严格分档。织物一般可分高、中、低三档，在此基础上对色纱的染料进行合理地选用。对中低档产品，在不影响整理工艺时，可多选用价格较低的染料。对需做漂白整理的高档产品，其色纱宜选用耐漂及升华牢度好的染料。

四、特殊色泽的选色

色织物中，常存在具有特殊色泽的色纱，在选色时不能仅从色泽上进行就可达到要求，还需要从原料的色泽及整理工艺方面入手，进行适当的调整。

选色时如有一种极浅的乳白色，可以采用煮白纱来代替，效果非常好。但整理时必须注意不要加白或只能适量加白，以保证色泽符合原样的要求。

如有个别白地产品，其中有一只色位是色泽鲜艳度要求很高的，所用染料不耐漂，则生产时该色位就要做不漂加白整理，白地的色纱改用特白纱，其余色位可采用漂白整理，以保证产品的外观质量。

第二章　整经工艺设计

整经是机织物生产的第二道工序（第一道工序是络筒），其目的是改变纱线的卷装形式，由单纱卷装的筒子变成多纱同时卷装的具有织物初步形状的经轴。因为是多根纱线同时卷装，所以其加工质量对后道工序的生产效率和最终产品的质量有着重要的影响。

整经是对经纱进行进一步调整，使经纱逐渐变成适合织造所需的卷装形式，即将一定数量的筒子纱按照工艺设计要求的长度和幅宽，以适当均匀的张力，平行或微交叉地卷绕到经轴上。色织物整经时要考虑织物的配色循环和花纹个数，根据工艺设计的要求，将经纱直接卷绕成织轴。

在织造生产中，根据纱线的类型和生产工艺的不同，采用的整经方式也不同，常用的整经方式有分批整经、分条整经、分段整经和球经整经。

一、分条整经设计

分条整经是将织物所需的总经根数按照筒子架容量和配色循环的要求，尽量相等地分成几份，按工艺规定的幅宽和长度一条挨一条地卷绕在大滚筒上，最后再把全部条带从大滚筒上退绕下来，卷绕到织轴上。

分条整经是由经纱条带并列而成，因此能够确保色纱的排列顺序和位置，排花方便；对于不上浆的织物，可以直接获得织轴，工艺流程短，回丝少，比较适合于根据市场需求变化的小批量多品种的花色织物的生产，但与分批整经相比，生产效率较低。

分条整经的工艺设计包括整经张力、整经速度、整经长度、整经条数、定幅筘及大滚筒斜度板锥角的计算等内容。

1. 整经张力

对于分条整经来说，整经张力的设计应包括两个方面：一是纱线从筒子上退绕下来并卷绕到大滚筒上所承受的张力,称为整经张力;另一方面是纱线从大滚筒上退绕下来,再卷绕到织轴上所承受的张力,称为卷轴张力。这两种张力对织造能否顺利进行和布面质量有着很大的影响。如经纱所受张力过大,则会引起纱线过分的伸长及强力和弹性受损,从而在织造过程中纱线断头增加,生产效率降低。反之,如果张力过小,则会造成卷装松弛,成形不良,且在下次退绕时,外层易嵌入内层。另外,张力不匀、波动过大,也有碍于整经速度的提高,甚至会严重影响织物的品质。尤其是片纱张力不匀,对织物外观的影响更为明显。所以,整经时应力求纱线所受的张力均匀、稳定、波动小。

用轴向退绕的圆锥形筒子进行整经时,构成纱线张力的主要因素包括纱线退绕时的初张力、张力装置引起的张力以及由于导纱机件的摩擦所引起的张力等,但由于筒子架的形状、筒子的卷绕结构以及筒子在锭子上的固定位置并不是垂直向上,而是水平偏上,使整经时纱线张力的不匀状态较络筒时更为严重。

(1)整经张力不匀的成因分析

① 摩擦纱段的长度和气圈回转速度的变化:纱线从锥形筒子上轴向退绕时,气圈顶点的张力称为退绕初张力,它由两部分组成:一是分离点的张力,一是气圈所造成的张力。

把筒子顶端(小端)和筒子底部(大端)的退绕情况相比较可知,在筒子底部退绕时,由于气圈张力不能使纱线完全抛离筒子表面,致使摩擦纱段较长,增加了纱线分离点的张力。但在筒子顶部退绕时,气圈高度小且摩擦纱段短,故退绕初张力较小,从而使纱线退绕一个绕纱循环(短片段)时,其张力基本呈现出周期性的波形变化。

在满筒子时,由于气圈回转速度很小,离心力也小,退绕的纱线与筒子表面的摩擦纱段较长,故平均张力大。随着退绕过程的进行,筒子直径减小,气圈回转角速度增加,离心力加大,使气圈本身扩大,从而减少了纱线与筒子表面的摩擦纱段长度,因而退绕张力的平均值下降。当退绕到最后阶段时,由于筒子直径进一步减小,气圈回转角速度继续增加,离心力继续增大,退绕张力出现回升现象。由此可见,退绕整只筒子时,其张力变化情况是两头大、中间小。故生产时一般不宜使用筒子直径小于80mm的小筒子。

② 张力装置和导纱机件摩擦的影响:仅由纱线退绕所形成的张力值较小,不足以使整经轴的卷绕获得必要的密度和良好的成形,故需增设张力装置。当前整经机上所使用的张力装置种类很多,但不论使用何种装置,经线的张力一般会随着气圈张力的不同而变化。在生产中,由于车速、线密度、卷装结构、纱的条干等因素的影响,使气圈张力不稳定,造成纱线张力的波动。同时,当纱线绕过张力装置或其他导纱机件时,由于表面摩擦,也会引起纱线张力的变化,这种张力的变化对纱线张力均匀性的影响要大得多。

③ 滚筒卷绕点处条幅变化的影响:由于分条整经机的大滚筒是作恒速回转的,随着卷绕厚度的增加,整经线速度逐渐增加;且经纱在导条架导辊上包围角的不断增大,整经张力也将逐渐增大,从而引起条幅变窄,使条带在滚筒上不能获得良好的平行四边形截面,两条带接缝处将会出现低凹的情况,即通常所说的"瓦片形"。滚筒表面高低不平时,退解时经纱张力就不一致,高处直径大,周长也大,退解时张力小;反之,低处张力大。这就造成了织轴片纱横向张力的不匀。

④ 筒子分布位置的影响:经实验研究表明,单式矩形筒子架上纱线张力分布的特征是上层张力最大,下层次之,中层最小,如第一排上中层张力差异最大,为8.09cN,而中下层张力差异最小,为1.37cN,产生这种情况的主要原因是纱线对张力装置及导纱装置的包围

角存在较大差异。由于单式矩形筒子架长度较短，纵向张力差异并不大。由此可见，筒子分布位置的不同，也是造成整经张力不匀的一个重要方面。

另外，导纱距离、张力圈的跳动、筒子架至分绞筘的距离、筒子架与定幅筘中心的偏离程度、滚筒转数、纱线的粗细、外界干扰力等其他因素都不同程度地影响着整经张力的均匀性。

(2)均匀整经张力的措施

① 减少条带边经纱的曲折角：在分条整经机上，当经纱从筒子架引出后穿入分绞筘，再经分绞筘穿入定幅筘时，将形成一定的曲折角。一般边经纱的曲折角大，张力也大，中间部分的经纱几乎没有曲折现象，张力较小，因而造成了同一条带内经纱张力的不匀。故应合理地安排筒子架到分绞筘的距离，并适当选择分绞筘与定幅筘的距离，以尽可能地减少条带边经纱的曲折角。

图 5-1 中，曲折角 α_1 和 α_2 可以通过纱线对水平线的倾斜角计算得出。根据实践经验，一般取 $\alpha_1 + \alpha_2$ 小于 15°为宜。

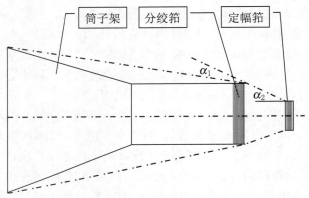

图 5-1　分条整经边部经纱曲折现象

② 采用新型张力器：将各根纱线的张力差异控制到更小，从而有利于各根纱线的张力均匀一致。

③ 合理配置张力圈的重量：由于整经时的经纱张力与张力圈重量呈近似线性关系，因此，整经张力的大小主要取决于张力圈的重量。确定张力圈重量的原则是：

A. 在保证经纱卷绕密度适当、经轴成形良好，且不因张力圈过轻反跳而造成动态张力不匀的前提下，配置张力圈重量以轻为宜；

B. 在机械状态和原料不变的情况下，低线密度纱可配以轻张力圈，高线密度纱可配以重张力圈。为了使整经张力更加均匀，也可根据整经时片纱张力的分布特征，分层分段地在筒子架上配置张力圈的重量。其原则是：前排重，后排轻；中间层重，上下层轻，且上层比下层重；边经纱的张力圈重量要重于地经纱的张力圈重量，以便增加边纱张力，有利于布边平整。

应该指出，分层分段越细，张力越趋于一致，片纱张力差异越小。这虽然对均匀整经张力有利，但增加了生产管理的难度，故生产中还需要根据筒子架的形式和产品质量要求等具体情况而定。

对于单式矩形筒子架，由于其长度较短，一般可采用上、中、下层分段法，而复式筒子架较长,则可采用前、中、后与上、中、下混合分段法。

④ 选用良好的穿纱法:从筒子架上将经纱引向整经机时,穿纱方法的选择,既要有利于片纱张力的均匀,又要考虑到操作上的方便。

⑤ 加强生产管理,保持良好的机械状态:整经大滚筒回转要平稳,无跳动现象;开车动作要缓和,避免纱线张力突然增加;张力圈回转要灵活;筒子锭座位置应符合标准等。考虑纱线重力的影响,一般要求筒子锭座向上倾斜 $10°\sim15°$。

⑥ 采用恒线速整经,增设导条架上升机构,使经纱在卷绕过程中对导辊的包围角保持恒定,以求从机构上消除造成滚筒卷装表面不平整、片纱横向张力不匀的潜在因素。

⑦ 筒子架上筒子的大小搭配要合理:前文在摩擦纱段的长度及气圈回转速度的变化中介绍过,筒子的大小对摩擦纱段的长度及气圈的大小产生直接的影响,根据其基本规律,可以在整经时利用不同筒子架部位的筒子大小不同,来调节整经时各根经纱张力的大小,使各根纱线所受的张力尽可能均匀。但由于在整经过程中,筒子的大小在不断变化,要通过对筒子大小的调节来达到该目的,具有较大的难度,而且往往会给实践操作带来较大的麻烦,因此在生产中很少采用。但是在生产小批量品种时,可以根据工厂操作管理的具体情况,进行适当的调整,也可以起到一定的作用。

(3)卷轴张力

为了织造工程的顺利进行,要求卷轴张力大小适当、均匀、稳定。因为张力过大、过小或不均匀,都会影响织造及后道工序的正常生产和产品质量的提高。卷轴张力的大小,取决于倒轴过程中制动带对大滚筒的制动程度。

图5-2是普通整经大滚筒上的制动机构受力示意图,图中:T_1 为制动带松端张力(N);T_2 为制动带紧端张力(N);T 为卷轴张

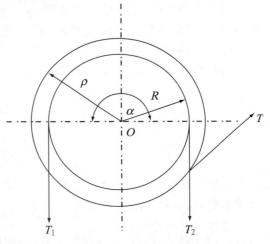

图 5-2 整经滚筒制动盘受力分析

力(N);R 为制动盘半径(cm);ρ 为退绕半径(cm);α 为制动带对制动盘的包围角(°)。根据力矩平衡及欧拉公式可得:

$$卷轴张力\ T=\frac{T_1\times R(e^{f\alpha}-1)}{\rho} \tag{5-1}$$

式中:e 为自然对数的底;f 为制动带与制动盘的摩擦系数。

从公式5-1可知,卷轴张力 T 与制动力 T_1 成正比,而与退绕半径 ρ 成反比。因此,为了使卷轴张力在大、小轴时均能保持均匀、恒定,生产中要求随着退绕半径的变化,制动带的松紧程度能得到相应的调整,使 T 值的波动尽可能小一些。

2. 分条整经工艺计算

(1)整经条带有关参数的确定

分条整经时,每个条带(也称绞)的根数 G_j 可按式(5-2)计算:

$$G_j = G_h \times H_j \tag{5-2}$$

式中：G_j 为每条带（绞）经纱根数，应小于筒子架容量或减去单侧边经数，应为偶数；G_h 为每花经纱根数，应为每花色纱循环数与穿综循环数的最小公倍数；H_j 为每条带所含经花数。

说明：

① 按式(5-2)所计算的每绞根数应为偶数，以便整经工人放置分绞绳；

② 头绞和末绞的根数应加上边经纱根数；

③ 中间各绞的根数最多不得多于筒子架容量减去单侧边经纱数。

（2）整经条带（绞）数

根据全幅织物总经纱根数的要求，整满一只织轴时所需的绞数可按式(5-3)计算：

$$J = \frac{G_z - G_b}{G_j} \tag{5-3}$$

式中：J 为整经条带数（绞数）；G_z 为总经根数；G_b 为两侧边经纱数之和。

为了方便生产，减少整经工人加、减花数的麻烦，按式(5-3)求得的绞数，应尽量取整数，不足或多余的根数应在头绞或末绞中进行加、减调整。

（3）条带宽度

每绞根数求出后，每绞宽度可由式(5-4)或(5-5)计算：

$$K_j = \frac{G_j}{P} \tag{5-4}$$

$$K_j = \frac{G_j}{G_z} \times (B + q) \tag{5-5}$$

式中：K_j 为条带宽度(cm)；P 为滚筒上经纱排列密度（根/cm）；B 为上机筘幅(cm)；q 为条带扩散系数，即整经滚筒上经纱宽度比筘幅大的值，粗纺毛织物一般取 2。

条带经定幅筘后发生扩散，高经密品种整经时条带的扩散现象较严重，造成滚筒上纱层呈瓦楞状。为减少扩散现象，可将定幅筘尽量靠近整经滚筒表面，以减少条带的扩散系数。

（4）定幅筘的计算

定幅筘的计算应包括筘号的确定和每筘齿穿入根数的计算。筘号表示筘齿的稀密程度。根据生产经验预先选定筘号后，每筘齿穿入根数可按式(5-6)计算：

$$G_k = \frac{G_j}{\left(K_j \times \dfrac{N_k}{10}\right) - S_k} \tag{5-6}$$

式中：G_k 为每筘齿穿入根数；N_k 为公制筘号；S_k 为条带扩散的筘齿数（一般为 1～2 齿）。

上式计算结果为小数时，在保证条带宽度不变的情况下，可以适当调整。每筘齿穿入经纱数一般为 4～6 根或 4～10 根，但轻薄产品一般不宜超过 6～8 根，以免滚筒上纱线排列错乱。

（5）整经匹长的计算

整经匹长的计算取决于织物坯布匹长和织缩率的大小，其计算式为：

$$L_3 = \frac{L_2}{1 - a_2} \tag{5-7}$$

式中：L_3 为整经匹长（m）。

（6）整经长度的计算

整经长度可按式（5-8）计算：

$$L_z = L_3 \times S_p + L_h \tag{5-8}$$

式中：L_z 为整经长度（m）；S_p 为每轴匹数；L_h 为机头和机尾回丝长度，一般为 2m 左右。

（7）斜度板锥角的计算

$$\tan\alpha = \frac{c}{h}（具有测厚功能的新型分条整经机） \tag{5-9}$$

$$\tan\alpha = \frac{N_t \times m}{\gamma \times b \times h \times 10^3} \tag{5-10}$$

式中：α 为滚筒斜度板锥角（°）；h 为滚筒转一转定幅筘移动的距离（cm）；c 为每层纱厚度（cm）；N_t 为纱线线密度（tex）；m 为一个条带的经纱根数；γ 为纱线卷绕密度（g/cm³）；b 为条带宽度（cm）。

为保证条带成形良好，斜度板的倾斜角不宜过大，一般取 $\alpha = 10° \sim 25°$。如果纱线比较光滑，为使条带稳定，宜采用较小的 α 角；若纱线密度大，条带不易滑落，α 可大些。当 α 确定后，再选择合适的条带位移量。几种不同原料纱线的最大位移量见表5-3。

表 5-3　不同原料纱线的条带最大位移角

纱线原料	最大位移角（°）	纱线原料	最大位移角（°）
棉	15～26.5	粘胶纤维	13.5
涤纶	22	羊毛	17.5
腈纶	19	—	—

（8）整经产量的计算

整经机产量是指单位时间内整经机卷绕纱线的重量，又称台时产量，它分为理论产量和实际产量。整经时间效率除了与原纱质量、筒子卷装质量、接头、分绞、上落轴、换筒、工人自然需要等因素有关外，还取决于纱线的纤维原料和整经方式。分条整经机受分条、断头处理等工作的影响，其时间效率比分批整经机低。

① 一定时间内生产的经轴只数

一只经轴所需要的有效生产时间应包括整经机的整经时间和再卷时的倒轴时间，因此，一定时间内生产的经轴只数，可用式（5-11）计算：

$$Z_j = \frac{T_d}{T_k + T_z} \tag{5-11}$$

式中：Z_j 为一定时间内生产的经轴只数；T_k 为整经时间，可按式（5-12）计算；T_d 为一定时间；T_z 为倒轴时间，可按式（5-13）计算。

$$T_k = \frac{S_T \times L_T}{V_g} \tag{5-12}$$

$$T_z = \frac{L_T}{V_z} \tag{5-13}$$

式中：S_T 为整经条数；L_T 为整经条带长度（m）；V_g 为整经滚筒线速度（m/min）；V_z 为再卷时的倒轴线速度（m/min）。

代入式(5-11)得：

$$Z_j = \frac{T_d \times V_g \times V_z}{L_T(V_g + S_T \times V_z)} \tag{5-14}$$

② 以重量表示的理论单位产量

$$G_L = \frac{60V \times G_z \times N_t}{1000 \times 1000} \tag{5-15}$$

式中：G_L 为整经机的理论单位产量（kg/台·h）；V 为整经线速度（m/min）；G_z 为总经根数；N_t 为纱线线密度（tex）。

③ 以重量表示的实际单位产量

$$G_s = G_L \times \eta = \frac{Q_s}{T_s} \tag{5-16}$$

式中：G_s 为整经机的实际单位产量（kg/台·h）；η 为生产效率（%）；Q_s 为实际生产量（kg）；T_s 为实际运转台时数。

④ 生产效率

$$\eta = \frac{G_s}{G_L} \times 100\% \tag{5-17}$$

η 值的高低取决于机械状态、筒子架容量、筒子的大小、卷绕质量、劳动组织、工人操作熟练程度以及车间的生产条件等。分条整经机的生产效率较低，一般为 25%～60%。

例1：制织一粗花呢，经纬纱支数均为9公支，总经根数2196根，边纱18×2＝36根，筒子架最大容量为300只，地组织经纱色纱循环为24，穿综循环12，上机筘幅184cm，每匹匹长70m，共8匹。定幅筘每筘4入，试进行整经工艺计算。

解：(1)每绞经纱数

每绞可选择最大根数＝300－18＝282（根）

整匹织物花数＝(2196－36)/24＝90（花）

每绞最多可选择的花数＝282/24＝11.75（花）

为使头绞、末绞与其他绞的经纱根数尽量接近，则每绞取10花，则：

$$G_j = 24 \times 10 = 240（根）$$

$$G_j 头绞 = G_j 末绞 = 240 + 18 = 258（根）$$

若每绞取9花，则 G_j＝216根＜240根，影响生产效率；若每绞取11花，则各绞花数不同，会造成头绞、末绞的纱线根数不同，且与其他各绞的纱线根数差别较大。

(2)绞数

$$J = (2196 - 36)/240 = 9（绞）$$

（3）每绞宽度

$$K_j=(184+2)\times240/2196=20.33（cm）$$

$$K_j 头绞、末绞=(184+2)\times258/2196=21.85（cm）$$

（4）整经长度

$$L_z=70\times8+2=562（m）$$

（5）定幅筘筘号

每筘 4 穿入，则：$4=\dfrac{240}{20.33\times\dfrac{筘号}{10}-2}$

得：筘号=30$^{\#}$

例 2：已知某织物的总经根数为 4422 根，其中 A 色为 45/2 公支毛纱，B 色为 42/2 公支毛纱，经纱花纹循环为 A72，B2，边经为 28×2，织轴幅宽为 165cm，每轴卷绕 16 匹，每匹长度为 75m。筒子架最大容量为 360 只，选用筘号为 60$^{\#}$ 的定幅筘，试进行整经工艺计算。

解：从花纹配色循环可知，地组织每花经纱循环根数

$$G_h=72+2=74（根）$$

$$地经纱根数 G_d=4422-28\times2=4366（根）$$

所以，全幅花数为：$H_f=\dfrac{4366}{74}=57（花）$

根据筒子架容量的多少，暂时按每绞 4 花考虑（经验算，如不合适，可再修正）。

① 每绞根数 $G_j=G_h\times H_j=74\times4=296（根）$

② 每只织轴需绞数

$$J=\dfrac{G_z-G_b}{G_j}=\dfrac{4422-28\times2}{296}=14 绞余 222 根（取 15 绞）$$

$$头绞经纱根数为：G_T=296+28=324（根）$$

$$末绞经纱根数为：G_m=222+28=250（根）$$

$$其余 13 绞，每绞的经纱根数为：G_j=296（根）$$

③ 每绞宽度

$$滚筒上经纱排列密度 P=\dfrac{G_z}{W_3}=\dfrac{4422}{165}=26.8（根/cm）$$

所以，头绞宽度 $K_T=\dfrac{G_T}{P}=\dfrac{324}{26.8}\approx12.1（cm）$

末绞宽度 $K_m=\dfrac{G_m}{P}=\dfrac{250}{26.8}\approx9.3（cm）$

其余各绞宽度 $K_j=\dfrac{G_j}{P}=\dfrac{296}{26.8}\approx9.3（cm）$

④ 定幅筘每筘齿穿入根数

$$K_j=\dfrac{G_j}{\left(K_j\times\dfrac{N_k}{10}\right)-S_k}=\dfrac{296}{\left(11.04\times\dfrac{60}{10}\right)-2}\approx4.6（根/齿）$$

实际穿入定幅筘时，可采用 4、5、4、5、5 的穿法，因为在 5 个筘齿内共穿 23 根时，可达到平均每筘齿穿 4.6 根。

⑤ 整经长度

取机头和机尾回丝长度为 2m，则整经长度为：

$$L_z = L_3 \times S_p + L_h = 75 \times 16 + 2 = 1202(\text{m})$$

二、分批整经工艺设计

分批整经就是将织物所需要的总经根数尽量相等地分成几批（一般每批 400～600 根），按照工艺规定长度分别卷绕在一只经轴上，经轴经过上浆、并合卷绕成织轴。经轴上的纱线根数一般为织轴的 1/12～1/16，卷绕长度一般为 2 万多米，是织轴卷绕长度的 15～30 倍。

由于整经后还需将一定数量的经轴并合成织轴，而纱片并合时不易保持色纱的排列顺序。因此，分批整经比较适用于原色织物或单色织物的生产，也可用于排花较简单的色织物，但不适合排花较复杂或色纱种类多的色织物。

分批整经工艺设计以整经张力设计为主，还包括整经速度、整经根数、整经长度、整经卷绕密度等内容。

1. 整经张力

整经张力与纤维材料、纱线线密度、整经速度、筒子尺寸、筒子架形式、筒子分布位置及伸缩筘穿法等因素有关。工艺设计时应尽量保证纱片张力均匀、适度，减少纱线伸长。

整经张力通过张力装置工艺参数（张力圈重量、弹簧加压压力、摩擦包围角等）以及伸缩筘穿法（分排穿法、分层穿法、分段穿法）进行调节。

工艺设计的合理程度可以通过仪器测定来衡量，常用的测试仪器为机械式或电子式单纱强力仪。在配有张力架的整经机上，还需调节传感器位置、片纱张力设定电位和导辊相对位置等。

2. 整经速度

目前高速整经机的最大设计速度在 1000m/min 左右。随着整经速度的提高，经纱断头将增加，从而影响整经效率。

鉴于目前纱线质量和筒子卷绕质量还不够理想，整经速度以 400m/min 左右的中速度为佳，片面追求高速度，会引起断头率剧增，严重影响机器效率。新型高速整经机使用自动络筒机生产的筒子时，整经速度一般在 600m/min 以上。整经幅宽大、纱线质量差、纱线强力差、筒子成形差时，速度稍低些。

3. 整经根数

整经轴上纱线的排列根数是由织物的总经根数和筒子架的容量决定的，但必须遵循多头少轴的原则，以避免纱线排列过稀使卷装表面不平整，造成片纱张力不匀。此外，为管理方便，各轴的整经根数要尽量相等或接近相等。

（1）一次并轴的整经轴数

$$n = \frac{P_z}{K} \tag{5-18}$$

式中：n 为一次并轴的经轴数；P_z 为总经根数；K 为筒子架容量（只）。

（2）每轴整经根数

$$m = \frac{P_z}{n} \qquad (5-19)$$

式中：m 为每轴的整经根数。

4. 整经长度

经轴卷绕长度应为织轴绕纱长度的整数倍，并尽可能充分利用经轴的卷绕容量。先初步计算：

$$L_1 = \frac{1000V_s \times \gamma}{N_t \times m} \qquad (5-20)$$

式中：L_1 为初定经轴的卷绕长度（m）；V_s 为经轴的最大容积（cm^3）；γ 为经纱卷绕密度（g/cm^3）；N_t 为经纱线密度（tex）。

计算经轴浆轴时制成的织轴个数：

$$n_1 = \frac{L_1}{L_2} \qquad (5-21)$$

式中：n_1 为经轴浆轴时制成的织轴个数（应取整数部分）；L_2 为织轴的绕纱长度（m）。

$$经轴的实际绕纱长度 L = L_2 \times n_1 + L_3 + L_4 \qquad (5-22)$$

式中：L_3 为浆纱回丝长度（m）；L_4 为白回丝长度（m）。

5. 整经机产量

（1）理论产量（G_1）

整经机理论产量指在理想的无停台运转条件下，机器每小时卷绕经纱的重量，单位为 kg/台·h，其计算方法如式（5-23）：

$$G_1 = \frac{60vnN_t}{1000 \times 1000} \qquad (5-23)$$

式中：v 为整经速度（m/min）；n 为整经根数。

（2）实际产量（G_2）

整经机实际产量指在考虑停台的情况下每小时的产量。

$$G_2 = G_1 \times \eta \qquad (5-24)$$

式中：η 为整经机的时间效率（%）。

三、球经整经工艺设计

球经整经是将织物总经根数分成几份，并将经纱分成绳状纱束，以交叉卷绕的方式形成结构松软的球形，为绳状染色做准备。纱条染色烘干后再用分经机把经纱分梳成片状并绕成经轴，几个经轴用并轴机合并成织轴。球经整经后进行纱条染色，染色比较均匀，适用于生产劳动布、牛仔布等。

四、分段整经工艺设计

分段整经与分条整经大体相似，它是把织物的全幅经纱分别卷绕在几只窄幅经轴上，然后将这几只小经轴并列地穿在芯轴上组装成织轴，其卷绕密度与织轴相同，几只小经轴的并列宽度也与织轴绕纱幅宽相同。此法比较适合于生产花纹对称的花纹织物或经编产品。

第三章　浆　纱

浆纱是织造工程中重要的准备工序，浆纱质量的优劣对织造生产有重大影响。在织机上，单位长度的经纱从织轴上退绕下来直至形成织物，要与织机上的后梁导纱杆、停经片、综丝眼、钢筘等发生剧烈的机械作用，受到多达 3000～5000 次不同程度的反复拉伸、屈曲和磨损。未经上浆的经纱表面毛羽突出，纤维之间抱合力不足，在这种复杂的机械力作用下，纱身易起毛，纤维游离出来，会使纱线解体，产生断头。纱身起毛还会引起经纱相互粘连，造成开口不清，形成织疵，影响正常的织造生产。

一、浆纱的目的

浆纱的目的在于用上浆手段赋予经纱抵御外部复杂机械作用的能力，改善经纱的织造性能，保证经纱顺利地与纬纱交织成优质的织物。生产中，通常一台浆纱机的产量可供 200～300 台织机所有织轴的需要。因此，浆纱工作的细小疏忽，就会给织造生产带来严重的不良后果。

二、浆纱的基本原理

经纱在上浆过程中，一部分浆液被覆在经纱表面，形成柔软、坚韧且富有弹性的浆膜，使纱线光滑，毛羽贴伏，对经纱起到良好的保护作用，提高经纱的织造性；另一部分浆液浸透到经纱内部纤维之间的缝隙中，使纤维间互相粘连，增加纤维间的抱合力，提高纱线的强力。适量的浆液浸透为浆膜打下扎实的基础，否则，在外力的作用下，浆膜很容易脱落。合理的浆液被覆和浸透，能使经纱的织造性能达到最佳。

经过上浆后，要求经纱在增强、保伸、耐磨、贴伏毛羽等方面得到改善，提高长丝单根丝的集束性，且要求上浆均匀，浆膜柔软、坚韧且连续而完整，并降低纱线的弹性伸长损失。上浆后所形成的织轴要求卷绕质量好，表面圆整，纱线排列整齐。

三、浆料配合的依据

1. 经纱纤维的种类

当纤维和粘着剂的分子化学结构相似时，它们之间的粘着力好。因此，选择粘着剂时，必须考虑组成纱线的各种纤维的基本特性，并确定对浆料和上浆的要求。

例如，高涤混纺比 T/C 纱因涤纶含量高，纱线在织造过程中易聚积静电，纱身毛羽长，织造时易磨损断头，毛羽细长易使开口不清，所以，浆纱应以加强毛羽贴伏为主。而高涤混纺比 T/C 纱织物，其纱线的强力和弹性优于常规涤棉纱，增强和保伸已不是浆料配方考虑的重点。但涤纶纤维比例高，纱线疏水性强，吸附浆液困难，上浆率难以达到要求。而增加浆料的含固量,往往会因浆液的粘度增加,造成渗透困难,干分绞会引起浆膜撕裂,毛羽增加,反而加大织造难度。因此,对高涤混纺比 T/C 纱细密织物,经纱上浆必须以良好的浸透为基础,有效贴伏毛羽为主,保证形成完整、柔韧、坚牢的浆膜。这是顺利织造该类织物的关键。

维纶织物上浆主要以被覆为主,目的是增加经纱的耐磨性及减小伸长。粘胶纤维由于具有吸温性强、湿伸长率高、强力低、弹性差、塑性变形大等特点,故其经纱在上浆过程中应注意保持纱线的强力与弹性。丙纶纤维的上浆要求成膜好、弹性好、伸长小,光滑耐磨,并具有一定的吸湿性。

粘着剂选定后,再根据不同的情况,使用不同的助剂。如对于易发霉变质的浆料,往往要加一些防腐剂,而对疏水性强的经纱浆纱时,还需要加入一定量的抗静电剂,以减少织造时静电的产生。

2. 经纱的结构

(1)纱线越细,纱线的强力越差,但表面光滑,毛羽少,弹性较好,上浆时对增强要求较高,上浆率应较高,浆液应具有较好的浸透性、粘附性,并适当增加柔软剂。反之,纱线越粗,经纱强力高,但表面毛羽多,弹性较差,上浆时要求重于被覆,上浆率可低一些,柔软剂可少用或不用,但要加大减摩剂的用量。

(2)捻度大的经纱,因吸浆性较差,上浆时应采用流动性较好的浆液,对淀粉浆宜多加分解剂或配以浸透剂,以加强浆液的浸透作用。

3. 织物组织和织物密度

经纬交织点数、经纬纱线密度等,与织造时经纱因开口、打纬而所受的摩擦次数及冲击力大小直接相关。经纬交织点愈多、密度愈高的品种,对浆液和上浆的质量要求也愈高。织物密度大,则织造时所受的摩擦大,上浆工艺应注重增加经纱的弹性及耐磨性,故上浆率要大;而对密度小的织物,上浆时应着重于经纱强力的提高。

(1)细布、府绸类织物:由于织物纱线细,织造紧度高,上浆率应较高,并且要保证经纱上浆后浆膜薄而坚韧、富有弹性,浆纱增强率高,能耐摩擦,因此上浆时应选择浆液浓度低、有较高的粘着力又具有良好流动性和浸透性的浆料。其上浆工艺要求为:高浓度,低粘度,高温度,强分解,低张力,小伸长,重浸透及被覆,回潮适中,均匀卷绕。

(2)卡其、斜纹类织物:由于斜纹组织的交织点较平纹少,摩擦小,因而上浆率要较平纹组织织物低,上浆工艺偏重于被覆。

(3)贡缎类织物:上浆条件应与平纹组织类似,以减摩为主,但要注意浆液的浸透性,以提高增强作用。

(4)麻纱织物:上浆率应较平纹织物低,但由于经纱采用高捻纱,因此浆液的流动性要好,以增强浸透作用。

(5)麦尔纱、巴里纱织物:上浆工艺应选择小张力、低伸长、低温、高压、重浸透。

(6)灯芯绒织物:浆纱工艺可参照斜纹、卡其股线织物。

四、浆料的配合

在企业生产中,往往会采用几种浆料同时使用,利用不同浆料的不同性能,使浆纱质量得到提高,以达到浆纱的目的。多种浆料的相互配合可按以下步骤进行。

1. 确定主浆料的的种类

使用两种或两种以上粘着剂浆纱时,以哪一种为主浆料是确定浆料配合方案的前提。一般主浆料种类的确定要从工艺要求出发,并考虑浆料和制成浆膜的性能、浆纱工艺、印染工艺及印染效果等方面。

2. 配合比的优选

确定几种浆料的配合比,必须反复进行多次试验,从各项质量指标及浆纱、织造各工序的生产情况、浆料消耗量及浆料的价格等方面进行综合比较。

配合比的选择一般采用优选法中的"从好点出发",如有两种或几种浆料的配比需要确定,可先固定一种或几种浆料的配比,再用分数法寻找一种浆料配比的好点。选出好点后,再按同法逐一选择其他浆料配比的好点。

五、浆液浓度的确定

在上浆工艺条件相同的条件下,浆液浓度的高低直接影响上浆率的大小。浆液浓度与上浆率间的关系,随经纱线密度、总经根数等因素而有不同。纱细或总经根数少的品种吸浆量较少,浆液在浆槽中停留时间长,容易变稀。因此,要达到一定的上浆率,浓度应适当提高。而较粗的经纱或总经根数多的品种,吸浆多,浆液浓度可适当低一些。

六、上浆率的确定

上浆率(S)表示经纱上浆后,浆料干重对经纱干重之比的百分率。

$$S = \frac{Y_1 - Y}{Y} \tag{5-25}$$

式中:Y_1 为浆纱干重(g);Y 为原经纱干重(g)。

1. 影响上浆率的因素及其控制

(1)浆液的浓度、粘度和温度:浆液浓度是决定经纱上浆率的最主要因素,在较大范围内改变上浆率时,需改变浆液的浓度。

在浆液温度不变的条件下,浆液浓度和粘度的关系是:浓度大,粘度也大,浆液不易浸入纱线内部而形成以被覆为主的上浆效果,纱线的耐磨性增加,但增强率小,落浆率高,织造时容易断头;浆液浓度小时,粘度也小,浆液浸透性好而被覆差,浆纱耐磨性差,织造时易被刮毛而断头。因此,浆液浓度和粘度与上浆率的高低、浸透与被覆及上浆率的均匀程度均有密切的关系。在上浆率相同的条件下,浆液在浆纱上的浸透和被覆直接影响浆纱的增强和耐磨性。浸透率与被覆率也和粘度直接相关。在浆液浓度相同的情况下,浆液温度低时,浆液粘稠,浸透性差,造成表面上浆;反之,浆槽温度高,浆液流动性好,浸透性好,但是被覆性差,浆纱的耐磨性和弹性都较差。要保证规定的上浆率,必须控制浆液的浓度、粘度和温度。

(2)浸浆长度:浸没辊直径的大小和位置的高低决定了经纱的浸浆长度。浸没辊直径大、位置低,浸浆长度大;反之,浸浆长度小。

在其他条件相同的情况下,浸浆长度直接影响上浆率的大小和浆纱质量。如浸浆长度大,浆液浸透条件好,上浆率相对增高;反之,则减小。在生产中,一般不采用通过升降浸没辊的方法来调节上浆率。

(3)浆槽中纱线张力:经纱进入浆液中,如张力较大,浆液不易浸入纱内,上浆偏轻,吸浆也不均匀。为了改善这种情况,设置引纱辊积极拖动经纱输入浆槽,以减小纱线进入浆槽的张力,并稳定浸没辊的位置,从而稳定经纱在浆槽中的张力。

(4)压浆力和压浆辊表面状态:压浆力是指压浆辊与上浆辊间单位接触长度上的压力。一般压浆力为 17.6~35.3kN,压浆力为 98~294kN 时属于高压压浆范畴。

压浆力对上浆率有明显影响。在浆液浓度、粘度与压浆辊表面硬度一定时,压浆力增大,浆液浸透性好,被挤压除去的浆液多,因而被覆性差,上浆率偏低;压浆力减小,浸透小而被覆多,上浆率增大,浆纱粗糙,落浆也多。改变压浆辊的加压重量可以调节上浆率的大小,但调节幅度不宜过大,否则会造成浸透与被覆间不恰当的分配。压浆辊压力与上浆率、压出回潮率的关系见表 5-4。

表 5-4 压浆辊压力与上浆率、压出回潮率的关系

压浆力(N)	1441	2636	4332	5762
上浆率(%)	11.17	10.12	9.86	9.4
压出回潮率(%)	78.18	71.49	69.82	66.84

注:表中数据是在浆液粘度为 13.6Pa·s、浆液含固率为 11.39%、浆液温度为 90℃的条件下测试的。

(5)浆纱机速度:浆纱机速度的快慢直接影响浸浆时间和压浆时间。

浆纱速度快,一方面浸浆时间缩短,上浆率降低;另一方面压浆时间缩短,压去的浆液少,被覆性好,上浆率增大。在这对矛盾的因素中,后者起主导作用。因此,浆纱速度提高时,若其他条件不变,则上浆率提高,浸透差而被覆好;速度慢时,结果相反。

2.上浆率的确定

上浆率偏高,会增加浆料的使用成本,虽然浆纱的强力和耐磨性提高了,但浆纱的弹性和伸长率减小,在织造中断头将增多,而且布面粗糙,影响外观效果。上浆率偏低,纱线的强力和耐磨性都不足,织造时纱线容易起毛,增加断头,影响生产。上浆率与经纱断头的关系如图 5-3。

上浆率要适当,每种织物都有其最佳的上浆率。通常可参考相似品种来确定新产品的上浆率,也可用经验公式进行计算。

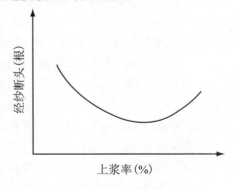

图 5-3 上浆率与经纱断头的关系

$$S = S_0 \times K_1 \times K_2 \times K_3 \tag{5-26}$$

式中:S 为新品种的上浆率(%);S_0 为选定和新品种相似的品种的上浆率(%);K_1、K_2、K_3 分别为经纱线密度、10cm 内每片综的提升次数和经向紧度的修正系数。

$$K_1 = \sqrt{\frac{T_0}{T}} \tag{5-27}$$

$$K_2 = \sqrt{\frac{X}{X_0}} \tag{5-28}$$

$$K_3 = \sqrt{\frac{\varepsilon_j}{\varepsilon_{j0}}} \tag{5-29}$$

式中：T_0、X_0、ε_{j0} 分别为"相似品种"的经纱线密度（tex）、10cm 内每片综的提升次数和经向紧度（%）；T、X、ε_j 分别为新品种的经纱线密度（tex）、10cm 内每片综的提升次数和经向紧度（%）。

"相似品种"选择的得当，表示纤维、浆料、工艺参数及其他影响上浆率的因素变化不大，如有较大的变化时，应做相应的修正。

七、浆纱工艺实例

1. 纯棉经纱上浆配方

（1）纯棉特细条灯芯绒上浆配方

① 浆料配方

淀粉：70kg；	DDF：3kg；	变性淀粉：20kg；
CMS：3kg；	PVA—1799：20kg；	聚丙烯酰胺：20kg；
ACD：20kg；	乳化油：4kg；	平滑剂：20g/100m。

② 调浆方法

高速调浆桶内加水 0.55m³，开动高速搅拌器，缓缓投入 PVA，搅匀后投入淀粉、变性淀粉、ACD，搅匀后开汽，煮开后加防腐剂、渗透剂，继续高温搅拌 2.5h，煮好后打入供应桶定积、定粘，调 pH 值待用。

③ 浆液性能

ACD 是聚乙烯、丙烯类共聚物浆料，对涤、棉纤维具有良好的粘附力，且与淀粉、变性淀粉、PVA 等化学合成浆料有良好的混溶性。该浆液粘度低而稳定，成膜性良好，柔软而富有弹性，可减少 PVA 用量，改善浆膜硬度及弹性，提高经纱被覆、渗透性，减少毛羽产生，且易溶于温水，退浆方便，无毒无污染。

（2）高支高密织物 CD 浆料上浆配方

① 浆料配方

PVA—1799：100%；	HB—96 磷酸酯淀粉：50%；	CD—PT：10%；
CD—52：6%；	火碱：0.2%；	2-萘酚：0.3%。

② 调浆方法

采用高压煮浆一次投料。在高温、高压调浆桶内加适量的水，将 PVA、变性淀粉、CD—PT、CD—52 等徐徐投入，低速搅拌 5min，盖上盖子，开蒸汽煮到 110℃，焖浆 10～15min，再打入供应箱，校对体积（粘度）后开箱使用。

③ 浆液性能

CD—PT 浆料与 PVA、变性淀粉的相溶性很好，使用后提高了 PVA—1799 的分纱性能，提高浆膜的完整率。

（3）生产纯棉细特高密织物 ASP 浆料上浆配方

① 浆料配方

玉米淀粉：60kg；	ASP：20kg；	DDF：3kg；
平滑剂：1.2kg；	丙烯酸浆料：6%。	

② 调浆工艺

体积 850m³，调浆筒含固量 10.8%，放浆温度 98℃。

③ 浆液性能

ASP 浆料增强率高,耐磨性好,浆膜光滑柔软,可以完全替代 PVA 用于纯棉细特高密织物的上浆。既可减少因原淀粉上浆中浆膜弹性差而造成的纱线脆断现象,又避免了浆纱干分绞时因浆膜撕裂造成的毛羽再生现象和高温高湿条件下的再粘现象。该浆料粘度稳定,浆液流动性好,煮浆时间短,调浆方便,退浆性能好,既节省能源又减少了后整理工序,使织物总成本得到进一步降低。ASP 浆料采用的是"高浓、低粘、高压"的上浆路线,适合于"细特、高密、高速"产品的织造工艺,合理调整浆液配方和浆纱工艺,可以改善纱线条件,提高织造效率。

(4)纯棉细特高密直贡缎上浆配方

① 浆料配方

PVA—1799:18.75kg;　　　　　FZ—1 型磷酸酯变性淀粉:18.75kg;

XZW—1 型丙烯酸浆料:18.75kg;　JS—2 型变性 PVA:18.75kg;

SA—100 高效平滑剂:0.75kg;　　其他助剂及防腐剂:0.20kg。

② 浆液性能及上浆工艺

JS—2 型变性 PVA 聚合度低,水溶性好,与 PVA—1799 混合使用能改进浆液的粘度和流动性。为了进一步改善浆膜的粘着力、柔软性和断裂伸长率,加入 XZW—1 型丙烯酸浆料,该浆料含固量较高,粘度低,溶解性和粘附性好,质量稳定,可以改善淀粉与 PVA—1799 的混溶性,减少混合浆液分层,使浆膜柔软,有利于分绞。

为了达到理想的上浆要求,应用高压高浓低粘上浆工艺。浆槽浆液粘度 16～22 Pa·s,上浆率 15%～17%,浆槽浆液温度 94℃左右,浆纱速度 35～40m/min,浆槽前压浆辊压力 14kN,后压浆辊压力 11kN。刚启动开车时,前后压浆辊压力比正常情况下加大 20%,当浆纱车正常运行后恢复到正常压力。回潮率控制在 5%～6% 之间较为合适。纱线进入浆槽的张力要小些,使引纱辊的表面线速度略大于上浆辊的表面线速度,经纱能主动送入浆液中,上浆时基本处于小张力或无张力状态,纱线伸长率控制在 1.5% 以下较为适宜。分绞区的张力及卷取张力应偏大掌握,有利于降低分绞时的张力波动,提高织轴卷绕密度。

(5)纯棉细特防羽布浆料配方

① 浆料配方

PVA—1799:25kg;　　　　　　　FZ—1 型磷酸酯变性淀粉:22.5kg;

XZW—1 型丙烯酸浆料:31.25kg;　JS—2 变性 PVA:12.5kg;

KS—55 蜡片:1.5kg。

② 浆液性能及上浆工艺

采用 JS—2 变性 PVA 取代一定比例的 PVA—1799,加大磷酸酯淀粉组分,浆液粘度稳定,渗透与被覆合理,浆纱增强率高,减伸率较低,毛羽贴伏好,布机开口清晰,引纬通畅,织造效率高。

细线密度纱上浆的主要目的是贴伏毛羽、增强和保伸,要求浆纱毛羽再生少、富有弹性,耐磨性能好。上浆工艺应采用"高浓度、低粘度、高压浆力、低压出回潮"的配置。

(6)纯棉普梳织物浆料配方

① 浆料配方

PVA—1799:42kg;　　　　　　　　　XZW—1 型丙烯酸浆料:8kg;

磷酸酯变性淀粉：25kg；　　　　　　　　多功能油脂：2.5kg。

② 浆液性能及上浆工艺

考虑到纯棉普梳单纱断裂强力低的弱点，在主体浆料的选择上仍以浆膜强度高、坚韧、耐磨性好的 PVA 为主。XZW—1 型新一代丙烯酸浆料属高浓低粘浆料，其浆膜柔软，断裂伸长率大，恰好与 PVA 浆膜坚而韧形成互补。

PVA、XZW—1 型丙烯酸浆料与淀粉磷酸酯的混合浆为高浓低粘型浆液，在纯棉普梳织物上浆中，能保证浆纱具有良好的渗透与被覆，能充分发挥各浆料的优良性能。浆液粘度稳定，流动性好，上浆均匀，分纱阻力小，毛羽贴伏率高，并减少疵轴，断经断纬降低，织机效率提高。该浆料调浆过程简单，缩短了调浆时间，节约用电用汽量，并且减轻了工人的劳动强度。

(7)J14.5/J14.5 宽幅高密细布浆料配方

① 浆料配方

PVA—1788：37.5kg；　　　玉米淀粉：25 kg；　　　　KD318：12.5 kg；

DDF：1.5 kg；　　　　　高效平滑剂：1.5 kg。

② 调浆方法

二步调浆法：(a)在盛有 300L 水的 1 号调浆桶加入定量的 PVA 浆料，充分搅拌均匀后，开汽升温煮至 PVA 浆液呈透明状，煮 1.5h 左右，再加入 KD318 浆料和高效平滑剂与PVA 浆液调和均匀，逐步升温至 95℃约 30min，焖浆备用；(b)在烧煮 PVA 浆液时在 2 号桶内加水 250L，开汽升温至 50℃，加入 DDF 不断搅拌均匀，然后加入定量的淀粉充分搅拌均匀，校正生浆浓度，再逐步升温大约烧煮 30min 备用；(c)待两桶浆液均煮好以后，在 1 号桶内混合均匀，根据调浆工艺定 pH 值、定粘、定含固量、定体积（略小于工艺体积）后，焖浆30min，即可使用。

③ 浆液性能及上浆工艺

KD318 浆料作为丙烯酸改性共聚物，可以减少 PVA 用量，部分替代 PVA，改善上浆质量，并能获得良好的上浆效果。它对纯棉织物具有良好的粘附性，与淀粉、PVA 等浆料具有良好的混溶性；它成膜性很好，浆膜柔软而且富有弹性，同 PVA 混用，能提高经纱被覆效果，减少毛羽产生，还可以改善 PVA 浆结皮现象，利于分绞，浆液粘度稳定性很好。

DDF 淀粉复合催化剂与淀粉能充分混合，与 PVA、淀粉具有良好的互溶性，并且利于高温上浆，有助于浆纱的渗透。浆膜光滑柔软、耐久性能好，可以降低浆纱落物。而且，它易于退浆，适用性较广。

本配方浆液粘度稳定且粘度较低，上浆率降低，增强率提高，伸长率下降，满足双织轴喷气织机的生产。并且织机开口清晰，布机经纬纱断头普遍下降，织机效率提高，织疵率大幅度下降。

2. 纯涤、涤棉混纺经纱上浆配方

(1)纯涤产品用 Size CE 浆料上浆配方

① 浆液配方

玉米淀粉：25kg；　PVA—1799：50kg；　Size CE：液体 30kg；　乳油：3kg。

② 调浆方法

首先加水 500L，投入淀粉 25kg、PVA50kg，搅煮，让二者充分溶解，最后加入

Size CE 30kg(Size CE 极易溶解)、乳油 3kg,搅煮 10min,定积、定粘,粘度 10.5MPa. s,含固量 13.6%。

③ 浆液性能及上浆效果

Size CE 浆料,属丙烯酸酯类浆料,呈淡黄色液体,吸湿性稳定,对涤纶有较好的粘附性,退浆容易。

纯涤纶短纤纱经过上浆后,毛羽贴伏好,手感光滑,织造中没有毛羽缠绕,静电得到消除,布机运转正常,织机效率较高。

(2)细旦高密涤纶短纤织物的上浆配方

① 浆液配方

E19:40kg;　　　　PVA－1799:27.5kg;　　　　KT:5kg;

YL:3kg;　　　　壳聚糖(Chitosan):0.3kg。

② 浆液性能

涤纶纤维是一种疏水性纤维,吸湿性小,分子排列紧密,结晶度高,同时纤维之间摩擦系数大,易积累静电;纯涤纱易产生毛羽,纱线强伸性能较好。因此,上浆的主要目的是改善毛羽和静电问题。此外,由于涤纶纱吸湿性小,不易粘附浆液,且纤维表面很光滑,毛羽不易贴伏,所以涤纶纱线上浆时要求浆液粘附性好,湿抱合力强,浆膜不易脱落,浆膜完整度高,耐摩擦,少静电。

E19 大分子链上不但引入了大量与涤纶纤维亲合力很好的酯基,增加了粘附性,而且引入了一些其他基团组分,使浆膜柔韧性增强;PVA－1799 对涤纶有很强的粘附力;KT 与涤纶有很好的亲合力,能形成柔软光滑的浆膜,分纱轻快,使浆膜完整,减少毛羽;YL 润滑剂具有良好的平滑性,能降低浆纱表面摩擦系数;壳聚糖在上浆中使用可以取得了良好的抗静电效果。

③ 上浆工艺

上浆工艺原则为"重被覆、轻渗透"。为保证良好的上浆效果,达到较高的织造效率,采用双浆槽浆纱,可以降低纱线的覆盖系数,使上浆均匀,浆膜完整;采用"两高一低"的浆纱工艺,可以达到重被覆的目的。

(3)普梳 T45/C55 平布上浆配方

① 浆液配方

PVA－1799:50kg;　　　磷酸酯淀粉:25kg;　　　KD318:6kg;

CMS:4kg;　　　　其他助剂:2kg。

② 浆液性能

浆液粘度低,粘度稳定,流动性好,浆液渗透力强,增强减伸性能佳,毛羽贴伏、被覆性、耐磨较好,织造时开口清晰、落浆少,织造效率有较大提高。

(4)T/C(80/20)13×13 细布上浆配方

① 浆液配方

变性淀粉:12.5kg;　　JS－1 变性 PVA:37.5kg;　　LMA－95:5.5kg;　　SLMD－96:1kg。

② 调浆方法

采用一步调浆法,将待用的调浆桶冲刷干净后加水,水深 50～60cm,投入变性淀粉。充分搅拌后投入助剂,待助剂溶化后打开蒸汽,加入平滑剂,焖浆 2h 后定积、校对 pH 值待用。

③ 浆液性能

JS—1 变性 PVA 是一种适合于高比例涤/棉混纺纱上浆的浆料，粘度低且稳定，浆液流动性好，有利于浆纱渗透，上浆性能好。

采用该配方对纱线上浆后，经纱分绞容易，手感滑爽，织造时开口依然清晰，经纱断头明显减少，好轴率提高，织疵率降低，布面质量、织造效率均能够较大幅度地提高。

(5)棉织物 HS—4 变性淀粉浆料配方

① 浆料配方

HS—4 变性淀粉:50kg；　　滑石粉:5kg；　　皂化油:4kg；

平平加 O:0.5kg；　　2-萘酚:0.15kg；　　有机硅油:0.2～0.4kg。

② 浆纱特点

浆纱手感光滑，浆轴并、绞头减少，好轴率上升，有利于织造、印染退浆和质量的提高，而且减少了印染前处理的成本及环境污染。由于纯淀粉上浆的经纱耐磨性较 PVA 浆和混合浆差，故配浆时要考虑选用加入适量质软匀细的滑石粉，可降低浆纱和织机零件之间的摩擦，提高织造效率。加入有机硅油的目的是增加纱线的光滑，减少摩擦，减少静电，提高织造开口清晰度。采用变性淀粉上浆，由于变性淀粉与 PVA 吸湿程度不一样，因此车间生产环境的相对湿度要密切配合工艺进行调整，如果相对湿度太低，容易造成部分织机起棉球，影响织机的运转效率。

(6)高比例涤棉细布使用 KS—22 复合浆料和 KS—55 浆纱蜡片的上浆配方

① 浆料配方

PVA—1799:50kg；　　JFJ 酯化淀粉:20kg；　　KS—22:6kg；

KS—55:2kg；　　调浆体积:750L。

② 调浆方法

在调浆桶内加入 0.3m³ 水，开动低速搅拌器，开蒸汽，倒入 PVA、JFJ 酯化淀粉、KS—22、KS—55，搅拌 10min 后，加水至 0.7m³，升温并高速搅拌，打开蒸汽煮 2h，定积、定粘，焖浆 0.5h 后投入使用。

③ 浆液性能及浆纱特点

浆液粘度稳定，粘度波动率为 2%～3%。上浆后纱线手感滑爽，浆纱易分绞，毛羽贴伏好，落浆少，布机开口清晰。

(7)涤粘织物 JFJ 上浆配方

① 浆液配方

PVA—1799:50kg；　　JFJ:40kg；　　平滑剂:1kg。

② 调浆方法

在高速调浆桶内放入适量的水，开动慢速搅拌器，先将规定量的 PVA 缓缓加入，再缓缓加入定量的 JFJ、平滑剂，低温慢速搅拌 15min，逐渐升温到 100℃，快速搅拌 2h 后，再慢速搅拌，稳定 15min，定粘待用。

③ 浆液性能

JFJ 是以玉米为主要原料，添加多种化工原料，经物化处理而成，其颗粒小、渗透力强、耐磨性好，产品极易溶于水，成浆的外观透明清亮，具有良好的粘结性和成膜性。JFJ 与

PVA 的混溶性好,替代部分 PVA,能较大幅度地降低上浆成本。

JFJ 与 PVA 混合浆料既具有良好的混溶性,又具有低粘度、强渗透、易分绞的特点,浆膜完整、光滑柔软、富有弹性,纱的减伸性可降低 20%,抗磨性可提高 10%。混合浆料不并粘、不结斑,浆液流动性好,浆膜被覆完整,经纱柔软,强力稳定,保伸性好。使用混合浆后,浆液粘皮下降明显,浆膜比纯 PVA 膜薄,渗透比纯 PVA 浆好。

(8)高涤混纺比细密织物经纱上浆配方

① 浆液配方

PVA—1799:43.75kg;   PVA—205MB:20kg;   TB—225:20kg;

SFB:10kg;   乳化油:3.5kg;   定积:0.8m³。

② 浆液性能

PVA—205MB 浆料易溶解于水,基本无泡产生,且与 1799—PVA 的混溶性好。分子聚合度低($n=500$),粘度低,含有与涤纶亲合性好的醋酸基。由于上述特点,使得 PVA—205MB 在涤棉纱的上浆中,浆液与纤维之间的吸附性能增强,不易上浆的问题可以改善。低粘度 PVA—205MB 的混入,降低了浆液的粘度,为实现"高浓、低粘、高压、高速"的上浆工艺路线提供了保证。低聚合度、低强度的 PVA—205MB 改善了原 PVA 的浆膜性能,总体强度下降,分纱阻力减少,改善了干分绞状况,浆膜的完整性提高,达到减少毛羽的目的。低粘度浆液易渗透,流动性好,上浆均匀,浆皮、浆斑等疵点也大大减少。但 PVA—205MB 价格较高。

3. 毛纱上浆浆料配方

毛纱的特点是毛羽多,在织造过程中,邻纱之间的毛羽互相纠缠,不易分开,这是引起经纱断头和织疵增多的主要原因之一。我国过去一向以制造中、厚粗纺毛呢和股线精纺织物为主,而且织机速度较慢,所以在以往的毛织物织造过程中,毛纱一般都不需要上浆。但目前粗纺毛织物所采用的纱线越来越细,精纺毛织物逐步向轻薄方向发展,回毛、再生毛和低级毛的使用,混纺织物品种不断扩大,织机转速越来越高,毛纱上浆在许多毛织物的织造过程中成了一个不可缺少的关键工序。

(1)毛纱纤维性能对上浆的影响

羊毛纤维的缩绒性,要求上浆时浆槽温度的控制良好,避免在湿热条件下,毛纱发生不均匀收缩和松弛,造成同一纱线中不同片段及各根纱线之间的伸长和张力不匀对织造产生影响;羊毛纤维表面的鳞片及本身的油脂、纺纱加工过程中加的和毛油会使浆液渗透不足,浆膜脱落,影响上浆率;羊毛纤维良好的弹性使上浆过程中会出现减伸率过大的现象,不易贴伏毛羽,这对浆料提出了要求;羊毛纤维的内部构成则对退浆提出了要求。另外,毛纱的纤维种类、细度、捻度以及织物品种等都对毛纱的上浆提出了不同的要求。毛纱的强力也对上浆提出了一定的要求,一般认为,毛纱织物强力以不低于 176.4cN 为宜。

(2)毛纱上浆的目的

毛纱上浆的主要目的是减少纱线毛羽,降低毛纱的摩擦系数,增加经纱的强力。

(3)毛纱上浆对浆料的要求

毛纱上浆要求浆液对经纱的覆盖及浸透有一定的比例,浆液的成膜性好,浆液的物理和化学稳定性好,浆料配制不复杂,操作简便,退浆容易,不污染环境。

(4)毛纱上浆工艺配方实例

① 50/1 公支纯毛纱上浆工艺配方

TB225(变性淀粉):3.5%；　　PVA−1799:1%；　　PAAM:1%。

② 50/1 公支毛涤混纺纱上浆工艺配方

PVA−1799:3.5%；　　PMA:0.5%；　　玉米淀粉:2.5%；　　平滑剂:0.4%。

③ 40/1 公支纯毛纱上浆工艺配方

PVA−1799:6.7%；　　明胶:0.7%；　　油脂:0.1%；　　渗透剂:0.03%。

④ 毛/涤(毛 70%以下)混纺纱上浆工艺配方

TB225(变性淀粉):30%；　　PVA−1799:52%；　　CMC:5.5%；

辅助浆料:10%；　　油脂:1.2%；　　抗静电剂:1.3%。

⑤ 毛/涤(毛 70%以上)混纺纱上浆工艺配方

TB225(变性淀粉):35%；　　PVA−1799:45%；　　CMC:5.5%；

辅助浆料:12%；　　油脂:1.5%；　　抗静电剂:1%。

(5)毛纱上浆注意事项

毛纱上浆的调浆工艺可参照棉纱上浆操作进行,但必须注意:

① 毛纱上浆,不论是本白纱或是色纱,均含有油脂,为提高浆液的渗透能力,宜采用高温上浆,温度应控制在 98℃以上；

② 经纱出浆槽压浆辊之后,湿分绞非常重要,这样才能减少机前干分绞的压力；

③ 在整经时色光接近或同一色号的正反捻纱切忌整在同一经轴上,否则穿综时很难分辨经纱,给穿综造成困难；如果整在不同经轴上,浆纱时可以利用绞线,将不同经轴的经纱进行分层,穿综时插入绞棒把经纱分开。

④ 易于分辨的经纱,可以按排列顺序整在同一经轴上。

⑤ 分配在每只经轴上的经纱根数要基本接近,在并轴时经纱花型易于重合,每轴根数一般在 550 根左右,最低不要低于 450 根,也不能超过整经机筒子架可容筒子数。

⑥ 未经劈花处理的花型,经纱排列是不对称的,在排纱时要注意经轴架上经轴的旋转方向,如果是逆时针方向旋转,经纱排列的起始点要反过来排列,才能保证花型重合。

⑦ 需要排列在同一层面上的经纱其旋转方向要一致。

⑧ 轴与轴之间均要放入绞线,才能达到经纱分层的目的。

4. 苎麻单纱上浆工艺配方

纯苎麻单纱织物的经纱上浆是一个难度很大的技术问题,因为苎麻纤维长度标准差系数达 80%以上,在成纱过程中纤维转移频率较低,纯苎麻纱断裂伸长率小、抱合差、条干不匀、细节多、不耐磨、易起毛、毛羽多且长而硬,故织造时造成开口不清、三跳疵布多、断头率高,织机运转效率低。因此,苎麻纱上浆的重点是使纱线毛羽贴伏、增加纱线耐磨性、降低强力不匀率。这要求浆料具有高自粘性与内聚强度,让一部分浆液被覆在纱线外层而形成细腻、光滑、富有弹性的坚韧薄膜,使毛羽贴伏,增强耐磨性能；另一部分浆液浸透到纱线内部,使纤维间粘合,以增强抱合力,从而阻止纤维间的滑移,并作为成膜良好的基础。这样才能达到既使毛羽贴伏,又能使上浆后已贴伏的毛羽在织造过程中能承受反复拉伸摩擦的作用。

(1)浆液配方

PVA−1799:3%；　　DM818:4%；　　DM828:2%；

猪油:0.2%; 2-萘酚:0.02%。

（2）浆液性能

纯苎麻单纱上浆的粘着剂多选用聚乙烯醇作为主浆料,这是因为苎麻纤维的每个葡萄糖基环上有 3 个羟基,它们之间有相似的官能基团。聚乙烯醇浆料具有亲水性的羟基,易溶于水且粘度的稳定性好,浆膜坚韧、耐磨、光洁,吸湿性好,但是浆液粘度高,易结皮、易起泡,由于浆膜内聚力较大,前车分绞困难,导致浆膜撕裂,纤维外露,毛羽又重新出现。而DM 浆料属低粘度浆料,浸透性好,分绞容易,粘度稳定,浆膜坚韧、耐磨、光洁、吸湿性好。DM818、DM828 变性淀粉与 PVA 的混合浆液,其热粘度稳定性良好,可采用一次调浆方法,调浆简便,节约能源,浆液渗透性强,成膜性好,且浆膜具有良好的机械性能。DM818、DM828 变性淀粉浆料具有高浓低粘特性,变性淀粉与聚乙烯醇的混合浆料有利于提高浆液的总固体量,从而满足了纯苎麻纱高被覆、高上浆率的要求。混合浆液既发挥了变性淀粉的作用,又保存了聚乙烯醇原有的优良特性。

（3）上浆工艺要求

根据苎麻纱上浆要求,宜采用高浓度、低粘度、压浆力先高后低、重被覆、多减磨、高保伸、伏贴毛羽的工艺路线。

上浆率:纯苎麻纱通常为 11%～13%。

伸长率:经纱在上浆过程中受到张力拉伸,产生一定的伸长是不可避免的,但伸长不应过高,特别是对上浆率要求较高的苎麻纱其伸长更应低些,以防止苎麻经纱的弹性受到进一步损失,通常伸长率控制在 0.5% 以内。

回潮率:为了防止和减少织轴在织造时出现粘并现象,导致开口不清晰,所以织轴的回潮率应较低,有助于织轴在织造时均匀吸湿,对降低经纱在织造过程中的断头较为有利。回潮率宜控制在 5%～6%。

浆槽温度:苎麻纱线的毛羽既多且长,在以变性淀粉为主浆料的浆液中,为了使上浆后的纱线毛羽贴伏好,浆槽温度以选择低温 70～80℃ 为宜,从而实现以被覆为主的工艺路线,并有助于降低布面的横向浆斑疵点。

压浆力:鉴于苎麻纱线强力高、弹性差,且苎麻纤维刚度大、纱线毛羽多,特别是不均匀时其危害更为突出,造成纬档、条影和云斑等疵点,而毛羽贴伏主要依靠压浆作用、浆料性能、浆料与所浆纱线的亲合力以及压浆力大小等,为了贯彻浆纱以被覆为主渗透为辅的工艺路线,因此对第一压浆辊选择高压力,从而有利于浆液的渗透,提高纱线强力;对第二压浆辊选择低压力,从而有利于浆液的被覆,使毛羽贴伏,不仅减少织造断经,而且降低了纬向停台。

5. 人棉涤长丝仿真丝织物上浆工艺配方

（1）浆液配方

PVA－1799:37.5kg; FZ－1 磷酸酯淀粉:37.5kg;

XZW－1 型丙烯酸浆料:18.75kg; 大油:1.5kg; 甘油:1.5kg

（2）浆液性能

FZ－1 磷酸酯变性淀粉,在制造过程中由于大分子链断裂,聚合度较低,分子量较小,使得粘度降低,增加了浆液的流动性和渗透性。该浆料由于酯基的引入,增加了浆液对疏水性纤维的亲合力。糊化速度快,热粘度稳定性较好,具有高浓度低粘度的特点,退浆容易，且具有粘结力强、浆膜光滑耐磨等特点，可部分取代 PVA。

XZW—1 型浆料是丙烯酸类共聚物，在较宽的湿度范围内，其浆膜有适当的吸湿性、稳定的强度、较高的毛羽贴伏率、好的柔韧性和极好的耐磨性。适用于天然纤维、合成纤维及混纺纱的上浆，可取代部分 PVA 浆料，属于低粘高浓浆料。

以 FZ—1 磷酸酯变性淀粉和 XZW—1 型丙烯类浆料配合取代部分 PVA，浆液粘度降低、流动性增强，浆液渗透好，浆纱易分绞，浆膜完整，毛羽贴伏率高，浆纱弹性大幅度改善。织造开口清晰，织机效率显著提高。

（3）调浆方法

混合浆调浆方法采用两步法，先在一只桶内将 PVA 煮好，再在另一只桶内将 FZ—1 磷酸酯变性淀粉搅拌均匀，升温至 65℃左右，再打入已煮好的 PVA 和其他浆料，加热至 90℃，焖浆 20～30min，定积，即可使用。

6. Tencel 纤维织物的经纱上浆工艺配方

① Tencel 纤维织物对上浆的要求

Tencel 纤维纱的断裂伸长率较小，不如棉、粘胶、涤纶等纱线，要求在上浆时，一方面要控制好纱线的回潮，不能过干；另一方面浆液渗透不能过大，防止脆断头和纱线弹性的损失。织造时为了避免开口不清而导致三跳疵布的产生，要求纱线表面的浆膜坚韧而有弹性，即耐磨性好。

② 浆液配方

B—210：50kg；　　　　PVA—1799：16.5kg；　　　聚丙烯酸浆料：20kg；

大油：5kg；　　　　　氢氧化钠：适量；　　　　　防霉剂：0.12kg。

③ 浆液性能

浆液以变性淀粉 B—210 为主，适量加入 PVA 及聚丙烯酸浆料，以改善浆液的混溶性和提高浆液对纱线的粘附力，同时可利用其吸湿再粘性保持纱线一定的回潮。

④ 上浆工艺

Tencel 纤维经纱上浆应以保伸、耐磨为主要目的，增强是次要的。为此，上浆工艺路线为高浓度、小伸长、少浸透、高被覆、大回潮、厚浆膜。

上浆操作时，采用又浸又压的上浆形式。但要注意做到：调低烘筒温度，防止纱线干燥，保持其一定的回潮率；适当抬高两根浸没辊的高度，减轻压浆辊对纱线的挤压，达到降低渗透、减少伸长的目的；调整浆轴盘板距离，使之与筘幅误差不超过 2cm，以减少边纱的意外伸长，降低其与钢筘、综丝的摩擦。

第四章　穿　　经

织物生产的穿经方式是根据织物组织、规格、密度及织机的开口形式等因素来安排的，要尽可能做到起综均匀，综丝密度控制在适当的范围内，花、地综的位置配置合理等，以减

少产品的织疵,降低经纱的断头率。安排穿经的时候,还要注意穿经效率和穿经的劳动强度。穿经顺序和内容如下:

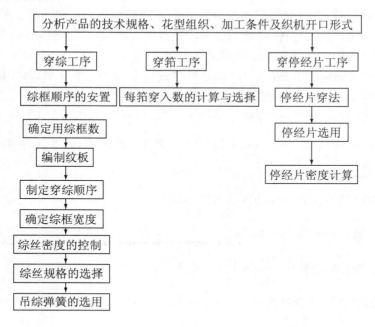

一、穿综工序

1. 综框顺序的安置

提花织物穿综时,有花综和地综之分,习惯上把穿花经的综框称为花综,把穿地经的综框称为地综。花、地综顺序的安置有下述几种方式:

(1)地综在前、花综在后:大多数产品地经根数多,交织点也多,地综运动频繁,而花经的根数少,交织点也少,综框运动少。在这种情况下,为了降低地经的断头率,有利于织造操作,保证开口清晰和织物布面的平整丰满,以采用地综在前、花综在后的安置方法为宜。依此类推,当织物有几种不同组织的时候,一般应视综框上综丝的多少来决定,根数多的综框在前,根数少的在后。

(2)花综在前、地综在后:对一些花型要求高,如女线呢中的灯笼花型或者花经用综框数仅在 3 页以内的、经浮长较长的仿结子等产品,为了防止织造时花经被地综升降搭综,造成开口不清,影响花型的清晰,或者花经因交织点少、经纱张力小、停经片下垂易造成空关车时,采用这种放置方法。

(3)花综、地综间隔排列:这种方法主要用于织制阔幅缎条泡泡纱等综丝分区密集的织物。因为缎条部分的经纱密度大,综丝密集度高,易造成开口不清,产生纬缩织疵,因此对花、地综采用间隔排列来减少综丝的分区密集度,以利于织造。

在企业生产实践中,为了使工人操作方便,常用数字来表达穿综工艺。如:四枚破斜纹织物,采用四页综框,若采用顺穿法,其穿综方法在工艺单中常表达为:1、2、3、4;$\frac{3}{1}$人字斜纹,采用照图穿法,则穿综工艺为 1、2、3、4、3、2。

2. 综框页数的确定

综框页数是根据织物的组织图和产品规格确定的。确定时把同一升降规律的经纱穿在一页综框内，而不同升降规律的经纱分别穿在不同的综框内。对于综丝数过多的综框，为了减少经纱与综丝间的摩擦，降低织造时的断头率和跳沉纱等织疵，可适当增加综框数，但是在目前的设备中多臂机的总综框数最好不超过 16 页。

根据实践经验，坯幅 100cm 左右时，每页综框 28G 综丝≤600 根，26G 综丝≤500 根；127cm 左右幅宽，综丝数在 750 根左右。

例 3：某色织 13tex×13tex 涤棉纱织物，一花经纱根数为 72 根，总经根数 4300 左右，每花平纹 49 根、提花花经 1 根、$\frac{3}{1}$ 右斜纹 16 根、透孔组织 6 根（$\frac{3}{3}$ 经重平组织），计算其织造时所用综框数。

解：平纹组织经纱根数 $= 4300 \times \frac{49}{72} \approx 2930$（根）

花经根数 $= 4300 \times \frac{1}{72} \approx 60$（根）

透孔组织经纱根数 $= 4300 \times \frac{16}{72} \approx 360$（根）

$\frac{3}{1}$ 右斜纹组织经纱根数 $= 4300 \times \frac{16}{72} \approx 956$（根）

平纹组织综框页数 $= \frac{2930}{600} \approx 5$ 取 6 页

花经综框页数 $= \frac{60}{600} < 1$ 取 1 页

透孔组织综框页数 $= \frac{360}{600} < 2$ 取 2 页

$\frac{3}{1}$ 右斜纹组织综框页数 $= \frac{956}{600} < 4$ 取 4 页

共用 13 页综框。

3. 纹板的编制

纹板图表示织物在织造时的提综方式和提综顺序，是根据织物组织、花综及地综排列顺序和综框页数确定的。纹板的编制是以纹板图为依据的，一般纹板图中每一横列上经组织点的部位要钉上一颗纹钉，钉上纹钉的表示经纱开口一次，纹板图中每一纵行上的纹钉表示了一页综框的运动轨迹。但新型织机中，往往采用电子纹板装置取代了纹板，这时纹板图中的经组织点处往往是通过打孔来表示综框提升规律的。对于电脑控制系统，一般是将纹板图原样输入计算机，以供电脑识别。

但在企业生产时，为了方便工人操作，纹板图一般改用数字形式表达，如高密平纹织物，采用六页综框制织，其纹板工艺一般表达为：$\begin{cases} 1,2,5 \\ 2,4,6 \end{cases}$

如 $\frac{2}{2}$ 右斜纹织物，其纹板图如图 5-4，工艺表达为：

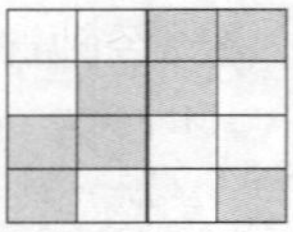

图 5-4 $\frac{2}{2}$ 右斜纹织物的纹板图

① $\begin{cases} 1,4 \\ 1,2 \end{cases}$ ② $\begin{cases} 2,3 \\ 3,4 \end{cases}$

对组织比较复杂、纹板规律不是很明显的织物,采用数字方式表达纹板图有助于工人操作和记忆。例如,图 5-5 所示的纹板图其数字表达形式如图 5-6 所示。

纹板图

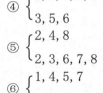

① $\begin{cases} 1, 2, 4, 7 \\ 3, 5, 7, 8 \end{cases}$ ④ $\begin{cases} 1, 3, 4, 6, 7 \\ 3, 5, 6 \end{cases}$

② $\begin{cases} 2, 3, 4, 6 \\ 1, 4, 7 \end{cases}$ ⑤ $\begin{cases} 2, 4, 8 \\ 2, 3, 6, 7, 8 \end{cases}$

③ $\begin{cases} 1, 3, 5, 6, 8 \\ 2, 5, 8 \end{cases}$ ⑥ $\begin{cases} 1, 4, 5, 7 \\ 2, 3, 5, 6 \end{cases}$

图 5-5 纹板图   图 5-6 纹板图的数字表达形式

4. 制订穿综顺序

安排穿综顺序的时候,应考虑各地综之间穿综数的均匀性,相邻经纱的穿综顺序不宜跳穿太大,穿综顺序要便于记忆、便于操作、便于核对、利于织造。所以,平纹、$\frac{2}{1}$ 或 $\frac{2}{2}$ 斜纹织物、平纹地织物等,一般都采取顺穿法;泡泡纱、缎条织物等,采取 1 隔 1 的飞穿法。即使是提花织物,也应通过更改纹板图等方法减少跳穿。

例 4:某织物组织如图 5-7 所示,若采用图 5-8 中(a)的纹板图,其一花的穿综顺序为:5、1、2、12;6、11、4、10;2、9、3、8;6、7、5、1;2、7、4、8;2、9、4、10;5、11、6、12。这种穿综顺序既不易记忆,又不便于检查,起综前后不均匀,对穿综、织造都不利。

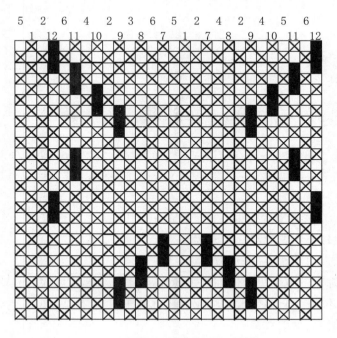

图 5-7 织物组织图

如把上述纹板图改成图 5-8(b)中所示，则其一花穿综顺序为：12、11、10、9；8、7、6、5；4、3、2、5；1、3、2、7；4、5、6、7；8、9、10、11；12、5、1、3。这种穿法较上一种容易记忆，操作方便，织造时起综均匀。

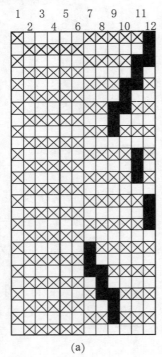
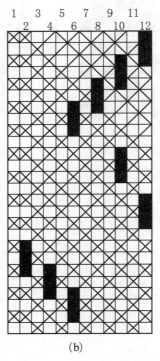

图 5-8　织物纹板图

5. 综框宽度的确定

(1)公式计算法

$$B=R+\frac{l}{L}(W-R)+2K \tag{5-30}$$

式中：B 为综框最大上机宽度(cm)；R 为钢筘上机幅宽(cm)；W 为织轴边盘之间的距离(cm)；l 为织口到最后一页综框的距离(cm)；L 为织口到后梁的水平距离(cm)；K 为预备综丝占用的尺寸(8mm 以上)。

当织物综框页数在 13 页以上时，为了避免第 14、15、16 三页综框与弯轴曲柄相碰，这几页综框的宽度以较公称筘幅窄几厘米为好。

(2)根据机型、上机筘幅、综框页数确定

一般情况下，综框的宽度小于公称筘幅 3cm，较上机筘幅大 3～6cm。当综框页数为 14 页以上时，第 14、15、16 三页综框的两端应不碰弯轴曲柄。

6. 综丝数和综丝密度的计算

综丝密度是指一根综丝杆上单位长度内的综丝根数，计算时以 1cm 或 1 英寸为长度单位。

(1)平均计算法

① 当织物经纱穿在各页综框内的根数相同时

$$综框上的综丝数=\frac{总经根数}{综框页数} \tag{5-31}$$

② 当综丝在综丝杆上平均分布时

$$综丝密度(平均)=\frac{综框上的综丝数}{上机筘幅} \tag{5-32}$$

(2)分区计算法

织物一花内有两种或两种以上组织时,应按排花顺序对各种不同组织分别穿综,这称为分区穿法。分区穿法的织物,各综框上的综丝不可能完全一致,可以按式(5-33)进行计算。

$$综框上的综丝数=产品一花内分配在这页综框上的综丝数×全幅花数$$
$$+加头(减头)分配给这页综框上的综丝数 \tag{5-33}$$

分区穿综的产品在综丝杆上的综丝分布也是不均匀的,而是一段隔一段分布的(简称分区密集)。因此,计算综丝密度时要以一页综框内某段最密处的综丝根数被这段综丝杆长度相除。为了计算方便,这段综丝杆的长度可以用这段经纱的穿筘幅来代替。

(3)综丝密度控制范围

综丝密度的大小对织造生产影响极大。密度过大,经纱与综丝间的摩擦相应增加,织疵与经纱断头也增加;密度过稀,综丝负荷增加,容易断综丝。根据生产经验,综丝的密度宜控制在表 5-5 所示范围内。

表 5-5　不同线密度经纱用综丝的密度范围

经纱线密度(tex)	58～21	21～14.5	14.5～7.5
综丝密度(根/cm)	4～6	10～12	12～14

综丝最高密度计算:

$$P_{H}=\frac{10}{A×\cos45°} \tag{5-34}$$

式中:P_H 为综丝理论上机密度(根/cm);A 为综眼宽度(mm);45°为综眼偏转角。

根据生产经验,一页综框上的综丝数,若坯布门幅为 96.52cm 左右时,用 28G 综丝不宜超过 600 根,用 26G 综丝则在 500 根左右。

当一页综框上的综丝太少时(50 根以下),可以采用以下几种方法来防止织造时断综丝:

① 改用粗综丝,增加综丝强度;

② 把一根经纱穿在一页综框的两根综丝里,增加该页综框上的综丝(此法适用于线制品);

③ 在两根综丝杆间加上一根直铁条并固定;

④ 用竹制综丝杆代替原用的铁综丝杆;

⑤ 在综丝的综耳上胶上一层耐磨的尼龙薄膜。

7. 综丝号数的选用

综丝号数表示综丝的粗细程度,一般以 SWG 号表示。综丝号数越高,表明综丝越细,常用的综丝号数见表 5-6。综丝号数的选择是根据经纱线密度与综框上的综丝多少来选用的（表 5-7）。

表 5-6 不同号数综丝的直径

号数 SWG	23G	24G	25G	26G	27G	28G
直径（mm）	0.61	0.56	0.51	0.46	0.42	0.38

表 5-7 综丝号数选择参考表

号数 SWG	23G	26G	27G	28G
经纱线密度（tex）	花经	58～29	29～14.5	<14.5
经纱数（根）	<100	300～400	400～500	>500

特殊情况下，如花经根数仅 100 根，线密度为 14.5tex，则综丝不宜用 23G，而改用 26G 比较合适。

综丝除了粗细的规格外，还有长度规格。综丝长度与开口方式、梭口高低有关。

8. 吊综弹簧的选用

吊综弹簧的主要作用是在落综时帮助综框平稳而迅速地下降，使片纱之间的开口清晰。同时应防止因弹簧弹力过大而使花经伸长过大，造成停经片下垂或断头、断综丝等情况，因此，要选择吊综弹簧的弹力。

地综综丝多，应用弹力大的弹簧；花综综丝少，应用弹力小的弹簧。综框左右两边的吊综弹簧弹力要一致。选用弹簧可参照表 5-8。

表 5-8 吊综弹簧号数选用参考表

弹簧号数	每页综框上综丝根数	弹簧号数	每页综框上综丝根数
16	600 根以上	18	100～200 根
17	300～500 根	19	100 根以下

二、穿筘工序

穿筘工序的关键就是确定织物经纱每筘穿入数，这与产品的外观效应、内在质量及织造、整理等生产工序关系密切。

1. 按织物组织确定每筘穿入数

如平纹组织一般以 2 穿入为宜，灯芯绒组织的 6 根经纱要分穿在两筘内，有透孔组织的产品，在透孔部分一般采用 3 穿入。

2. 按产品质量要求确定每筘穿入数

如以规格为 $(14×2)×17×88×66$ 的缎条府绸为例，若织物一花内缎条总面积与平纹总面积相等，在缎条部位与平纹部位分别选取如表 5-9 所示的穿筘法。从表中可以看出，由于穿筘方法的不同，产品密度变化很大，对产品的质量影响也很大。因此，对于稀密不匀的产品，在选择穿筘法时应考虑产品质量。

表 5-9　缎条府绸各组织的穿筘法

缎纹穿法	平纹穿法	平纹经密（根/英寸）
4 入	3 入	80.5
3 入	2 入	75
5 入	3 入	70.5
4 入	2 入	62.5

3. 穿筘法要利于生产

穿筘方法在工艺单上一般采用 X 入来表示，如每筘 3 根则表达为：3 入。花筘的穿法一般以数字形式来表达。如：

$$(5,4,4,3)\times 2,(2,3,5)\times 3,4\times 4,3 \ 或 \ \frac{5,4,4,3}{2},\frac{2,3,5}{3},\frac{4}{4},3$$

表示织物一花内的穿筘法为：5 入、4 入、4 入、3 入，循环两次；然后 2 入、3 入、5 入，循环三次；再 4 入，穿 4 筘；最后 3 入，穿 1 筘。

部分产品的穿筘法见表 5-10。

表 5-10　部分产品的穿筘法

品　　种		经纱线密度（tex）	经密（根/英寸）	穿筘方法
纯棉	泡泡纱	28 或 14.5	88	地组织 3 入，泡泡组织 2 入
		18×2	80	全部 3 入
	府　绸	14.5	120	4 入或 2 入
		14×2	88	地组织 3 入或 2 入，花组织 4 入或 5 入
		9.7×2	105	地组织 3 入，缎纹组织 5 入
		18	105	3 入
	细　纺	14.5	92	3 入
涤棉	泡泡纱	28 或 21	80	全部 2 入
		13×2 或 13	80	全部 2 入
	府　绸	13	112	一般 2 入，也有 4 入
		14.5	107	花线 1 入
	细　纺	14.5	92	2 入
各种格布		14.5 或 28	75 左右	2 入
绒布		28	68	2 入
		28	80	3 入
中长花呢		18×2	64	2 入或 3 入
女线呢		18×2	72	一般 2 入，有花式线时 3 入
纱罗织物		21×2	44	0,1,2,6 入

三、停经片的穿法和选用

1. 停经片的穿法

一般织机上停经片是分四列安装在停经架内的，因此，停经片的穿法有两种：一种是 1,2,3,4 顺穿法；另一种是 1,1,2,2,3,3,4,4 并穿法。这两种方法，前者穿时顺手，是普遍采用的穿法；后者对减少经纱之间的粘缠、起球有一定的效果，但穿插效率低。

2. 停经片的选用

停经片重量的选用是依据经纱线密度（支数）来定的，如表 5-11 所示。

表 5-11　停经片重量选择参考表

线密度（支数）	低线密度（高支）纱	中线密度（中支）纱	高线密度（低支）纱
停经片重量	约 1.25g	约 1.5g	3～4.4g

但是某些停经片易下垂的织物，即使是中线密度或高线密度纱，如精梳泡泡纱中的 28tex 纱线，也选用 1.25g 的停经片，以减小经纱张力，有利于织造生产。

3. 停经片的密度范围

停经片的密度取决于经纱的粗细，经纱细，停经片的密度可大些；经纱粗，停经片的密度就不能过大。表 5-12 列出了停经片密度的参考范围。

表 5-12　停经片密度参考表

经纱线密度（tex）	42～21	19～11.5	<11.5
停经片密度（片/cm）	12～13	13～14	14～16

也可按式（5-35）进行计算：

$$停经片密度（片/cm）＝\frac{经纱总根数}{停经栅根数×（综框上机宽度-1）} \tag{5-35}$$

4. 穿经注意事项

（1）单纱并置（运动规律相同的相邻两根经纱）应穿在一根综丝内，合插在一个筘齿中，但应分穿两片停经片。否则，两经纱之间因飞花粘搭致使开口不清或者发生断头不停车等情况。但是股线并置时可不采取上述方法。

（2）花式纱作经纱时，选用的钢筘筘号要小，即筘片之间的间隙要大，以减少纱线与筘片间摩擦，必要时还可以采取拔筘的方法。

第五章　色织物设计

色织物设计的基本步骤与素色织物的设计相似，但由于色织物在纱线配置、穿经方法上存在着许多变化，故设计更复杂。

一、色织物规格的设计与计算

（1）经纬织缩率的确定

（2）确定坯布幅宽

（3）初算总经根数

　　总经根数＝布身经纱数＋布边经纱数

$$=坯布幅宽×坯布经密＋边经纱数×\left(1-\frac{布身每筘穿入数}{布边每筘穿入数}\right)$$

$$=成品幅宽×成品经密$$

(4)确定每筘穿入数：与织物组织、密度、经纱线密度、设备及产品质量要求有关。

(5)确定边纱根数、穿筘及边纱用筘齿数：一般布边宽 0.5～1cm，布边经密大于布身经密，锁门边要求 2 根经纱穿 1 根综丝。

(6)初算筘幅

(7)每花经纱根数

$$各色条经纱根数＝成品色条宽度×成品经密$$

$$=成品色条宽度×\frac{坯布幅宽}{成品幅宽}×坯布经密$$

(8)初算全幅花数

$$\frac{初算总经根数－边经根数}{每花经纱数}＝全幅数＋多余经纱数（或减去不足经纱数）$$

(9)劈花：确定全幅花数

(10)确定每花筘齿数、全幅筘齿数

$$每花筘齿数＝每花地经用筘齿数＋每花提花部分用筘齿数$$

$$全幅筘齿数＝\frac{布身经纱数}{布身平均每筘穿入数}＋边经筘齿数$$

$$=每花筘齿数×花数＋多余经纱筘齿数（或减去不足经纱筘齿数）$$

$$平均每筘穿入数＝\frac{每花经纱数}{每花筘齿数}$$

(11)确定筘号、修改总经根数、修正筘幅

$$筘幅＝\frac{全幅筘齿数}{公制筘号}×10 \qquad 或 \qquad 筘幅＝\frac{全幅筘齿数}{英制筘号}×2$$

(12)核算经密

$$坯布经密＝\frac{总经根数}{坯布幅宽}$$

本色布 10cm 经密偏差不超过 1.5%，色织物不超过 4 根/10cm。一般为下偏差。

(13)确定穿综工艺

① 综丝粗细：参考表 5-6。

② 综框页数及综丝密度的计算与确定：

$$每页综框的综丝数＝每花穿入本页综框的综丝数×全幅花数＋穿入本页综框的边$$
综丝数＋穿入本页综框的多余经纱综丝数（或减去分摊于本页综框的不足经纱数）

$$综丝密度＝\frac{每页综框的综丝数}{筘幅＋2}$$

综丝最大密度见表 5-7，原则：

A. 坯幅 100cm 左右时，0.35mm 综丝≤600 根；0.45mm 综丝≤500 根。

B. 127cm 左右幅宽，综丝数 750 根左右。

(14)选取调综弹簧（表 5-8）

(15)千米经长的确定

$$千米经长＝\frac{1000}{1－经纱织缩率}$$

如果采用双轴织造,则需要分别计算织缩率。

$$坯布落布长度＝坯布匹长×联匹数＝\frac{成品匹长×联匹数}{1＋后整理伸长率(或减去后整理缩短率)}$$

$$浆纱墨印长度＝\frac{千米经长}{1000}×坯布落布长度$$

(16)用纱量计算

色织坯布经纱用量(kg/km)

$$＝\frac{总经根数×千米织物经长×N_{tj}}{1000×1000×(1－染纱缩率)(1＋准备伸长率)(1－回丝率)(1－捻缩率)}$$

色织坯布纬纱用量(kg/km)

$$＝\frac{坯布纬密×箱幅×N_{tw}}{10^4×(1－染纱缩率)(1＋准备伸长率)(1－回丝率)(1－捻缩率)}$$

由于一般企业以色纱为原料,故计算时不考虑染纱缩率和捻缩率。

色织坯布经纱用量(kg/km)

$$＝\frac{该色经纱根数×千米织物经长×N_t}{1000×1000×(1－染纱缩率)(1＋准备伸长率)(1－回丝率)(1－捻缩率)}$$

$$色织成品经/纬纱用量(kg/km)＝坯布经/纬纱用量×\frac{1＋自然缩率}{1＋自然伸长率}$$

(17)整经工艺计算

① 分批整经筒子只数的确定原则:

A. 每只经轴筒子只数小于筒子架最大容量;B. 各轴筒子数应接近;C. 换筒次数一般以少为宜;D. 要按照花型的需要插筒子。

② 分条整经筒子只数确定原则:

A. 以整经条数少为佳;B. 每条经纱根数应为偶数;C. 首末两条各加一半的边纱筒子数;D. 各条经纱根数应力求一致。

(18)纬密牙计算

二、色织物设计示例

例5:设计一涤棉纱府绸,坯布规格:13tex×13tex,$P_j×P_w$＝440.5 根/10cm×283 根/10cm,成品幅宽 91.4cm,成品匹长 30m,3 联匹,附来样。

解:经来样分析,经纱的配色循环为:(带"＊"为花经)

| 白 | 咖 | 白 | 白＊ | 黄＊ | | 白 | 咖 | 白 | 红 | 白 | 咖 | 白 | 白＊ | 蓝＊ | | 白 | 咖 | 白 | 红 |
| 6 | 2 | 10 | (1 | 1)×14 | | 12 | 2 | 6 | 11 | 2 | 2 | 16 | (1 | 1)×14 | | 18 | 2 | 2 | 11 |

组织:地部是平纹,起花部分为经起花,浮长较长,故采用双轴织造。

(1)查表 2-3 得,织物采用炼漂整理,染整幅缩率取 6.5%。

(2)$$坯布幅宽＝\frac{成品幅宽}{1－幅缩率}＝\frac{91.4}{1－6.5\%}＝97.7(cm)$$

（3）初算总经根数＝坯布幅宽×坯布经密＝97.7×440.5/10＝4304（根）

（4）每筘穿入数

测定黄色、蓝色提花部分成品布宽均为4.8mm，各有28根经纱，则提花部分的成品经密为：

$$(28/4.8)×100＝583（根/10cm）$$

提花之间的平纹宽为11.7mm，共51根经纱，则地部经密为：

$$(51/11.7)×100＝436（根/10cm）$$

花地经密比值为：583：436≈4：3。故平纹每筘3入，花经每筘4入。

（5）根据工厂经验，边经穿法为（3×4＋4×3）×2＝48根，共用14筘。

（6）初算筘幅：查表2-2得，纬纱织缩率为5%。

$$初算筘幅＝\frac{坯布幅宽}{1-纬纱织缩率}＝\frac{97.7}{1-5\%}＝102.8（cm）$$

（7）初算全幅花数＝$\frac{初算总经根数-边经纱数}{每花经纱数}＝\frac{4304-48}{158}＝27$花缺10根

（8）劈花：由于该花纹本身不对称，又采用花筘穿法，为使每花穿综能达到循环，故可以考虑总经根数增加10根，使全幅花数为27花整，总经根数为：4304＋10＝4314（根）。

（9）每花筘齿数

$$每花地经用筘齿数＝\frac{158-14×2-14×2}{3}＝34（齿）$$

$$每花花经用筘齿数＝\frac{14×2＋14×2}{4}＝14（齿）$$

$$每花筘齿数＝每花地经用筘齿数＋每花花经用筘齿数＝34＋14＝48（齿）$$

$$平均每筘穿入数＝\frac{158}{48}≈3.29（根）$$

（10）全幅筘齿数＝每花筘齿数×花数＋边经筘齿数＝48×27＋14＝1310（齿）

（11）确定筘号

$$筘号＝\frac{全幅筘齿数}{筘幅}×10＝\frac{1310}{102.8}×10＝127.43^{\#}\qquad 取127^{\#}$$

验证：103.1－102.8＝0.3cm＜6mm，在允许范围内。

（12）核算经密

$$坯布经密＝\frac{总经根数}{坯布幅宽}×10＝\frac{4314}{977}×10＝441.6（根/10cm）$$

（13）穿综：织物组织分析可知，花经需11页综框，最大用综框页数为16页，故平纹最多可用4页综框。

$$平纹地组织经纱根数＝（158-14×2-14×2）×27＝2754（根）$$

$$边经也采用平纹组织，则平纹组织经纱数为：2754＋48＝2802（根）$$

$$平均每页综框的综丝数＝\frac{2802}{4}≈701（根）$$

$$综丝密度＝\frac{每页综框的综丝数}{筘幅＋2}＝\frac{701}{103.1＋2}＝6.7（根/cm）$$

查表 5-5 可知综丝密度在最大密度范围内,故平纹可用 4 页综框。花经各页综框的综丝密度远小于标准,在允许范围内。

查表 5-7,平纹采用 0.38mm 综丝,花经采用 0.46mm 综丝。

穿综时,平纹纱线在第 1~第 4 页综框,花经在第 5~第 15 页综框。平纹白经穿第 3、第 4 页综框,平纹色经及边经穿第 1、第 2 页综框。则:

$$第 1,2 页综框的综丝数 = \frac{2+2+11+2+2+11}{2} \times 27 + \frac{48}{2} + 1 = 430(根)$$

$$第 3,4 页综框的综丝数 = \frac{6+10+12+6+2+16+18+2}{2} \times 27 + 1 = 973(根)$$

$$\frac{973}{103.1+2} \approx 9.3 \ 根/cm < 12$$

故可行。

(14)吊综弹簧

$$平均每页综框综丝数 = \frac{4314}{15} + 1 \approx 289(根)$$

查表 5-8,选用 18$^{\#}$ 弹簧。

(15)查表 2-2 可知,经纱织缩率为 10%,根据生产经验,花经长为地经长的 96%。故:

$$千米地经长 = \frac{1000}{1-经纱织缩率} = \frac{1000}{1-10\%} = 1111(m/km)$$

$$千米花经长 = 千米地经长 \times 96\% = 1111 \times 96\% = 1067(m/km)$$

$$坯布落布长度 = \frac{成品匹长 \times 联匹数}{1+后整理伸长率(或减去后整理缩短率)} = \frac{30 \times 3}{1+1.5\%} = 88.67(m)$$

$$地经墨印长度 = \frac{千米经长}{1000} \times 坯布落布长度 = \frac{1111}{1000} \times 88.67 = 98.5(m)$$

$$花经墨印长度 = \frac{千米经长}{1000} \times 坯布落布长度 = \frac{1067}{1000} \times 88.67 = 94.6(m)$$

(16)用纱量计算

经纱用量

$$= \frac{总经根数 \times 千米织物经长 \times N_{tj}}{1000 \times 1000 \times (1-染纱缩率)(1+准备伸长率)(1-回丝率)(1-捻缩率)}$$

地经白纱根数 = (6+10+12+6+2+16+18+2) × 27 = 72 × 27 = 1944(根)

地经咖啡色纱根数 = (2+2+2+2) × 27 = 216(根)

地经红色纱根数 = (11+11) × 27 = 594(根)

花经白纱根数 = 1 × 14 × 2 × 27 = 756(根)

花经黄纱根数 = 花经蓝纱用量 = 1 × 14 × 27 = 378(根)

$$地经白纱用量 = \frac{1944 \times 1111 \times 13}{1000 \times 1000 \times (1-3.5\%)(1+0.6\%)(1-0.2\%)(1-4\%)}$$
$$= 30.187(kg/km)$$

$$地经咖啡色纱用量 = \frac{216 \times 1111 \times 13}{1000 \times 1000 \times (1-3.5\%)(1+0.6\%)(1-0.2\%)(1-4\%)}$$
$$= 3.354(kg/km)$$

地经红色纱用量＝ $\dfrac{594\times1111\times13}{1000\times1000\times(1-3.5\%)(1+0.6\%)(1-0.2\%)(1-4\%)}$

$\qquad\quad =9.223(\text{kg/km})$

花经白纱用量＝ $\dfrac{756\times1111\times13}{1000\times1000\times(1-3.5\%)(1+0.6\%)(1-0.2\%)(1-4\%)}$

$\qquad\quad =11.237(\text{kg/km})$

花经黄色纱用量＝花经蓝色纱用量

$\qquad =\dfrac{378\times1111\times13}{1000\times1000\times(1-3.5\%)(1+0.6\%)(1-0.2\%)(1-4\%)}$

$\qquad =11.237(\text{kg/km})$

纬纱用量$(\text{kg/km})=\dfrac{\text{坯布纬密}\times\text{筘幅}\times N_{\text{tw}}}{10^4\times(1-\text{染纱缩率})(1+\text{准备伸长率})(1-\text{回丝率})(1-\text{捻缩率})}$

$\qquad =\dfrac{283\times103.1\times13}{10^4\times(1-3.5\%)(1+0.6\%)(1-0.2\%)(1-4\%)}=40.802(\text{kg/km})$

(17)整经工艺计算(略)

(18)纬密牙计算(略)

练 习

1.色织物设计时为什么要选色?

2.色织物选色时要注意哪些问题? 为什么?

3.制织一色织府绸,经纬纱均为 $60^s/2$,总经根数 3924 根,边纱 $24\times2=36$ 根,采用分条整经机整经,筒子架最大容量为 400 只,地组织经纱色纱循环为 72 根,穿综循环 12 根,上机筘幅 129cm,每匹经长 50m,共 10 匹。定幅筘每筘 4 入,试进行整经工艺计算。

4.涤纶长丝作经纱时为什么要浆纱?

5.试制定 T/C 65/35 混纺织物的上浆工艺。

6.纹板方式表示如下,画出相应的纹板图。

(1)1,3,5,7;　　　(2)2,4,6,8;

(3)3,5,7,8;　　　(4)2,5,8;

(5)1,4,7;　　　　(6)1,3,6,8;

(7)2,3,5,8;　　　(8)1,3,6,7;

7.某织物的穿筘工艺单表示为:(5,4,3)×2,(4,5)×3,4×2,请说明其表达的意义。

8.生产某一来样加工产品,经分析,该产品规格为 JC14.5×JC14.5×472×267.5,是纯棉精梳色织府绸,色纱配色循环如下:

蓝	白	灰	白	灰	白	灰	白	蓝	白	灰	蓝	白	蓝	灰	白	
1	2	1	2	4	2	1	2	1	22	4	1	2	1	4	22	/共 72 根

织物组织为平纹,纬纱采用白色。要求成品幅宽 120.9cm,成品匹长 30m,4 联匹,试进行工艺计算。

9.分析一块色织物,对其进行仿样设计。

项目

织造工艺参数设计

主要内容：

  机织物上机织造的主要工艺参数有经位置线、梭口高度、综平时间、凸轮规格、投梭时间和投梭力、上机张力、打纬角、游　装置、纬密齿轮等，不同种类及特点的织物需要采取不同的织造工艺参数。本章重点介绍了几种常用织机根据不同织物品种调节工艺参数的方法和原理。

具体章节：

  ● 投射织机的运动配合和工艺设计调整
  ● 喷射织机的运动配合和工艺设计调整

重点内容：

  织机纬密变换齿轮的计算与选择。

难点内容：

  织造开口时间的选配。

学习目标：

  ● 知识目标：熟悉织造工艺参数选择的依据，掌握机织物织造时纬密变换齿绲的计算方法。

  ● 技能目标：能够熟练地计算纬密变换齿轮的齿数，并能够设计传统品种织物织造时的其他工艺参数。

不同品种的织物，其组织结构和外观风格各不相同，纱线的种类、细度和品质以及半成品质量等条件也各不相同。为适应不同产品的要求及纱线、半成品的质量特征及其工艺条件，应当合理地确定织造工艺参数，才能生产出合格的产品，保证工艺过程顺利进行，提高织机的生产率，并减少原材料的消耗。

一、织造工艺参数的分类

织造工艺参数是指织机上主要机件的规格和相对位置，可以分两类。

(1)固定参数：是在设计织机时根据其用途制定的参数，它们确定了织机的性能及适用范围，一般在运转和生产过程中不做调整。固定参数包括胸梁高度、筘座高度、筘座摆动动程、打纬机构的偏心率、钢筘和走梭板的弧度及钢筘与走梭板的夹角等。

(2)可调参数：当织物的品种不同、纱线及半成品条件不同或织机的转速及其他工艺条件不同时，应根据不同的要求和不同的条件而改变安装规格和相对位置，这样的参数叫可调参数。可调参数应在上机前加以确定，上机时统一调整。

可调参数的项目比较多，主要是经位置线、梭口高度、综平时间、凸轮规格、投梭时间和投梭力、上机张力、打纬角、游筘装置、纬密齿轮等。

可调参数与生产的关系非常密切。在选择和确定这些参数时，应综合考虑织物品种的特点及其对工艺的要求、原纱和半成品的质量、机械本身的条件等因素。首先应当满足主要方面的要求，同时兼顾其他因素。确定最适宜的织造工艺参数，以保证最佳的工艺过程，并保证产品的优良质量，是工艺技术工作最重要的内容。在多机台的生产中，应使织造同一产品的机台工艺参数不一致。

二、确定织造工艺参数的基本要求

合理的织造工艺参数应达到下列要求：(1)使织物得到最佳的物理机械性能；(2)使织物的外观效应充分体现织物的风格特征；(3)减少断头率，提高生产效率；(4)减少织疵，提高下机质量；(5)降低机物料消耗。

第一章　投射织机的运动配合和
工艺设计调整

传统的有梭织机由投梭机构使梭子飞行并将纬纱引入梭口。剑杆织机依靠剑杆的运动将纬纱引入梭口，剑杆的运动由投(传)剑机构积极控制。而片梭织机由投梭机构弹射片梭，并由片梭将纬纱引入梭口。这三类织机均具有投射性质，在工艺设计上有一定的类比性。

一、评判指标的选择

梭子、片梭、剑杆头均是投射性质的载纬器。在生产实践中，通过观察它们的运行情况来了解织机的主要运动配合情况。其共同特征表现为：

(1)载纬器进出梭口时梭口的大小；

(2)载纬器出梭口时底层经纱相对于筘座表面的距离。

显然,上述两方面均与开口时间、开口动程、经位置线、引纬时间、载纬器的动程和速度及它们与打纬运动的配合有关。这些因素能定性评判投射类织机主要运动的配合情况。

由机织工艺理论知道,描述载纬器进出梭口的情况用挤压度评判最好。挤压度客观地反映了载纬器与经纱的摩擦程度,进而反映了载纬器本身的运动状态及它与其他运动配合的情况。挤压度是指载纬器计算高度与载纬器计算高度处的梭口高度之差对载纬器计算高度之比的百分率,其计算公式如式(6-1)：

$$E=\frac{h-H}{h}\times100\% \tag{6-1}$$

式中:E 为挤压度($E>0$,说明经纱对载纬器有摩擦作用;$E=0$,说明经纱对载纬器的摩擦作用处于临界状态;$E<0$,说明经纱对载纬器没有摩擦作用);h 为载纬器计算高度(cm);H 为载纬器计算高度处的梭口高度(cm)。

当织机的机型一定时,h 为常数,而 H 取决于开口动程、综平时间(开口时间)、载纬器开始运动时间(即引纬时间)、载纬器运行速度及打纬机构所处位置。

挤压度的大小因载纬器的形式、织物品种而异。有梭织机、剑杆织机在进出梭口时均有不同程度的挤压度,当挤压度过大或过小时,应调节开口动程、引纬时间、引纬速度及经位置线的某项或几项,以满足生产要求。片梭织机的挤压度应小于零。

二、上机工艺参数的选择

可调织造参数就是上机工艺参数,主要有上机张力、经位置线、梭口高度、综平时间、开口机构种类、引纬时间和投梭力、纬密变换齿轮(纬密牙)等。这些参数对织造的顺利进行有着密切的关系。

1. 上机张力

上机张力是指综平时经纱的静态张力。上机张力是经纱在织造中各个时期所具有的张力的基础。适当的上机张力是开清梭口和打紧纬纱并形成织物的必要条件。上机张力的大小必须根据机型、车速、织物品种要求等因素确定。选择上机张力,经纱断头率是需要考虑的主要因素,大小一定要适宜。有梭织机的梭口高度大、速度低,相对无梭织机而言可采用较小的上机张力。片梭或剑头截面尺寸很小,同时,为适应织机高速而形成快开梭口,梭口高度因此减小,而采用小梭口和减少梭口形成时间往往需要较高的单纱张力,即较大的上机张力,以确保梭口清晰。但过大的上机张力会使经纱断头率增加,同时可能造成织物经向撕裂。

选择多大的上机张力,要视具体情况而定,要综合考虑织物的形成、织物的外观质量、织物的物理性能等。如经密大的织物,为开清梭口和打紧纬纱,上机张力应适当加大。织造平纹织物时,在其他条件相同的情况下,应采用较大的上机张力;织造稀薄织物时,考虑到原材料的性能,上机张力不宜过大;而织制斜纹、缎纹类织物时,由于实物的外观要求,应选择较小的上机张力。

有梭织机采用重锤式张力系统,通过增减重锤的重量和移动重锤的前后位置来调节,生产中常以成品标准幅宽与机上布辊幅宽的差值来掌握和调节上机张力,其差值因品种而异，一般为 4～8mm。以此差值来调节上机张力既简便又行之有效。有梭织机各类织物的上机张力配置如表 6-1 所示。

表 6-1 常见梭织物的上机张力配置

织物类别	单纱上机张力（mN）	织物类别	单纱上机张力（mN）
棉中平布	196～245	棉华达呢	196～245
棉细平布	147～176	棉卡其	196～245
棉府绸	215～255	棉直贡	196～245
粘胶纤维织物	49～98	—	—

片梭织机和大多数剑杆织机，均采用弹簧张力系统调整上机张力。弹簧张力系统调整上机张力具有调节简便、附加张力较为稳定、适应高速等特点。其可调参数主要有弹簧刚度、弹簧初始伸长量或弹簧悬挂位置等，必须注意使织机两侧的弹簧参数一致。

2. 梭口形式

有梭织机多采用凸轮开口机构，由于梭口高度大，经纱的伸长变形较大，在生产中一般采用半清晰梭口来减小梭口高度。在织制高密府绸织物时，多采用小双层梭口；在引纬过程中，允许梭子在进梭口时的挤压度为 10%～30%，出梭口时的挤压度为 40%～70%。

片梭织机和剑杆织机采用多臂、凸轮或提花开口机构，以配合多臂或凸轮开口机构为多，两者梭口均为全开梭口。表 6-2 列出了几种主要形式的片梭织机、剑杆织机的梭口尺寸。剑杆头在进出梭口时不能与上下层经纱有过多的摩擦挤压，而片梭经过梭口时与上下层经纱均无摩擦挤压。

表 6-2 几种投射织机的梭口尺寸

项　目	片梭织机	剑杆织机			
	Sulzer	Smit TP500	Somet SM93	Picanoi GTM	Vamatex C401/S
剑头（片梭）大小（高×宽）(mm×mm)	6×14	20×35	20×30	19.5×24	17×17
梭口高度(mm)	24～26	38～40	28～30	34～36	25～27
打纬动程(mm)	78	120	82	89	62
第一页综框的梭口尺寸(mm)	146	190	136	160	124
	140	186	132	163	123
	56	80	58	67	54

3. 经位置线

经位置线是指综平时机上经纱从织口到后梁的折线。它是非常重要的工艺参数，直接影响到产品的内在质量和外观风格，并对织机的生产效率有很大影响。经位置线的确定因织机的种类不同而有所不同。

（1）梭口底线：无梭织机多数没有胸梁，其梭口形式如图 6-1 所示。

片梭织机和剑杆织机以托布梁（金属托脚）J 替代有梭织机的胸梁。托布梁的高低可上下调节，织口可前后游动，不是固定的。一般地说，在工艺调试时，首先决定梭口底线 AC，即梭口前部的下层经纱，可使用随机带来的定规进行校调。托布梁 J 的安装位置由筘座位置决定，当筘在前止点时，托布点 A 离筘 $1.5\sim 2$mm；当筘在后止点时，作走梭板表面的切线 KK'，A 点应低于 KK' 线 $0\sim 1$mm。这样，托布梁的高低和前后位置便可确定。第一页综框降至最低点时，综眼位置 C 应低于 KK' 线 $1.5\sim 2$mm，C 点的高低由综框下面的连杆进行调节。上层各页综框的综眼位置 B 由梭口的高度决定。梭口高度 $B'C'$ 如表 6-2 所示。调整梭口顶点线（梭口前部的上层经纱）的方法是根据梭口高度调节综框动程，后面各页综框的综眼最高点 B 不必处于 AB 直线上，可略低于延长线，形成所谓的半清晰梭口，以减少经纱张力差异。

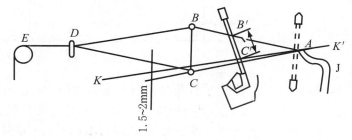

图 6-1　梭口形式

无梭织机的经位置线，应以托布梁上 A 点为基准线，在决定梭口形状和尺寸时，应首先以梭口底线来确定托布梁的高低，而后确定其他尺寸。

（2）后梁与停经架位置：传统织造理论认为，经位置线与后梁高低是同一概念，这是由于一般有梭织机的胸梁位置是一个固定参数，而大多数无梭织机没有胸梁，则无梭织机的经位置线由托布梁和后梁两个参数决定。

经位置线与织物形成、织物外观的关系密切。在确定经位置线的过程中，在考虑织物成形和外观时，一定要兼顾原纱条件和经纱断头率等因素，同时要注意开口时间。只有早开口，提高上下层经纱张力差异才有意义。一般来说，棉、毛平纹织物，常见的轻型和中厚型织物后梁高度适中；丝织物或装饰织物，如巴厘纱、纱罗织物等应采用较低的后梁；各类高密度的重型织物，如劳动布、帆布以及高密度的府绸和防羽布等宜采用高后梁。

有梭织机有胸梁，其经位置线可以此为基准。当前部梭口位置确定以后，主要通过调节后梁托脚的高低来配置经位置线（停经架也应相应调整，要注意的是，有梭织机的后梁不能前后移动），以适应不同织物的要求。有梭织机在织制各类织物时的后梁高度如表 6-3 所示。

表 6-3　常见梭织物的后梁高度配置

织物类别	后梁相对于胸梁的位置（mm）	相当于后杆托脚至墙板的距离（mm）
粗、中、细平布	$13\sim 22$	$67\sim 76$
细纺、玻璃纱等	$0\sim 19$	$70\sim 89$
府绸类	$9.5\sim 19$	$70\sim 79$
麻纱类	$9.5\sim 19$	$70\sim 79$
哔叽、华达呢、卡其	$-13\sim -38$	$76\sim 103$
贡缎类正织	$-13\sim -38$	$76\sim 103$
贡缎类反织	$-24\sim -43$	$89\sim 103$

无梭织机的经位置线以托布梁的高度为基准，后梁的高低决定后部梭口的尺寸。确定

经位置线的后梁就是控制经纱的游动辊,其前后和高低都可调节。无梭织机的后梁有单辊、双辊甚至三辊。中轻型织物用单辊,厚重型织物用双辊,大张力强打纬的织物用三辊。PU 型、P7100 型片梭织机四种梭口的经位置线配置见表 6-4。

表 6-4　片梭织机四种梭口的经位置线配置

梭口形式	托布梁高度（mm）	后梁标尺高度（mm）
对称梭口	48	0
轻度不对称梭口	48～49	10～15
强不对称梭口	51～52	20～30
长浮点织物的对称梭口	48	−10～−20

4. 综平时间

综平时间（开口时间）的早迟,决定了打纬时梭口高度的大小,因此又决定了打纬瞬间织口处经纱张力的大小。综平时间的迟早与织物成形、引纬有着密切的关系。从织物成形和织物外观来看,早综平打纬时上下层经纱交叉角大,同时增加了上下层经纱的张力差异。当后梁不在经位置线上时,其张力差异与梭口高度成正比,打入的纬纱不易反拨。在上松下紧的不对称梭口中,紧层经纱迫使纬纱作较多的屈曲,纬纱又使松层经纱获得较大的横向位移,因而可以消除筘痕,使布面丰满。在织制打纬阻力大的织物如平纹类织物时,配合较高的后梁时效果更明显。由于斜纹或缎纹类织物在开口过程中的变位经纱少,它们的外观要求不同于平纹类织物,早综平,打纬时经纱的摩擦长度大,要防止过多的经纱断头,故应采用较迟的综平时间。

在确定综平时间时要充分考虑织物品种、引纬时间及现有设备情况。因为综框运动有三个时间角不变时,一旦引纬时间确定,综平时间可以变化的范围是有限的,只能在这个范围内根据要求作适当调整。过早综平,梭口闭合也早,载纬器出梭口时的挤压度大;若过迟综平,进梭口时的挤压度大。这就需要调整综平时间必须适度。一般来说,在保证运动配合的情况下,兼顾织物种类、幅宽、车速等因素,以迟开口为佳。同时要注意,剑杆织机、片梭织机的调节范围较小,而有梭织机的调节范围较大。

有梭织机多采用凸轮开口机构,综平时间在上心附近,生产中常用开口时间表示。无论什么品种,调节开口时间时一定要做到"两平",即综框和踏综杆平。但又因品种不同而稍有差别,即"两平"紧定开口凸轮时梭子在哪一侧是有规定的,否则最外一根经纱不能与纬纱交织。有梭织机各类织物的开口时间范围见表 6-5。

表 6-5　有梭织机的开口时间配置

织物种类	平布、稀薄织物	府绸织物	麻纱织物	斜纹、贡缎
开口时间（°）	229～235	22～241	222～235	197～222

剑杆织机以打纬终了时为零度,而 PU 型或 P7100 型片梭织机以筘座从后方向织口开始运动的时间为零度,打纬时为 55°（120°为基准）或 50°（110°为基准）。剑杆织机的综平时间在 300°～320°之间,调节范围在 ±10°左右。纬纱出梭口侧的废边纱综平时间应比地经提早 25°左右,这样出口侧可获得良好的绞边。而片梭织机综平时间的调节范围为 350°～30°（有些产品的综平时间超过这一范围）,一般采用 0°或 360°。PU 型或 P1700 型片

梭织机织制各类织物的综平时间如表 6-6 所示。

表 6-6　片梭织机的综平时间配置

织物种类	棉粘混纺、棉织物	麻纱、黄麻织物	精纺毛织物	粗纺毛织物	涤纶巴厘纱
地经	350°～0°	0°～10°	350°～0°	0°～10°	40°～50°
边经	350°～0°	355°～0°	350°～0°	350°～0°	350°～0°

　　剑杆织机普遍存在一个挤压度的问题。一般地说，织机两侧断头较多，开口不清是造成这类断头的主要原因。开口早，进剑时开口清晰度高，有利于减少边纱断头，织物外观效果较好；但开口早时闭口也早，出剑时挤压度增加，剑头磨损加快，织物的外观效果较差。因此，应从综合经济效益出发，采用适当的开口时间。同时，从减小剑头、剑带磨损的角度出发，相应采用不对称梭口，使下层经纱尽可能延长保持时间，以避免闭口时下层经纱过早地将剑头、剑带抬起。为此，选择梭口高度时，以剑头出布边不碰断经纱为宜，可考虑适当加大。如 SM93 型织机规定梭口高度是 28～30mm，对减少断头有一定效果。

5. 引纬工艺参数

　　有梭织机的引纬工艺参数为投梭时间（引纬时间）和投梭力。确定有梭织机的投梭时间和投梭力要根据织物的种类、幅宽、织机速度、开口时间等因素综合考虑。一般幅宽增加、织机速度提高、开口时间提前，应早投梭。为尽可能降低投梭力，增加梭子飞行角，也应早投梭。投梭时间一定要与开口时间和投梭力匹配，确定投梭时间的原则是：在进梭口处不出现跳花、断边、走梭平稳的条件下，宜早投梭；而确定投梭力的原则是：在梭子飞行正常、定位良好、出梭口挤压度不致过大的情况下，投梭力以小为宜。

　　无梭织机有专门的引纬工艺，因机型不同，引纬方式、选纬、夹纬、纬纱交接、剪纬等各有不同。

　　（1）储纬量的调节：储纬器上有卷绕速度和储纬量两个调节键。卷绕速度用来调节绕纱鼓或绕纱翼、转动盘的回转速度，由织机入纬率决定。卷绕速度过高会使绕纱鼓间歇回转，易使电动机因启动电流大而烧坏。绕纱鼓上的储纬量一般是 2～3 纬的长度。

　　（2）纬纱张力：在纬纱通道上，储纬器与纬停装置间有双层簧片张力装置，主要通过调整两层簧片之间的夹紧力来调节纬纱张力。生产中以观察纬向疵点出现情况来调整纬纱张力的大小。

　　（3）选纬指的调整：选纬指有两个可调参数，一是始动时间，当织机刻度盘在 5°时，选纬指下降 1mm；二是高低位置，当选纬指下降到最低时（刻度盘在 45°～55°时），纬纱轻靠在前后两根搁纱棒上。

　　（4）载纬器进出梭口及交接纬时间

　　① 载纬器进入梭口的调整：不同剑杆织机的传动机构不同，但调整原理和要领是基本相同的。送纬剑进梭口时间以剑头端到达钢筘边铁条的时间为准。

　　② 交接纬纱的位置和时间的调整：在筘座的筘幅中央位置有标记，借此标记调整夹纱器在梭口内交接纬的时间。调整方法是调节传剑机构往复运动的动程，点动或慢速转动织机，观察剑头伸入梭口是否符合要求。若伸进的动程达不到规定位置，则放大动程；超过规定位置，则减小往复动程。

　　片梭织机以投梭时间作为其他运动的标准参考时间。

（5）剪纬时间

剪纬时间根据纬纱粗细而延迟或提早。当夹纱器有效地夹住纬纱后立即剪断纬纱。如 C401/S 型织机的剪纬时间为 $66°\pm1°$，SM93 型织机的剪纬时间为 $69°\pm1°$。对于片梭织机，如果剪刀的垂直位置已调节好，则纬纱必须在 $358°\pm2°$ 之间被剪断。

（6）梭夹开夹时间

纬纱由接纬剑接过引向出口侧，当接纬剑退出梭口时，夹纱器碰到开夹器失去夹持力而把纬纱放掉。开夹时间早则出口侧纱尾长，反之则短，应以纱尾长短合适为宜。送纬剑若有清洁吸气装置，则开夹时间应调整到织机主轴 0°。

片梭被推回到靠近右侧布边外后，由梭夹打开机构打开片梭的梭夹以释放纬纱头。在时间配合关系上，应注意到：只有在右侧勾边机构的边纱钳把纬纱夹住后，才可以打开片梭的梭夹，使纬纱头从片梭夹中释放出来，否则将造成右侧布边缺纬及纬缩。开夹时间在织机主轴 25°时，梭夹的钳口被打开 $1\sim1.5$ mm。

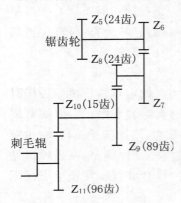

图 6-2　间歇式卷取轮系传动

（7）纬密变换齿轮（纬密牙）的选用

要使形成的织物具有符合设计要求的纬密，就必须使卷取机构具有符合要求的传动比。织机主轴一转时，卷取织物的长度与织物的纬密成倒数关系。选用合适的纬密牙，以改变主轴一转即一次投纬时的卷取长度，即可以使织物得到所要求的纬密。

① 七轮间歇式卷取机构

如图 6-2 所示，主轴一转时，刺毛辊所卷取的织物长度 L（cm）可用式（6-2）表示。

$$L=\frac{M}{Z_5}\times\frac{Z_6}{Z_7}\times\frac{Z_8}{Z_9}\times\frac{Z_{10}}{Z_{11}}\times\pi D \tag{6-2}$$

式中：M 为主轴一转时锯齿轮转动的齿数（在该机构中，$M=1$）；Z_5 为锯齿轮齿数；Z_6 为标准齿轮的齿数；Z_7 为变换齿轮的齿数；Z_8、Z_9、Z_{10}、Z_{11} 分别为传动齿轮 8、9、10、11 的齿数；πD 为刺毛辊的周长（包括刺毛铁皮的厚度，cm）。

则机上织物的纬密可用式（6-3）来表示。

$$P_w''=\frac{1}{L}\times10=\frac{Z_5\times Z_7\times Z_9\times Z_{11}}{Z_6\times Z_8\times Z_{11}\times\pi D}\times10 \tag{6-3}$$

式中：P_w'' 为织物上机纬密（根/10cm）。

在 GA615 型织机上，$Z_8=24$ 齿，$Z_9=87$ 齿，$Z_{10}=15$ 齿，$Z_{11}=96$ 齿，$\pi D=40.31$cm，则：

$$P_w'=141.3\times\frac{Z_7}{Z_6} \tag{6-4}$$

由式（6-4）计算所得到的机上纬密是织物在织机上具有一定张力条件下的纬纱密度，下机后织物不再处于张紧状态，织物长度收缩，下机后织物的纬密会增加。织物下机纬密可按式（6-5）计算。

$$P_{\mathrm{w}}' = \frac{141.3}{1-a} \times \frac{Z_7}{Z_6} \qquad (6\text{-}5)$$

式中:a 为织物的下机缩率(%);P_{w}' 为下机纬密(根/10cm)。

织物的下机缩率随织物原料种类、织物组织和密度、纱线细度、上机张力及回潮率等因素而异。一般中平布、半线卡其、细特府绸、半线华达呢的下机缩率为3%左右;纱布、哔叽、横贡、直贡的下机缩率为2%~3%;细平布的下机缩率为1%~2%;麻纱的下机缩率为1%~1.5%;紧密卡其的下机缩率为4%左右;色织格子布的下机缩率为3%左右;劳动布和鞋用帆布的下机缩率大于3%。

织造厂改换品种时,通常根据类似织物先估计该织物的下机缩率,初步计算和选定变换齿轮的齿数,然后进行试织。若下机纬密超过规格偏差范围时,应调整初步选定的变换齿轮齿数,直至织物的纬密符合设计的规格要求为止。下机纬密,按国家标准,不得低于工艺设计所规定的成品纬密的1%。

例1:织制规格为 $16 \times 19 \times 482 \times 275.5 \times 96.5$ 的府绸,织物下机缩率为3%。如标准齿轮6为37齿,求所应选择的变换齿轮的齿数。

解:由式(6-5)可得

$$Z_7 = Z_6 \times P_{\mathrm{w}} \times \frac{1-a}{141.3} = 37 \times 275.5 \times \frac{1-3\%}{141.3} = 70 \text{ 齿}$$

即纬密牙选70齿。

当工厂中备用齿轮种类较少,没有合适的齿数时,往往仍需将变换齿轮和标准齿轮一起变换,才能满足纬密的要求。

例2:织制规格为 $\mathrm{J}9.5 \times \mathrm{J}9.5 \times 354 \times 346 \times 97.7$ 的细纺织物,下机缩率为1%,求标准齿轮和纬密牙的齿数。

解:根据式(6-4)得

$$\frac{Z_7}{Z_6} = \frac{P_{\mathrm{w}}}{141.3} \times (1-a) = \frac{346}{141.3} \times (1-1\%) \approx \frac{80}{33}$$

故标准齿轮可选33齿,纬密变换齿轮选80齿。

②　四个变换齿轮连续卷取机构

图6-3为典型的四个变换齿轮的连续式卷取机构。蜗杆1从织机主轴获得回转运动,传动蜗轮2,再经过轮系3、4、5、6、7、8和9传动装在刺毛辊轴端的齿轮10,使刺毛辊回转,连续地卷取织物。齿轮3、4、5、6都是调节纬密的变换齿轮。

在这种卷取机构中,如织机主轴对蜗杆的传动比为2:1,则主轴转一转时,刺毛辊所卷取的织物长度为:

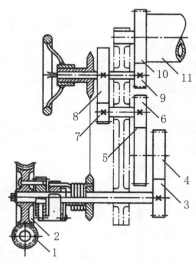

1—蜗杆　2—蜗纶　3,4,5,6—变换齿轮
7,8,9,10—齿轮　11—刺毛辊

图6-3　四个变换齿轮的连续式卷取机构

$$L = \frac{Z_1 \times Z_3 \times Z_5 \times Z_7 \times Z_9 \times 1}{Z_2 \times Z_4 \times Z_6 \times Z_8 \times Z_{10} \times 2} \times \pi D \qquad (6\text{-}6)$$

式中：Z_3、Z_4、Z_5、Z_6 分别为变换齿轮 3、4、5、6 的齿数；Z_7、Z_8、Z_9、Z_{10} 分别为齿轮 7、8、9、10 的齿数。

一般刺毛辊直径 $D=12\text{cm}$，$Z_1=1$ 线，$Z_2=48$ 齿，$Z_7=15$ 齿，$Z_8=51$ 齿，$Z_9=16$ 齿，$Z_{10}=40$ 齿，则上机纬密为：

$$P_w''=216.5\times\frac{Z_4\times Z_6}{Z_3\times Z_5}（根/10\text{cm}）\tag{6-7}$$

下机纬密为：

$$P_w'=\frac{216.5\times Z_4\times Z_6}{(1-a)\times Z_3\times Z_5}\tag{6-8}$$

四个变换齿轮可选用的齿数有 15 齿、26 齿、34 齿、38 齿、42 齿、46 齿、49 齿、50 齿、51 齿共 10 种，可以相互组合，以得到相应的纬密。

第二章　喷射织机的运动配合和工艺设计调整

喷气织机和喷水织机均属于用喷射流体的方式引纬，故又称为喷射织机。在喷射织机上，影响经纬纱断头、织造效率和实物质量的因素是纬纱进出梭口时梭口的大小，它不仅与引纬参数有关，还与打纬、开口等参数有关，用允许纬纱飞行时间、纬纱进出梭口时间与允许时间的偏差来衡量。

1. 上机张力

除 ZW 型、LW 型等织机采用重锤张力系统外，大多数喷射织机均采用弹簧张力系统，其设计调整原理与投射织机相同。

2. 梭口形式

织物经纱密度不大时，可采用清晰梭口；织造高密平纹织物时，宜采用小双层梭口；喷水织机一般采用清晰梭口形式。

3. 经位置线

绝大多数织机的织造平面呈水平式，只有少数喷射织机呈倾斜式织造平面，倾斜度一般大于 30°，个别机型的倾斜度只有 10°以下。在喷水织机上，倾斜式的织造平面有利于水的排除。

织造平面呈水平式的喷射织机，其经位置线与投射织机（无梭）相同。而织造平面呈倾斜式的喷射织机的经位置线、后梁、停经架、综片综眼、织口等位置逐一降低。但不管是水平式还是倾斜式，后梁的高低是经位置线的主要参数，原理相同。喷水织机织制长丝织物时，取消了普通的停经片式停经装置，梭口的后部长度延长了。

4. 综平时间

综平时间仍以主轴回转角表示，角度随不同机型而异，其时间取决于纬纱飞行时间，并与开口机构静止角、运动角的大小有关。一般喷气织机的综平时间在 $270°\sim300°$ 之间，喷水织机的综平时间在 $355°$ 左右。

5. 引纬工艺参数

引纬工艺参数主要有测长储纬器的储纬量、储纬销或压纱器开始释放纬纱时间、储纬销或压纱器夹紧纬纱的时间、剪纬时间等，其中释放纬纱时间和夹纬时间对引纬影响较大。一般应有一定的预喷时间，以保证射流时纬纱飞行的稳定以及伸直纬纱，但不宜过长，否则不仅浪费能源，而且易造成断纬、纬纱解捻。同时还应有一定的强制飞行时间，以利于纬纱伸直，减少纬缩，形成有效布边，但强制飞行时间也不宜过长。

练　习

1. 在机织物设计过程中，需要调节的织造工艺参数有哪些？

2. 采用有梭织机织制坯布规格为 $16×12×243×188$ 的粗纺毛织物，织物下机缩率为 $1‰$，求标准齿轮及所应选择的变换齿轮齿数。

3. 采用四个变换齿轮连续卷取机构的织机织制规格为 $J9.5×J9.5×354×346×97.7$ 的细纺织物，下机缩率为 $1‰$，求标准齿轮和纬密牙的齿数。

4. 若采用四个变换齿轮连续卷取机构的织机织制项目五练习 8 和 9 中的织物，计算并选择标准齿轮和纬密牙的齿数。

项目七

机织物的整理工艺设计

主要内容：

整理是大部分机织物在织造完成后必须经历的工艺过程，对织物的性能及风格特征会产生很大的影响。本项目主要介绍了各类机织物的基本整理工艺流程，分析了各重点整理工艺对织物性能及风格的影响。

具体章节：

- 棉型织物基本整理工艺的选择
- 粗纺毛织物基本整理工艺的选择
- 精纺毛织物基本整理工艺的选择
- 丝型织物基本整理工艺的选择

重点内容：

机织物的基本整理工艺流程。

难点内容：

染整工艺对织物性能及风格的影响。

学习目标：

- 知识目标：熟悉各种整理工艺对织物性能及风格的影响，掌握各类机织物的基本整理工艺流程。
- 技能目标：能够根据织物的性能及风格特点设计其整理工艺流程。

机织产品的设计不仅包括织物规格、配色及织造工艺的设计，还应包括产品的性能及风格特点的设计。产品的性能及风格特点是由织物的生产原料、组织结构、力学性能及外观特点等决定的，而染整工艺对织物的力学性能、织物结构及外观特点有较大的影响。因此，机织产品设计者有必要了解各类织物的基本染整工艺流程，熟悉各染整工序对织物力学性能、织物结构及外观特点的影响效果。同时，染整工艺的不同会导致织物加工时的染整缩率及重耗的变化，从而直接影响机织物织造生产的质量。

织物的整理加工是借助各种机械设备，通过化学、物理或物理化学的方法，对织物进行处理的过程，主要内容包括前处理和后整理。

第一章　棉型织物整理工艺的选择

棉型织物的染整工艺主要包括如下过程：织物前处理→印染→织物整理。

一、织物前处理

棉型织物的前处理是整个纺织品染整加工的第一道工序，其目的是去除纤维上所含的天然杂质以及在纺织加工过程中施加的浆料和沾上的油污等，使纤维充分发挥其优良品质，并使织物具有洁白、柔软、良好的渗透性能，以满足使用要求，并为染色、印花、整理提供合格的半成品。

1. 棉型织物的前处理

棉型织物的前处理基本工艺流程包括原布准备、烧毛、退浆、煮练、漂白、开幅、轧水、烘燥、丝光等工序。

（1）原布准备：原布准备主要有原布检验、翻布及缝头等处理工艺。

① 原布检验：原布在进行前处理之前都要经过检验，检验内容包括物理指标、外观疵点两个方面，前者包括原布的长度、幅宽、重量、经纬纱细度、织物密度、强力等指标；后者主要指纺织过程中形成的疵病，如缺经、断纬、跳纱、油污纱、棉结等。

② 翻布：翻布是为了便于管理以及后道加工的要求，把同规格、同工艺的原布划为一类并加以分批、分箱，使原布正反面一致且布边整齐，并拉出两个布头，最后打上印记。

③ 缝头：缝头是为了连续加工的需要，将多匹原布加以缝接。

（2）烧毛：一般棉织物在前处理前都要烧毛，烧去布面上的绒毛，使布面光洁，并防止染色、印花时因绒毛的存在而产生染色和印花疵病。

织物烧毛是将平幅织物迅速通过火焰或擦过赤热的金属表面，使布面上存在的绒毛很快升温而燃烧，而布身比较紧密，升温较慢，在温度未升到着火点时就已经离开了火焰或金属表面，从而达到既烧去绒毛又不使织物损伤的目的。

烧毛一般采用各种燃烧气与空气按合适的比例混合来产生火焰。烧毛时具体的工艺参数主要是车速、火焰温度及喷火口与织物的距离。

（3）退浆：退浆是织造时上浆织物前处理的基础，必须去除原布上大部分浆料，以利于煮练和漂白加工，同时也除去部分天然杂质。

退浆的方法较多，有酶退浆、碱退浆、氧化剂退浆和酸退浆等，一般都是根据原布的品种、浆料的组成情况、退浆的要求及工厂的具体设备等选择适当且适用的退浆方法。而且，退浆后织物必须及时进行热水洗涤，以防止浆料分解产物在织物温度降低后在织物上重新凝结。退浆操作的具体工艺主要有退浆剂的浓度、退浆的时间及洗涤温度。

（4）煮练：棉织物经过退浆后，大部分浆料及部分天然杂质已被除去，但棉纤维中大部分天然杂质，如蜡状物质、果胶、含氮物质、棉籽壳及部分油剂和少量浆料等，还残留在棉织物上，使棉织物布面较黄、渗透性差，不能适应染色、印花加工的要求。因此，退浆后还需要经过煮练。

常用的煮练剂是烧碱。煮练工艺的主要参数是烧碱的浓度、车速（煮练的时间）等，常采用沸煮的方式进行。

（5）漂白：棉织物煮练后，杂质明显减少，吸水性有很大改善。但由于纤维上还有天然色素存在，其外观尚不够洁白，除少数品种外，一般要进行漂白，否则会影响染色或印花的鲜艳度。

漂白的目的就是破坏织物中所含有的微量色素，赋予织物必要和稳定的白度，同时保证纤维不受明显的损伤。目前常用于棉织物的漂白剂主要有次氯酸钠、双氧水、亚氯酸钠，其工艺分别称为氯漂、氧漂和亚漂。漂白方式有平幅漂、绳状漂、单头漂、双头漂、松式漂、紧式漂、连续漂和间歇漂，可根据织物品种的不同而制定不同的工艺。织物漂白的主要工艺参数包括漂白剂的浓度、漂白时间及漂液的 pH 值等。

棉织物经过漂白后，如白度未达要求，除可进行复漂外，还可采用增白工艺。棉织物增白工艺的常用方法有上蓝增白及荧光剂增白两种，但如果荧光剂用量过多会使织物泛黄。

（6）开幅、轧水和烘燥：经过练漂加工后的绳状织物必须回到原来的平幅状态，才能进行丝光、染色或印花，因此，棉织物必须通过开幅、轧水和烘燥工序，简称开轧烘。绳状织物扩展成平幅状态的工序叫开幅，在开幅机上进行。

开幅后轧水，能较大程度地消除前工序绳状加工带来的折皱，使布面平整。轧水后，织物含水均匀一致，有利于烘干，提高效率。

（7）丝光：织物的丝光是指在一定张力作用下，经冷的浓烧碱溶液处理，并保持所需要的尺寸，使织物获得丝一样的光泽。

棉织物经丝光后，纤维的横截面由腰圆形变成圆形，织物的强力、延伸度和尺寸稳定性等物理机械性能有不同程度的变化，纤维的化学反应和对染料的吸附性能也有较大的提高，如强力有所提高，延伸度下降，而尺寸稳定性增强等。丝光工艺的主要参数有碱的浓度、温度（一般在室温下）、时间（50～60s）及织物的张力等。

目前棉织物的前处理工序中，退浆、煮练、漂白三道工序一般采用退、漂、练一浴法进行。

2. 粘胶纤维织物的前处理

粘胶纤维的物理结构较天然纤维松弛，因此化学敏感性较大，湿强较差，且易产生形变，在前处理过程中应避免过分剧烈的工艺条件，并采用松式设备，以免织物受到损伤和发生变形。且由于粘胶纤维的耐碱性较差，一般不进行丝光。

3. 涤棉混纺和交织织物的前处理

涤棉织物的前处理工序一般包括烧毛、退浆、煮练、漂白、丝光和热定形等。

(1)烧毛：涤棉织物烧毛要求采用高温快速的方式，要求绒毛的温度高于 485℃，而布身的温度低于 180℃。

(2)退浆：涤棉织物的上浆剂，一般都采用 PVA 系列，常采用热碱退浆或氧化剂退浆。

(3)煮练：由于烧碱对涤纶有一定的损伤，因此在煮练过程中应严格控制烧碱的用量。涤纶含量高时，碱的用量要减少；棉的含量高时，碱的用量可适当增加。其目的是既使织物中的棉纤维获得良好的煮练效果，同时使涤纶的损伤限制在最低点。

(4)漂白：涤棉织物的漂白主要针对其中的棉纤维，因此，其漂白的工艺条件与棉织物基本相同。

(5)丝光：涤棉织物的丝光主要针对其中的棉纤维而进行，其工艺条件可参照棉织物，但要考虑到涤纶的损伤，故一般情况下碱的浓度要低一些。

(6)热定形：合成纤维及其混纺或交织织物的热定形是利用加热使织物获得定形效果的过程，通常是将织物保持一定的尺寸，在一定温度下，加热一定时间；但有时也可将织物在有水或蒸汽存在时经受热处理。因此，热定形可分为干热定形和湿热定形。

热定形的目的是提高织物的尺寸稳定性，消除织物上已有的皱痕，并使之在以后的加工或使用过程中不易产生难以除去的折痕，同时也可使织物平整，改善织物的起毛起球性。但热定形对织物的强力、手感和染色性能有一定的影响。

涤棉织物的热定形是针对其中的涤纶组分进行的。影响织物热定形的因素主要有热定形温度、时间和张力等。一般说来，热定形温度越高，织物的尺寸稳定性越好，但染色性能下降。热定形的时间取决于热源的性能、织物结构、纤维的导热性和织物的含湿量等。同时，织物热定形过程中所受的张力对织物的尺寸稳定性、强力和延伸度都有一定的影响。

二、织物整理

织物整理是指通过物理、化学或物理和化学联合的方法，改善织物外观和内在品质，提高织物使用性能或赋予织物某种特殊功能的加工过程。从广义上讲，织物从离开织机后到成品前所进行的全部加工过程都属于整理的范畴，但实际生产中，常将织物的练漂、染色和印花外的加工过程称为整理。由于整理工序多安排在整个印染加工的后期，故常称为后整理。

1. 织物整理的目的

(1)使织物幅宽整齐均一，尺寸和形态稳定——定形整理；

(2)增进织物外观——光泽整理、绒面整理等；

(3)改善织物手感——手感整理；

(4)提高织物的使用性能——预缩整理等；

(5)赋予织物特殊的性能——功能整理。

2. 棉织物整理

(1)定形整理：定形整理的目的是消除纤维或织物中存在的内应力，使之处于较稳定的状态，从而减少织物在后续加工或使用过程中的变形。棉织物定形整理的方法较多，如丝光、定幅、机械预缩及树脂整理等。

① 定幅整理：织物在前处理过程中持续地受到经向张力的作用，而纬向受到的张力较小，因而造成织物经向伸长而纬向收缩。定幅整理的目的是使织物具有整齐均一且形态稳定的门幅，并克服幅宽达不到规定尺寸、布边不齐、纬纱歪斜等缺点。

定幅整理的原理是利用棉纤维在潮湿状态下具有一定的可塑性，将织物门幅缓缓地拉到规定的尺寸，并调整织物中经纬纱的状态，同时逐渐烘干。织物的定幅整理在拉幅烘干机上进行。

② 机械预缩整理：棉织物在织造和染整加工之后其形状往往处于不稳定状态，具有潜在的收缩性。另外，织物吸湿后往往会造成棉纤维的异性膨胀，即在截面方向的膨胀比率大于长度方向的膨胀比率，从而使得织物纬纱间的距离缩小，密度增大，导致织物在长度方向发生收缩。为了减小织物的经向收缩，需要对织物进行防缩整理。机械预缩整理就是通过机械作用使织物经向产生一定的收缩，从而减少或消除织物在使用过程中的收缩。

机械预缩整理在压缩式预缩机上进行，其原理是将含湿织物附于弹性物体上，随着弹性物体变形收缩而发生收缩。预缩工艺流程为：

平幅进布→喷雾给湿→烘筒预烘→橡胶毯预烘→呢毯烘干→落布

(2)织物的光泽和轧纹整理

① 光泽整理：织物的光泽主要是由织物表面对光的反射情况决定的。织物光泽的产生是由于组成织物的纤维具有一定的光泽，其排列具有一定的平行度，织物表面光洁、平滑有利于提高织物的光泽。

A. 轧光整理：借助于纤维在湿热条件下具有一定的可塑性，通过机械压力的作用，将织物表面的纱线压扁、压平，竖立的绒毛压伏贴，从而使织物表面变得光洁、平滑，达到提高织物光泽的目的。

影响织物轧光效果的因素主要有：织物的含湿率、轧辊温度、辊筒间的压力、轧点数。织物含湿率越高，整理后织物手感越硬，成形性越好手感越薄，光泽越好。温度越高，光泽越好，手感越硬挺。辊筒间的压力越大，光泽越好，手感越硬挺。布速越慢，光泽整理效果越好。

B. 电光整理：电光整理是通过表面刻有密集的平行细斜线的加热辊与软辊组成的轧点，使织物表面轧压后形成与主要纱线捻向一致的平行斜纹，对光线呈规则的反射，从而改善织物中纤维的不规则排列现象，给予织物柔和的光泽。

电光整理的设备是光电机，它由一软一硬两只辊筒组成，硬辊表面有斜纹，可以加热。电光前先轧光，有利于提高织物的光泽和手感。

光泽整理后，织物的强力下降，透气性下降，色泽变浅。

② 轧纹整理：轧纹整理又称压纹整理，是利用纤维在湿热条件下的可塑性，通过轧纹机的轧压作用，使织物表面产生凹凸花纹和局部光泽效果。轧纹方法有：

A. 轧花：软硬辊筒上刻有相对应的花纹，硬为阳，软为阴。

B. 拷花：又称轻式轧花。只在硬辊筒上刻有花纹且花纹较浅。

C. 局部光泽：硬辊筒上有高的凸出花纹。

(3)织物的绒面整理：绒面整理是指经一定的物理机械作用，使织物表面产生绒毛的加工过程，可分为起毛整理和磨绒整理。

① 起毛整理：即利用机械作用，将纤维末端从纱线中均匀地拉出来，使织物表面产生

一层绒毛的加工过程。它使织物通过包有针刺的起毛辊，由金属针或植物刺将织物中某个系统纱线的纤维头端挑出，从而在织物表面形成毛绒。

影响起毛效果的因素有：织物运行速度，织物张力，针辊转速，起毛道数，针布材质，织物中纤维细度、长度、强度，纱线结构、捻度、线密度，织物经纬密、组织及紧密程度。

② 磨绒整理：是利用具有粗糙锋利表面的机械磨削织物表面，使织物经、纬纱表面的部分纤维断裂，从而在织物表面形成一层绒毛，其绒毛细、密、短、匀。

影响磨绒效果的因素有：织物组织、经纬密、柔软度，纱线捻度、线密度，纤维强度，磨料的粒度，织物运行速度，磨砂辊的速度，辊与织物的接触程度，磨绒次数。

（4）手感整理：织物手感是指织物的某些物理机械性能通过人手的感触所引起的一种综合反应。织物的手感整理一般分为柔软整理和硬挺整理两类。

① 柔软整理

A. 机械柔软整理：指利用机械方法，在张力状态下，将织物多次揉搓弯曲，从而破坏织物的刚性，使织物得到适当柔软度的方法。其缺点是柔软效果差，不耐洗。

B. 化学柔软整理：指利用化学药剂（柔软剂）来减少织物组分间、纱线间、纤维间的摩擦，减少织物与人手间的摩擦，借以提高织物柔软度的加工方法。

整理工艺一般采用浸轧焙烘法，但调处理液时不易高温。

② 硬挺整理：硬挺整理是利用一种能成膜的高分子物质制成的浆液粘附于织物表面，干燥后使织物获得硬挺、光滑手感的整理方法。

3. 涤棉混纺和交织织物整理

涤棉织物具有挺括、耐穿、手感滑爽、易洗快干等特点，在市场上广为流行。涤棉织物的常规整理与纯棉织物一样，包括定幅、上浆、轧光、电光、轧纹、机械预缩、柔软与增白整理等，其中增白整理时，对棉纤维的增白剂和对涤纶纤维的增白剂在结构、性能和增白工艺上均不相同，需要分别进行。

由于涤棉织物易起球，所以需要进行专门的抗起球整理。涤棉织物经烧毛、树脂整理等都能提高织物的抗起球性。另外，也可用抗静电、易去污整理剂处理，从而达到较好的抗起球效果。

四、几种常见棉型织物的整理工艺

（1）府绸：其质地细密而富有光泽，布身柔软滑爽，穿着挺括舒适，用平纹组织织成，布面纹路清晰，颗粒饱满、光洁紧密。由于其经纱密度大于纬纱密度，所以染整加工中应该控制纬向张力。

（2）毛蓝布：一般的坯布在染整加工前都要进行烧毛处理，使布面平整、光洁，而毛蓝布不需要烧毛，染色后布面即留有一层绒毛，故称"毛蓝布"。毛蓝布一般以靛蓝染料染色，染色牢度好，色泽大方，有越洗越艳之感。

（3）素色布：指单一颜色的布，一般经丝光处理后匹染。

（4）泡泡纱：目前市场上出售的泡泡纱，多是利用棉纤维遇烧碱溶液收缩起皱而形成的泡泡；此外，还可采用双轴（一松一紧）织造或对树脂处理布进行机器轧纹而成。泡泡纱织物在染整加工过程中不能承受张力，要选用松式的加工设备。

（5）绒布：棉坯布经拉绒处理后在织物表面形成一层蓬松绒毛的织物。这种绒布因绒毛的存在而使空气含量增加,保暖性增强。因此,绒布常用来做内衣和婴幼儿服装,穿着柔软厚实,有舒适感。

绒布的加工要求为:练漂时既要适当满足一般印染加工的要求,又要考虑起绒的特点,因此绒布的练漂采用重退浆、不煮练、适当加重漂白的工艺。绒布的质量好坏与练漂工艺有着密切的关系。

绒布对前处理的要求与一般织物不同,由于织物需要起绒,一般情况下不需要烧毛。但单面绒,如印花哔叽绒,在不起绒的正面仍需进行烧毛。为了便于起绒,并使手感柔软,前处理时应尽量保留棉纤维上的蜡状物,织物只需轻煮或不经煮练。此外,丝光不利于起绒,因此绒布一般不进行丝光。绒布的前处理工序一般为:翻布缝头→退浆→(煮练)→漂白→开、轧、烘→起绒。

(6)灯芯绒:各种不同外观的灯芯绒,由于具有绒毛这一特殊性,因此,其成品必须具有特殊的风格要求。概括起来,各种灯芯绒通过染整加工后其成品需具有:

① 丰满的绒毛和厚实的手感。

② 绒条纹路清晰,绒面整齐,并具有柔和的光泽。

③ 色泽鲜艳,并具有良好的染色牢度。

④ 按各种不同品种风格,各项物理指标需达到一定的标准,应有正常的使用价值,尤其是绒毛,需耐一定程度的摩擦而不易脱落。

灯芯绒染整加工时要顺毛加工,控制好刷绒前织物的含湿量,提高刷绒效果;减轻轧辊的挤压力;单面烘燥,控制伸长等。

灯芯绒织物的染整加工工艺流程为:翻布缝头→喷汽烘干或轧碱处理→割绒→检验修补→退浆→水洗烘干→刷绒→烧毛→煮练→漂白→染色→单面上浆→拉幅→刷绒→上蜡。

第二章　粗纺毛织物整理工艺的选择

粗纺毛织物必须经过比较复杂而变化多端的整理工艺,才能达到粗纺产品的独特风格和优良品质。通过整理,粗纺毛织物应达到两个要求:

(1)粗纺毛织物质量的共性:① 织物丰厚,手感柔软,富有弹性和保暖性;② 表面均匀,绒毛整齐,色光鲜艳;③ 外观持久,尺寸稳定,耐用;④ 预定的规格。

(2)各品种外观风格的个性:如火姆司本、麦尔登、拷花大衣呢等各种风格。

一、粗纺毛织物整理的分类

粗纺毛织物整理常以外观风格进行分类,可分为六类:(1)稀松型,如纱罗、披肩、松结构织物等;(2)纹面型,如火姆司本、人字呢等;(3)呢面型,如麦尔登、海军呢、制服呢、平厚大衣呢等;(4)顺毛型,如羊绒大衣呢、顺毛大衣呢等;(5)立绒型,如维罗呢、立绒大衣呢等;(6)特殊型,如拷花大衣呢、羔皮呢等。

其中，稀松型为不缩绒织物，纹面型为不缩呢或轻缩呢织物，呢面型为缩呢织物，顺毛型、立绒型和特殊型均为先经过一定缩绒的起毛织物，所以也可将粗纺毛织物按缩呢和起毛与否分为不缩、缩呢和起毛织物三类。

二、制订整理工艺应考虑的因素

粗纺毛织物在整理前，要明确整理的目的和要求，再进行工艺设计，以便整理后成品达到预期的效果。正确的设计是保证染整质量的首要条件。粗纺毛织物染整工艺设计一般需考虑下列因素：

（1）成品的外观风格、规格和服用性能。织物的外观、手感和光泽等一般用湿热整理和机械整理来达到，防水、防毡缩、防蛀等服用性能，还要经化学整理。

（2）织物的结构。稀松织物在整理中其宽度方向容易收缩，紧密织物则相反；紧密而轻薄的平纹织物及厚重织物在绳状湿整理中易起条折痕；密度大、交织多的织物不易收缩；松薄织物强力低，不宜多起毛，紧密织物耐起毛，等等；均需仔细考虑。

（3）原料与纱支。原料的种类常影响织物收缩、起毛及手感身骨。回毛、短毛比粗毛、长毛容易收缩和起毛，但不宜使用强烈的加工工艺。羊绒、驼绒及兔毛由于鳞片平坦，强力低，收缩性较差，起毛时易落毛；混入化纤，收缩又较难。即使同一原料，经过炭化或染色等化学处理的织物比未经处理的织物收缩性差。毛纱支数低、捻度低的易起毛；经纬纱同捻向的难收缩，经纬纱捻向相反时易收缩；紧结构纱及股线较耐起毛。

（4）整理设备的选用。对各种整理设备的性能、生产能力，应根据产品质量合理选择使用。

（5）处理好节约能源、降低成本与产品质量的关系。工艺设计要充分考虑能源、成本与质量稳定等因素，对工艺应区分主导工艺与从属工艺，主导工艺不能省略，从属工艺可根据成品要求、品质控制等酌情取舍，以达到质量好、工艺省的双重目的。不能认为工艺越多产品质量越好。

三、典型产品整理工艺流程

粗纺毛型织物的典型品种很多，织物整理因工厂与设备而不同。

（1）麦尔登的整理工艺流程：麦尔登的整理工艺流程变化较大，特别在洗缩工艺方面变化更多，有一次缩呢法、二次缩呢法、生坯缩法、湿坯缩法（或称洗后缩呢）等，其二次缩呢法的工艺流程是：修补→刷毛→洗呢→脱水→缝袋→缩呢→冲洗→脱水→染色→烘干→刷毛→剪毛→缩呢→冲洗→脱水→碳化→烘干→中检→熟修→刷毛→剪毛→烫呢→预缩→蒸呢。

（2）拷花大衣呢的整理工艺：拷花呢的整理，除了洗缩等工艺过程与一般大衣呢无太大区别外，在起毛、剪毛、搓呢等工艺上，应具有丰富的经验，并做好细致的工作。各厂对拷花大衣呢的整理工艺差别很大，有的全部采用刺果起毛，有的采取钢丝起毛与刺果起毛相结合的方法，可以减少起毛时间，但其质量就不如全部采用刺果起毛的产品细致、美观。顺毛拷花大衣呢的基本整理工艺流程为：修补→刷毛→缝袋→初洗→脱水→缩呢→复洗→脱水→钢丝起毛→剪毛→平幅吸水→刺果起毛→剪毛→刺果起毛→剪毛→烘干→刷毛→剪毛→（搓呢）→剪毛→刷毛→蒸呢→电热、烫光。

（3）粗花呢的整理工艺流程：粗花呢整理时，只能轻微缩呢，以增加织物挺实感，但不能过分,以免呢面模糊。其整理工艺流程一般是:修补→轻缩→洗呢→脱水→烘干→中检→熟修→剪毛→刷毛→烫呢→蒸刷。

四、整理工艺与织物质量的关系

整理工艺是粗纺毛型织物设计中的一个重要内容,其与织物质量有着直接的关系。

1. 洗呢工艺与织物质量的关系

洗呢的工艺条件必须掌握适当,否则将使产品质量受到危害。影响洗呢效果的主要因素有以下七个方面:

(1)洗呢温度:提高洗呢温度,可促进洗液对织物的润湿渗透,削弱污垢和织物的结合力;但在碱性溶液中,如洗涤温度高,会损伤羊毛纤维,使织物手感粗糙并失去光泽。因此,在保证洗涤效果能达到要求的前提下,以采用低温为宜,但温度不得低于肥皂的凝固点。一般纯毛织物和毛混纺织物的洗呢温度在 40℃ 左右,对纯化纤织物,可提高到 50℃ 左右,以防止产生条折痕,并改进毛型感,但要注意有色织物的褪色问题。

(2)浴比:浴比是织物重量与水的体积之比。因洗液要保持一定的浓度,如浴比大,洗涤剂用量会变大;浴比过小,织物润湿不均匀,易产生条折痕。合适的洗液量以浸没织物为宜。一般粗纺毛织物的浴比为 1:5～1:6,纯化纤产品可稍大些。

(3)洗呢时间:洗呢时间根据原料的含杂情况、坯布的组织规格和风格要求而定。粗纺毛型织物的洗呢时间较短,一般为 30～60min。对组织结构松的织物,为了防止呢面发毛,时间应短些;对厚重紧密型织物,则要求手感柔软丰厚,时间宜长些。

(4)洗液的 pH 值:pH 值高容易洗净织物,但羊毛易受损伤,影响成品的手感、光泽和强力,因此要严格控制。使用皂碱法洗涤油污较多的毛织物时,pH 值一般为 9.5～10;当织物上含油污较少且使用合成洗涤剂洗呢时,洗液的 pH 值一般掌握在 7～9.5 之间。

(5)压力:压力大,易使污垢脱离织物表面,但对粘胶或腈纶混纺产品,因纤维的抗皱性差,压力过大时会使织物产生折痕,故洗呢压力要比纯毛织物小。

(6)冲洗:冲洗主要掌握水的流量、温度和冲洗次数。为了防止肥皂水解并节约用水、用汽,采用小流量多次冲洗的办法较好。一般是前三次冲洗用水量要小些,水温稍高些(第一次冲洗水温比皂洗温度高 3～5℃),以后水量逐渐增加,水温逐渐降低,一般冲洗 5～6 次直至洗净织物。呢坯出机时 pH 值要接近中性,呢坯温度与车间温度相近。冲洗时不能发生骤冷、骤热的情况,以免产生条折痕。使用合成洗涤剂时,冲洗的水量可大些,冲洗次数可减少。粘胶纤维混纺织物的出机温度应较高,可为 40～45℃,并立即拉平,送入下道工序整理,以防止产生折痕。

(7)洗涤剂的性能:羊毛纤维的等电点在 pH=4.5 时,呈中性;当 pH 值低于 4.5 时,带正电荷;当 pH 值高于 4.5 时,带负电荷。而一般污垢在洗涤中呈负电荷状态,如洗液中增加负电荷,可以阻滞污垢的重新下沉,增进除垢效果。也就是说,洗涤剂的离子型要与污垢微粒的电荷相同,故常用阴离子和非离子型洗涤剂。

2. 缩呢工艺与织物质量的关系

缩呢是粗纺毛型织物整理中的一个重要工艺,而毛织物的品种繁多,如何针对各种品种的风格特点,选用适当的缩呢工艺,从而提高织物的使用价值,这是在产品工艺设计中需要慎重考虑的一个问题。

（1）针对产品的风格选用缩呢工艺：粗纺毛型织物按缩呢性质可分为三大类，一为不缩或轻缩织物，二为重缩织物，三为偏重纬缩的织物（如表 8-1 所示）。

表 8-1　缩呢分类及其特征

缩呢分类	不缩或轻缩织物		重缩织物	偏重纬缩织物	
代表性织物	粗花呢 海力斯	法兰绒 条格绒	麦尔登 海军呢	平厚大衣呢	立绒、顺毛、 拷花大衣呢
织物外观	织纹明显	织纹隐约可见	织纹覆盖	织纹覆盖	织纹覆盖
手　感	要有弹性	柔软、稍紧密	紧　密	蓬　厚	蓬厚、柔软

呢面织物中的麦尔登、海军呢类，要缩得紧密，使绒毛短密地覆盖在呢面，应用重缩。立绒、顺毛、拷花大衣呢等起毛绒面织物，为了有利于起毛加工，不易采用重缩，而是偏重于纬向缩呢。纹面织物中的粗花呢等品种，要防止花纹和色泽模糊，要适当轻缩，而不宜重缩。

重缩织物所用缩剂的浓度应较高，否则润滑性差，落毛增加，缩呢后织物绒面较差，手感松薄；但浓度过高，缩呢作用不易均匀。

（2）影响缩呢效果的工艺因素：只有掌握缩呢的工艺条件，才能发挥相应的缩呢效果。影响缩呢的因素很多，主要有以下几种：

① 水分：完全干燥的羊毛，因具有刚性，不易压缩。羊毛浸湿后，刚性降低，其定向摩擦效应比干羊毛大。羊毛的润湿与膨胀，使其容易产生相对运动，有利于缩呢的进行。缩液用量过小，会使呢坯润湿不匀而产生缩呢斑，且延长缩呢时间，造成落毛量的增加。但水分过多，使纤维之间的摩擦减少，缩绒作用反而减退。所以，缩绒的湿度要适量。一般缩液用量对干坯缩法的呢坯为干坯重的 $100\% \sim 125\%$；对湿坯缩法的呢坯为干坯重的 $50\% \sim 60\%$；或以手指揪呢坯，以刚刚挤出缩液为宜。

② 温度：提高缩呢温度，可以促进毛织物的润湿、渗透，使纤维膨胀，加快缩呢速度。但在碱性缩绒中，高温易使羊毛受到化学损伤，降低弹性，容易伸长，不易回缩。而在酸性缩绒时，羊毛比较稳定，可保持原来弹性，温度在一定范围内增加时，较易伸长而不影响其回缩力，可以随温度的适当提高而增加缩率。因此，碱性缩呢宜用 $35 \sim 40℃$，中性缩呢为 $35 \sim 45℃$，酸性缩呢可在 $50 \sim 70℃$。

③ 缩呢液的 pH 值：羊毛织物在 pH 值小于 4 或大于 8 的介质中进行缩呢时，羊毛的膨润性较好，拉伸变形较大，回缩能力也强，有利于纤维之间发生相对移动，定向摩擦效应大，其面积收缩率较大，缩绒效果较好。但当 pH 值超过 10 时，羊毛将受到损伤。当缩呢液的 pH 值为 $4 \sim 8$ 时，羊毛的膨润性最小，鳞片的定向摩擦效应较差，其面积收缩率较小。在酸性范围，缩率随 pH 值的减小而增加。碱性缩呢其适宜的 pH 值为 $9 \sim 10$，酸性缩呢其适宜的 pH 值为 $2 \sim 3$。

④ 压力：羊毛纤维的移动是借外力促成的，缩呢机则通过推、压、挤、擦促使羊毛纤维移动并收缩。如压力大，缩绒快，纤维缠结较紧；但压力的大小应均匀适当，根据织物的规格和呢面质量的要求掌握，以羊毛不受损伤为原则。

⑤ 原料：羊毛纤维有缩绒性，但由于羊毛种类不同及加工方式的不同，其缩绒性有差异。一般说来，羊毛越细，鳞片和卷曲数越多，其缩绒性越强。但在羊毛细度相近的情况下，各种羊毛的缩绒性能也不一致。一般美利奴羊毛大于国产羊毛，改良毛大于土种毛，短

毛大于长毛,新羊毛大于再生毛。经过炭化处理的羊毛因纤维已受损伤,其缩绒性不如原毛;染色毛的缩绒性不如本色毛;酸性染料染的色毛比酸性媒介染料染的色毛缩绒性要强。

⑥ 毛纱与织物的性状:一般是毛纱支数低、捻度少的易缩;毛纱支数高、捻度大的难缩。合股纱与单纱相比,如合股纱的捻向与单纱的捻向相同,则捻度增加,缩绒性差。若合股纱的捻向与单纱捻向相反,则缩绒性增加。

在织物的性状方面,如经纬纱支数相同,其经纬密度大的较密度小的难缩。织物的组织与缩绒性密切相关,如经纬交错次数多,则经纬浮长线短,就难缩。

由于呢坯在缩呢之前的加工条件不同,对缩绒有一定的影响。如呢坯在缩呢前经过起毛,则纤维松开,易于缩绒。若经过染色或煮呢定形等工序,缩绒性会因纤维受到损伤而减弱。

影响粗纺毛型织物缩呢效果的因素很多,在设计产品时必须加以全面细致的考虑。

3. 起毛工艺与织物质量的关系

为了获得较好的起毛效果,要注意掌握以下几个方面:

(1)原料品质:羊毛细而短,起出的绒毛浓密;羊毛粗而长,起出的毛绒稀疏。用新羊毛起毛的绒面比再生毛起毛好。羊毛与化纤混纺时,锦纶和涤纶不易起毛,粘胶较易起毛。

(2)毛纱支数及捻度:毛纱支数低、捻度小,较易起毛,反之则难起毛。如为合股线,因单纱捻度高,即使合股捻度低,也不易起毛,而并线(不加捻)较易起毛。如果毛纱的捻度小,起毛后纬向收缩大,伸长小,织物丰厚,手感柔软。如果经纬纱的捻向相反,则织物起毛后绒毛排列整齐、平顺而均匀。

(3)织物结构:粗松的织物起毛后的绒毛长而稀,经纬密度大的织物起出的绒毛细而短,起毛较困难。经纬交错点少、纬纱浮长线长的,容易起毛,如斜纹织物比平纹易起毛。对要求绒毛厚密为主的产品,多采用 $\frac{1}{3}$ 破斜纹或 5 枚～8 枚纬面缎纹。

(4)水分:织物在潮湿状态下容易起毛,在干燥状态下难起毛。干法起毛时纤维易断裂,落毛多,起出的绒毛不齐。湿法起毛起出的绒毛较长,起毛数量较多。湿起毛时若提高水温(50℃左右)、降低 pH 值(5～6),比中性低温条件更易起毛。如需织物表面产生稀的波纹,可在绒毛起至一定程度时,使用顺针辊将之梳顺。

(5)各种染化助剂的影响

① pH 值:毛织物用酸或碱处理后,较易起毛,其中酸性比碱性更易起毛。在同一 pH 值下,弱酸比强酸更利于起毛,因为弱酸对羊毛的膨化作用较显著。

② 各种盐类:中性盐能抑制纤维膨化,妨碍起毛,在高浓度盐类溶液中更明显。盐还可增加纤维之间的摩擦力,影响起毛。如用还原性盐处理,则情况与上述不同。如织物用亚硫酸氢钠溶液处理后,起毛就容易得多。

③ 各种染料染色的影响:染色 pH 值越低,织物越易起毛。毛粘混纺织物,在匹染时只染羊毛,则起毛容易。如两种纤维均用同浴中性染色,则不易起毛,除非染色时再用酸和润滑剂处理。毛粘混纺织物中的粘胶如采用原液染色或散纤维染色,然后进行匹染套色羊毛,则有利于起毛。

(6)起毛前工序的影响:织物经缩呢后,织物结构紧密,较难起毛,但此种织物不易露底,且绒毛丰满坚牢。如果缩绒适当,洗呢干净,有利于起毛。织物染色后,纤维强力降低,起毛较困难。

(7)针布状态：针辊起毛机所用的钢丝针布规格较多，按形状可分为弯针和直针，按断面形状可分为圆针和角针。一般弯针都用角针，角针弹性好，耐用；圆针起毛柔和。

针布的针尖若粗糙而锋利，会使毛织物强力降低，落毛多。因此，针布要针尖光滑，弹性好。使用新的起毛针布，必须经过处理，使之研磨光滑。新针锋利、较硬，用于粗起毛；旧针钝，用于精细起毛。

起毛时织物以经常左右移动为好，以免中部针尖钝、两边针尖锋利而造成破边现象。

(8)按织物的风格确定起毛法：由于使用起毛机械和方法不同，使织物具有不同的外观和风格。例如，针辊起毛的绒毛散乱，刺果起毛的绒毛顺直；干法起毛的绒毛膨松，湿法起毛的绒毛卧伏。因此，不同风格的产品应选用不同的起毛方法。

对于高档立绒织物，可用针辊湿起毛，并使起毛与剪毛结合进行，有助于起毛浓密。某些中低档产品，如制服呢和低级大衣呢等，为了改善缩绒的呢面，可将生坯用针辊干起毛，起出的绒毛松散，还可去掉部分草刺、杂质。对于高级顺毛织物，可用刺果湿起毛，起出的绒毛顺伏，还可得到较浓密的长绒毛，起毛后的织物手感柔软，光泽自然。某些中厚型织物可在针辊湿起毛后再用刺果湿起毛，以提高质量。对波纹织物和提花毛毯等，可将起好绒毛的织物通过热水槽，再在刺果机上梳顺绒毛。一般的粗纺产品，为了简化工序、提高生产效率、降低成本，多数采用染后干起毛。

4. 定形工艺与成品质量的关系

从织机上下来的织物，呢面很不平整，尺寸不稳定，手感粗糙，缺乏弹性，经洗、染等湿热松弛处理后更为明显。因此需要定形加工，以保证和提高成品的质量及改善服用性能。合成纤维的织物在穿着、洗涤和熨烫时，常产生热收缩，因此也需要经定形整理。

织物经过定形整理，可以消除织物内的应力，固定织物组织，使经纬纱定位，增强成品的尺寸稳定性，并增加织物的光泽、手感，使织物获得柔软、丰满、平整、挺括、抗折皱的性能。此外，定形整理能调节和制约前后工艺的关系，防止后道加工时产生折皱，并恰当控制织物的缩率，以获得独特的风格。

生产中常用的定形方法有煮呢、蒸呢和热定形等，烫呢和烘呢也有定形作用。由于定形的工艺条件不同，效果也不一样。一般说来，温热处理的煮呢，其定形效果要比干热处理的蒸呢好。

织物通过定形，可获得多种优点。但由于原料粗细不同，呢坯色泽有深有浅，织物结构有松、紧、厚、薄之别，因此，必须考虑定形工艺的针对性，按加工产品的需要，决定定形的工艺和方法。例如，对那些全毛薄型松结构织物，为了防止加工过程中的各种应力应变（如产生织纹变形、门幅变窄、经纬歪斜等疵点），必须进行全定形的工艺。但对要求膨松丰满、手感软糯、活络的织物来说，就不需要这种全定形，而采用半定形，甚至免定形为好。

第三章　精纺毛织物整理工艺的选择

精纺毛织物坯布从织机落布后,首先进行坯布检验,通过长度、幅宽、经纬密度及坯重的检查,确定是否符合设计要求,然后进行外观疵点检验,定出坯布等级,经修补后进入染整工序。精纺毛织物的染整根据织物的含水状态可分为干整理和湿整理,简称干整和湿整。精纺毛织物一般是先湿整,然后进行干整。

一、湿整工艺

整理工程是一项技术和艺术的结合,特别是湿整,既有物理变化,也有化学变化。湿整工艺选择的合理与否,对产品风格及实物质量有着非常重要的关系。同一类型的产品,整理的工艺不同,质量也不一样,所以要根据产品的不同要求,熟练地掌握各工序的整理要点,灵活运用。

精纺毛织物湿整理的基本工艺流程是:生修→复查→烧毛→湿揩油→煮呢→洗呢→开幅→双煮→染色→开幅→双煮→吸水→烘干。工艺的道数可增可减,各工序的整理方法也要不断变化,才能达到半成品的设计要求。

(1)烧毛:烧毛的目的是使织物展幅并迅速通过高温火焰,烧掉织物表面上的短绒毛及藏在织纹内的绒毛,以达到呢面光洁、织纹清晰,防止起球现象。

(2)缩呢:精纺毛织物一般都是轻缩绒,常用湿坯缩呢。

(3)吸水:吸水的目的是排除织物内过多的水分,便于搬运及下道工序的整理,并可提高烘呢效率。常采用的设备是真空吸水机和压力轧水机。

(4)烘呢:烘呢的目的是烘干织物上的附着水分及毛细管中的水分,平整织物,控制幅宽和长缩,使之达到成品规格的要求。

二、干整工艺

精纺毛织物在湿整理结束后,坯布要进行中间检查,检查湿整各工序的质量。条染产品要仔细核对花型、色泽、边字内容,测量坯布的长度和幅宽是否符合设计的要求;对匹染、匹套染产品要重点检验染色情况。

中检后,精纺毛织物进入干整理。精纺毛织物干整理的基本工艺流程是:熟修→刷毛→剪毛→蒸呢。有些产品还要经预缩、烫呢或电压工序。根据织物成品风格的特点,可灵活安排干整理各工序。

(1)熟修:生修时由于有些疵点不易暴露或某些疵点不宜在生修时除去,以及生修时有漏修等,因此,精纺毛织物在湿整后进行修补。

(2)刷毛:剪毛前刷毛是为了使呢面的绒毛竖起,便于剪毛,并除去杂物;剪毛后刷毛是为了去除所剪下的短绒毛,使呢面光洁。

(3)剪毛:织物经过湿整后,表面杂乱不齐,影响织物的美观。光面织物经剪毛后,织纹清晰,可增进织物的光泽。绒面织物剪毛后,可将长短不齐的绒毛剪齐,使呢面平整或绒毛平齐,改善外观,减少起球。

(4)热定形:涤纶及其混纺织物经过热定形加工,利用涤纶的热塑性,在一定张力条件下进行热处理,使呢面平整,达到尺寸稳定、免烫,并减少起毛、起球。坯布定形还有利于解决吊经吊纬。

(5)给湿:毛织物经过烘干、热定形等热加工后,其回潮率一般较低,织物缺乏柔软性,手感较粗糙。在干整理过程中经过多次给湿,可使织物手感柔软,并获得自然的光泽。

(6)电压:电压的目的是利用羊毛的可塑性,使含有一定水分的毛织物,在温度及压力的作用下,获得平整的呢面、挺实的身骨、滑润的手感及良好的光泽。

(7)烫呢:烫呢的作用与煮呢相似,是使织物在高温高压下获得永久定形,是精纺毛织物普通整理的最后一道工序。

三、染整工艺与产品风格的关系

1. 烧毛工艺与产品风格的关系

(1)工艺制定的依据:根据产品的风格、呢坯情况、手感标样和烧毛机的性能制定烧毛工艺。

(2)要求呢面光洁、手感滑爽、织纹清晰的薄织物,如派力司、薄花呢、凡立丁等产品应两面烧毛,且用强火快速工艺。

(3)光面的中厚织物一般要求丰厚、柔软的风格,且要求织纹清晰,如华达呢、直贡呢、花呢等,则正面烧毛,采用弱火慢烧的工艺。

(4)涤纶及其混纺的匹染织物一般在染色后烧毛。

(5)绒面产品如啥味呢等不需烧毛。

2. 洗呢工艺与产品风格的关系

(1)坯布较松、风格要求挺爽或成品重量偏重以及呢面要求光洁的产品,常采用先定形后洗呢的工艺。

(2)产品要求丰厚、坯布较紧密、成品重量偏轻、呢面要求绒面整理时,一般采用先洗呢后定形的工艺。

3. 煮呢工艺与产品风格的关系

煮呢是湿整理中较重要的工序,直接影响产品的风格和物理指标,要根据产品的具体情况灵活安排。

(1)中厚产品一般采用洗呢→双煮的煮呢工艺,其优点是产品手感柔软、丰满、活络,并有滑糯感。

(2)单煮→洗呢→双煮:适用于薄型织物。其优点是洗前进行煮呢,可以初步定形,在洗呢、染色过程中减少织物的收缩变形,防止呢面发毛。洗后再单槽煮呢可提高定形效果,使呢面平整,改进手感。洗后双煮较洗后单煮手感活络,但定形效果较差。

(3)染色→双煮:对定形要求较高的品种,在染色前虽经过一次或二次煮呢,但在染色时,定形效果会受到一定程度的破坏,因此在染色以后有必要再煮一次,同时可纠正染色过程中产生的折痕。但染后煮呢,色泽易脱落,故应选择染色牢度较好的染料。

(4)单煮→洗呢→单煮:此工艺适用于要求手感滑爽的含涤薄型产品或染后烧毛的坯

染含涤产品。

4. 缩呢工序的安排

一般是单煮→缩呢→洗呢,缩呢前单煮可避免缩呢不均匀或出现折痕及死折痕。

5. 定形工艺与产品风格的关系

(1)生坯定形:在加工前定形,变形小,幅宽稳定,不易产生折皱,并有利于消除吊经吊纬和紧捻纱。但会影响染色,织物手感发软。

(2)中间定形:在干整过程中定形,织物经洗呢后较干净,有利于机器整洁,整理后织物手感适中。

6. 蒸呢、罐蒸与产品风格的关系

(1)普通蒸呢机的蒸呢效果较缓和,蒸后织物手感柔软、弹性足。

(2)罐蒸的作用强烈,定形效果好,蒸呢后具有永久光泽,薄型织物可获得挺爽的手感,中厚型织物可获得紧挺丰满的外观。

7. 电压工艺与产品风格的关系

为保持电压效果,一般都在蒸呢后电压。但如果要求光泽不要太强,可采用电压后蒸呢,还可掩盖轻微纱疵。

四、几种精纺毛织物产品的整理工艺流程

1. 哔叽

哔叽在整理过程中,既要注意手感丰糯柔软、悬垂性好,又要考虑到纹路清晰、呢面光洁平整的要求。特别是匹染全毛哔叽的洗呢及染色工艺要掌握好,防止呢面纹路不清及毡化现象。毛涤哔叽易出条痕及折痕,湿整过程要快,不要积压。

毛涤条染哔叽的染整工艺流程是:生修→复查→烧毛→揩油→初洗→开幅→单煮→开幅→双煮→吸水→烘干→中检→熟修→蒸刷→剪毛→蒸呢。

2. 华达呢

华达呢的染整工艺应根据坯布情况制订。如国毛与外毛在洗呢时间、选用助剂等方面应有区别。根据条染、匹染以及纤维含量的不同,深浅色号的差异要采取不同的整理工艺。全毛华达呢的染整工艺流程如下:

(1)匹染产品

生修→复查→烧毛→揩油→洗呢→开幅→双煮→染色→开幅→双煮→吸水→烘干→中检→熟修→蒸刷→剪毛→刷毛→给湿→蒸呢→调头蒸→成品检验。

(2)条染产品

生修→复查→烧毛→揩油→洗呢→开幅→双煮→皂洗→开幅→双煮→吸水→烘干→中检→熟修→蒸刷→剪毛→刷毛→给湿→蒸呢→调头蒸→成品检验。

3. 花呢

由于花呢类产品种类多,风格各异,所以染整工艺也随之变化较大。下面列举几种产品的染整工艺流程:

(1)毛涤薄花呢

生修→复查→热定形→喷汽刷毛(停放 4h)→烧毛→揩油→单煮→洗呢→开幅→单煮→吸水→柔软处理→烘干→中检→熟修→刷剪→蒸呢→电压→给湿→电压。

（2）全毛中厚花呢

生修→复查→烧毛→揩油→单煮→吸水→缩呢→洗呢→双煮→吸水→烘干→中检→熟修→刷剪→蒸呢→给湿→电压→蒸呢→电压。

（3）全毛牙签单面花呢

生修→复查→烧毛→初洗→单煮→洗呢→双煮→吸水→烘干→中检→熟修→刷毛→剪毛→蒸呢→给湿→电压→复蒸→电压。

4. 派力司

派力司要求滑、挺、爽，在染整过程中采用大张力、大压力上机，骤冷处理。如成品要求手感挺、糯时，可适当加入柔软剂。其具体工艺流程为：生修→复查→烧毛→透风→揩油→初洗→开幅→单煮→皂洗→开幅→双煮→吸水→柔软处理→吸水→烘干→中检→熟修→蒸刷→剪毛→热定形→给湿→蒸呢→电压。

5. 女衣呢

女衣呢结构松、较轻薄，手感柔软，爽中带糯，悬垂性好，有弹性，不易折皱，色泽鲜艳柔和，多为匹染的素色产品。其染整工艺流程为：生修→复查→揩油→单煮→洗呢→双煮→染色→开幅→吸水→烘干→中检→熟修→刷剪→蒸呢→烫呢→成品检验。

6. 贡呢

贡呢类产品是精纺呢绒中经、纬密度大的厚重品种，呢面光洁平整，身骨紧密厚实，织纹清晰，手感挺括滑糯、弹性好、活络，光泽自然柔和，瞟光足。因此，其染整工艺与华达呢相似。在整理时要注意掌握好产品的幅宽变化情况，以保证产品的面密度。干、湿整理的各道工序的上机张力和压力要控制好，防止出现极光。其染整工艺流程为：生修→复查→烧毛→皂洗→开幅→双煮→皂洗→开幅→双煮→吸水→烘干→中检→熟修→蒸刷→给湿→蒸呢→成品检验。

第四章　丝型织物整理工艺的选择

丝织物的染整工艺主要包括精练、染色、印花、整理。经过这些工序后，能进一步提高织物的身价，充分体现织物的光泽，改善织物的吸湿透气性以及手感和弹性，扩大使用范围，提高服用性能。有些还能弥补织疵。

一、精练

精练的目的是去除织物中的天然杂质、色素及人为的杂质，获得柔软的手感、良好的光泽和白度。精练与染色、印花的成品质量关系也非常密切。真丝织物精练主要是去除丝胶、油脂、蜡质和色素，人造丝及合纤织物精练主要是去除浆料、油污及灰尘。

精练主要采用练槽内放入化学药品及助剂进行煮练。

二、染色

染色是利用染料和助剂通过化学和物理的作用使织物获得坚牢、均匀而又鲜艳的色泽。

染色的方法有卷染法、绳状染色法、方形架挂染法、平幅连续轧染法等,要根据织物的不同特点选择合适的染色方法。

(1)适于卷染的丝织物:容易起皱和造成折痕的织物;紧密的平纹织物;正面容易擦伤的织物;经纬丝不加强捻的织物;比较疏松而容易纬斜的织物。

卷染法在张力状态下进行,因此织物平挺,适宜于有光纺、美丽绸、花软缎、蜡线、羽纱、文尚葛等织物。

(2)适于绳状染色的织物:经纬丝加强捻的织物;不易起皱和擦伤的织物;比较疏松的织物;绒类织物和表面不平的绣花织物。

绳状染色在无张力状态下进行,因此能体现织物的绉效应,适宜于迎春绡、伊人绡、人造丝乔其、东方呢、绣花缎之类的织物。

(3)适于方形架挂染的织物:主要是轻薄型的丝织物,如电力纺、绉类织物等。

(4)平幅连续轧染法适宜于批量较大、色泽单纯的织物。

三、整理

1. 丝织物整理的目的

(1)显示纤维的特点:如桑蚕丝织物通过整理后,被赋予了柔和的光泽、优良的手感和良好的悬垂性等特点;涤纶丝织物通过整理后,织物变得挺括且富有弹性。

(2)显示织物的组织特点:如双绉要有特定的绉效应,缎类织物要有丰满的手感和肥亮的光泽。

(3)调节和改善织物的手感:一般丝织物的手感都以柔软、丰满为主,但也有根据特定用途要求有特殊的手感,如领带绸的手感要求硬挺,富有身骨。

(4)改善织物尺寸的稳定性:如经定形、拉幅、防缩整理使织物具有规定的门幅和缩水率,使用时形状和尺寸稳定。

(5)增加织物多种用途:如防水整理的织物可以做雨衣、雨伞,涂层整理的织物可以做羽绒衣面料、帐篷等。

(6)提高织物的防静电、防污、防火、防霉等性能。

2. 整理工艺的制定

(1)根据织物所用纤维的类别决定整理工艺:如锦纶、涤纶等合成纤维的织物一般都需要经热定形整理。

(2)根据织物的组织类别决定整理工艺:如绉类织物的烘燥整理或拉幅定形整理要注意织物的张力,使其在松式或低张力条件下进行加工,必要时还需要超喂拉幅定形。

(3)根据织物的用途决定整理工艺:如合成纤维织物的工作服面料,往往需要进行防静电整理和防污易洗整理。

此外,还要根据用户的需要来确定整理工艺。如桑蚕丝服用织物也要求进行防静电整理,以克服批量生产裁剪时产生的静电。其他如门幅、规格、缩水率等,均要根据定货方的要求来选定整理工艺。

四、各类丝织物整理的特点

丝织物的种类很多,其组织结构、原料、厚薄、风格都有很大的差异,其整理特点也有所不同。

1. 不同组织丝织物的整理特点

(1)平素、斜纹类织物：如绸、绫、罗、葛、绢、纺、绨等，要求绸面平挺、手感柔软、有身骨，斜纹织物更要求纹络清晰整齐。

(2)缎类织物：要求织物绸面平挺，光泽肥亮，手感丰满，挺而不硬。

(3)绉类织物：如纱、绡、绉等均为轻薄的丝织物，要求具有良好的悬垂性、富有弹性，绉类还要求绸面有明显的绉效应。

(4)提花织物：提花织物变化很多，可以在各类织物上提花。提花织物要求花型饱满，有立体感，经整理后图案花纹保持地组织的风格。

(5)绒类织物：丝绒整理时要求绒毛朝同一方向倒伏，使绒面光泽一致；立绒主要以桑蚕丝为地组织，粘胶丝作绒丝，整理后应使绒毛整齐直立，绒面丰满，光泽一致。

2. 不同纤维丝织物的整理特点

(1)天然丝织物：桑蚕丝有柔和的光泽，但丝纤维娇嫩，不耐摩擦，整理温度稍高时织物易泛黄，长时间处理还会发脆。且真丝具有良好的吸湿性，润湿后其直径增加约 $19\% \sim 20\%$，为此，在整理时要严格控制张力，以减小缩水率，干燥时要逐步缓慢地进行，若高温急速干燥，会使织物发硬，手感粗糙。真丝织物在整理过程中还应防止摩擦及折皱，尤其对轻薄或组织疏松的桑蚕丝织物更应如此。

桑蚕丝织物整理一般采用单辊筒整理机烘燥整理为主，通过干燥熨平，保持其一定的门幅，发挥其组织特点。为改善手感，也可先经单辊筒整理机烘燥，再经呢毯整理机整理。乔其纱、双绉等强捻织物，则应采用热风针板超喂整理，使其保持良好绉效应和一定的缩水率。

(2)粘胶人造丝织物：粘胶具有极大的吸湿性和膨化性，耐碱不耐酸，湿强较低；且由于粘胶纤维的分子结构容易滑移，故整理时容易拉伸。所以，粘胶人造丝织物在整理时应特别注意张力的控制。

粘胶人造丝织物整理时，为减小加工过程的张力，一般采用单辊筒整理机，也可用热风拉幅机烘燥整理。如为厚织物，则可用多辊筒烘燥机烘至半干，再经热风拉幅机拉幅。为降低其缩水率，提高尺寸稳定性、弹性及抗皱性，可用树脂整理。

(3)锦纶丝织物：锦纶是热塑性纤维，受热后纤维会产生收缩现象，所以必须经过加热定形整理，以保持其尺寸的稳定性。

为了保证锦纶丝织物定形整理过程中定形温度恒定，定形前织物要经过烘干，用悬挂式烘燥机或圆网烘燥机烘干，可以保持织物良好的手感，但操作时必须注意绸面的平整。若采用热风拉幅烘干机烘燥，要注意烘燥门幅不能大于最后成品门幅的要求。也可用单辊筒烘燥机烘燥。

(4)涤纶丝织物：涤纶纤维也属于热塑性纤维，必须经过热定形整理。涤纶长丝的种类及特点有较大的差异，故应根据长丝的特点来确定具体的整理工艺。

涤纶丝织物的特点是含水率低。为了保证定形效果一致，一般采用烘燥后再定形的工艺。烘燥方式可采用多种形式的机械作用。涤纶低弹丝织物和仿真丝织物定形前的烘燥应采用低张力烘燥机，如圆网烘燥机或悬挂式烘燥机。若用热风拉幅机烘燥，其张力以小为宜，定形时还应适当给予超喂，使其具有良好的手感和绸面效应。

　　(5)交织织物:交织织物的整理首先要考虑含量较大的纤维,按其性能特点,同时兼顾与其交织的纤维的耐温、机械等性质,决定整理工艺。如果交织的纤维基本相似,则整理时要更好地发挥织物的组织特点。

练　习

　　1.丝光棉织物是否需要经过烧毛? 为什么?

　　2.涤/棉混纺或交织织物与纯棉织物的整理工艺应有何区别? 为什么?

　　3.缩呢对粗纺毛织物的风格有何影响?

　　4.试制定纯毛法兰绒织物的基本染整工艺流程。

　　5.啥味呢是否需要烧毛? 为什么?

　　6.煮呢对精纺毛织物的手感有何影响?

　　7.试制定真丝双绉织物的染整工艺流程。

　　8.涤纶/粘胶人造丝交织织物在整理时应注意哪些问题?

主 要 参 考 文 献

1. 蔡陛霞. 织物结构与设计. 北京：纺织工业出版社，1992.

2. 上海市第一织布工业公司. 色织物设计与生产. 北京：纺织工业出版社，1984.

3. 李栋高. 纺织品设计——原理与方法. 上海：东华大学出版社，2005.

4. 徐岳定. 毛织物设计. 北京：纺织工业出版社，1993.

5. 姜淑媛，王克清，曾德福等. 丝织物设计. 北京：中国纺织出版社，1994.

6. 中国丝绸工业总公司. 绸缎规格手册. 1991.

7. 王进岑. 丝织手册(下). 北京：中国纺织出版社，2000.

8. 上海市棉纺织工业公司. 棉织手册(上、下). 北京：纺织工业出版社，1989.

9. 顾平. 织物结构与设计学. 上海：东华大学出版社，2006.

10. 毛新华，包玫. 机织学(下). 北京：中国纺织出版社，2005.

11. 荆妙蕾. 纺织品色彩设计. 北京：中国纺织出版社，2004.

12. 吴震世. 新型面料开发. 北京：中国纺织出版社，1999.

13. 赵欣，高树珍，王大伟. 亚麻纺织与染整. 北京：中国纺织出版社，2007.

14. 范雪荣. 纺织品染整工艺学. 北京：中国纺织出版社，2001.

15. 姜怀等. 纺织材料学. 北京：中国纺织出版社，2005.

16. 夏景武，秦云. 精纺毛织物生产工艺与设计. 北京：中国纺织出版社，1995.

17. 濮美珍. 苎麻织物的设计与生产. 北京：纺织工业出版社，1988.

18. 王海生，白锡铭. 色织准备. 纺织工业出版社，1988.

19. 陶乃杰. 染整工程(第四册). 北京：中国纺织出版社，2006.

20. 兰锦华. 毛织学(上、下). 北京：纺织工业出版社，1987.